全国电力行业“十四五”规划教材

高等教育实验实训系列

电工电子技术
实验与仿真

赵倩 逄玉叶 黄琼 林丽萍 编

邵洁 主审

中国电力出版社
CHINA ELECTRIC POWER PRESS

内 容 提 要

本书为全国电力行业“十四五”规划教材。

本书是根据高等院校工科专业电工电子技术基础实验的基本要求，跟踪电工电子技术发展的新形势和教学改革不断深入的需要，突出基础训练和综合应用能力、创新能力以及计算机应用能力培养的教学目的而编写的，内容由浅入深，循序渐进。本书包括电路实验、模拟电子技术实验、数字电子技术实物操作实验、数字电子技术仿真实验、Verilog HDL 语言仿真实验。各个部分内容既有联系，又具有相对独立性，便于各高校选用。

本书可作为高等院校电子信息类、自动化等相关专业的“电路原理”“模拟电子技术”“数字电子技术”“数字逻辑”“FPGA 应用”“数字系统设计”等课程的实验教材和参考书，也可供有关专业工程技术人员参考。

图书在版编目（CIP）数据

电工电子技术实验与仿真/赵倩等编．—北京：中国电力出版社，2023.8（2024.7 重印）

ISBN 978-7-5198-7873-3

Ⅰ.①电… Ⅱ.①赵… Ⅲ.①电工技术－实验－高等学校－教材 ②电子技术－实验－高等学校－教材 Ⅳ.①TM-33②TN-33

中国国家版本馆 CIP 数据核字（2023）第 089116 号

出版发行：中国电力出版社
地　　址：北京市东城区北京站西街 19 号（邮政编码 100005）
网　　址：http://www.cepp.sgcc.com.cn
责任编辑：牛梦洁（010-63412528）
责任校对：黄　蓓　朱丽芳
装帧设计：郝晓燕
责任印制：吴　迪

印　　刷：固安县铭成印刷有限公司
版　　次：2023 年 8 月第一版
印　　次：2024 年 7 月北京第二次印刷
开　　本：787 毫米×1092 毫米　16 开本
印　　张：14
字　　数：348 千字
定　　价：42.00 元

前 言

电工电子技术是电子、信息、电气、计算机和控制等工科专业的专业技术基础课程，具有很强的工程实践性，是学生基本素质形成和发展的关键课程。电工电子技术实验是电路与电子技术课程教学的重要组成部分，是培养学生动手实践能力的必要环节。随着电工电子技术的发展，实验手段和实验方法不断改进，实验内容也在不断丰富和提高。本书包括五部分，分别是电路实验、模拟电路实验、数字电路实物操作实验、数字电路仿真实验、Verilog HDL 语言仿真实验。每个部分实验类型有基本的验证性实验，也有设计性、综合性实验。基础实验重在培养学生掌握实验工具（包括仪器、仪表和计算机辅助工具等）、电路连接、电路测量、故障分析与排除、基本实验方法，培养学生基本实验技能，同时又在这类实验的基础上，渐进安排设计性和综合性的内容，以开拓学生思路，提高学生电路分析和设计能力。

本书适应当前对人才的需求，结合多年电工电子技术实践性教学改革的经验，跟踪电工电子技术发展的新形势，突出基础训练和综合应用能力、创新能力以及计算机应用能力的培养。在实验方式上，既重视硬件调试能力的基本训练，又融入了 QuartusⅡ、modelsim 软件的仿真，使学生学会用现代和传统相结合的方式来分析验证电路。本书的数字电子技术实验用实物搭建、原理图设计、硬件描述语言编程三种设计数字电路的方法设置实验内容。其中数字电路实物操作实验使学生了解电子元器件、集成芯片的特性，通过实验搭接电路掌握电子电路的测试方法；数字电路仿真实验在掌握数字逻辑电路基本知识上，使用 Quartus Ⅱ提供的 EDA 平台设计数字电路或系统；Verilog HDL 语言仿真实验采用硬件描述语言设计数字电路，并通过 Quartus Ⅱ软件或调用 modelsim 进行仿真验证并通过下载到开发板上进行硬件验证。后两种方式由于采用了 FPGA 芯片实现硬件设计实验，开发速度快、方便、可靠，并且由于 FPGA 芯片具有反复编程的特性，因此几乎没有器件损耗，大大降低了实验室的维护成本，也使之成为当今高校数字电路实验教学的主要手段。

本书兼顾高等学校理论教学需要与培养学生实践能力的需求，借鉴国内名校在电子信息类专业课程设置及相关课程内容的安排，组织本书相关理论知识及实验用例设计，力争用例典型、全面实用、指导到位。配合高等学校的“电路原理”“模拟电子技术”“数字电子技术”“数字逻辑”“FPGA 应用开发”“数字系统设计”等课程的实践教学环节，突出实用性。所有实验可操作性强，与实践结合紧密，而且每个部分的各个实验项目之间还有一定的关联性，遵循从简单到复杂、从初级到高级的认知过程。

本书由赵倩主编并负责全书的统稿，逄玉叶、黄琼和林丽萍任副主编。第一部分由逄玉叶编写、第二部分由黄琼编写，第三部分由赵倩编写，第四、五部分由赵倩和林丽萍共同编写。感谢胡安铎、卞正兰、周多等同事及上海电力大学电工电子教研室全体教师的热情参与和帮助。

由于水平有限，书中难免存在疏漏，希望各位读者提出宝贵意见。编者的联系方式：zhaoqian@shiep. edu. cn。

编　者

2023年1月

目录

第一部分　电　路　实　验

实验一　基尔霍夫定律的验证

一、实验目的

（1）验证基尔霍夫定律的正确性，加深对基尔霍夫定律的理解。

（2）熟悉电路综合实验箱，以及其中直流稳压电源、直流毫安表的使用。

（3）掌握数字万用表的使用方法。

二、实验仪器

直流稳压电源、直流数字毫安表、数字万用表、电路综合实验箱。

三、实验电路及原理

1. 实验电路

本实验所用电路如图 1-1 所示，对应电路综合实验箱上的“基尔霍夫定律/叠加定理”线路模块。

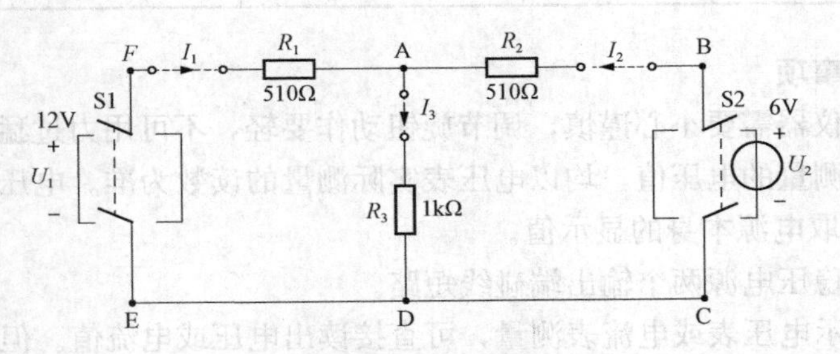

图 1-1　基尔霍夫定律实验电路图

2. 实验原理

基尔霍夫定律是分析一切集总参数电路的根本依据。基尔霍夫定律包括基尔霍夫电流定律和基尔霍夫电压定律，简称 KCL 和 KVL，反映电路中所有支路电流和电压所遵循的基本规律。基尔霍夫定律仅与元件的相互连接有关，而与元件的性质无关，无论元件是线性的还是非线性的，时变的还是非时变的，KCL 和 KVL 总是成立。对一个电路应用 KCL 和 KVL 时，应对各结点和支路编号，指定各支路电流和支路电压的参考方向，指定有关回路的绕行方向。

测量某电路的各支路电流及每个元件两端的电压，应能分别满足 KCL 和 KVL。即对电路中的任一个结点而言，应有$\sum i=0$；对任何一个闭合回路而言，应有$\sum u=0$。为了方便验证，本实验电路中给出了电流的参考方向，并对结点进行了标注。

四、实验内容及步骤

（1）实验前先任意设定三条支路和三个闭合回路的电流参考方向。图 1-1 中的 I_1、I_2、I_3的方向均已设定。三个闭合回路的电流正方向可设为 ADEFA、BADCB 和 FBCEF。

(2) 按照图 1-1 的标注，分别将两路直流稳压电源接入电路，令 $U_1=12V$，$U_2=6V$，并保持电源电压不动，同时将开关 S1 投向 U_1 侧，开关 S2 投向 U_2 侧，以确保电源接入电路中。

(3) 将电流插头分别插入三条支路的三个电流插座中（I_1、I_2 或 I_3 虚线的两端，注意数字毫安表插头的“+、−”极性按照图 1-1 电流方向连接，未接入数字毫安表插头的虚线用导线直接连接），读出并记录电流值。

(4) 数字用万用表（调到适当的直流电压挡位，测量时将表笔插入测量点的金属端子内，放开手，等示数稳定后读数）分别测量两路电源及电阻元件上的电压值，并记录在表 1-1 中。

表 1-1　　基尔霍夫定律测量记录表

被测量	I_1 (mA)	I_2 (mA)	I_3 (mA)	$\sum I$	U_1 (V)	U_2 (V)	U_{FA} (V)	U_{AB} (V)	U_{AD} (V)	$\sum U_{FADEF}$	$\sum U_{ABCDA}$	$\sum U_{FABCDEF}$
计算值												
测量值												
相对误差												

五、实验注意事项

(1) 使用电子仪器需要小心谨慎，调节旋钮动作要轻，不可用力过猛。

(2) 所有需要测量的电压值，均以电压表实际测量的读数为准。电压源的输出电压 U_1、U_2 也需测量，不应取电源本身的显示值。

(3) 防止直流稳压电源两个输出端碰线短路。

(4) 用数字显示电压表或电流表测量，可直接读出电压或电流值。但应注意：所读得的电压或电流值的正、负号应根据设定的参考方向来判断。

(5) 实验中严格按照指导教师的要求进行线路连接，请勿乱接线，以免烧坏设备。

(6) 实验中未用到的模块、开关及电阻、电容、电感旋钮请勿操作，以免造成设备损坏。

(7) 实验中尽量采用连接紧实的连接线，老旧连接线会造成测试数据不稳，若出现类似情况，请更换连接线尝试。

(8) 实验中实线表示已经连接，虚线表示未连接，需要在测试中接入电流表或导线连接。

(9) 电路综合实验箱中的直流稳压电源和直流数字毫安表需要外部供电才能工作，为实验箱接通电源后，勿忘记打开实验箱上的电源开关。

六、思考题

(1) 本实验中如何正确选定毫安表和电压表的量程？

(2) 实验中，若用指针式万用表的直流毫安挡测各支路电流，在什么情况下可能出现指针反偏，应如何处理？在记录数据时应注意什么？若用直流数字毫安表进行测量时，则会有什么显示？

七、实验报告要求

(1) 明确实验目的和实验仪器，简述实验原理，画出实验电路图。

(2) 根据实验数据，选定结点 A，验证 KCL 的正确性。

(3) 根据实验数据，选定实验电路中的任一个闭合回路，验证 KVL 的正确性。

(4) 将支路和闭合回路的电流方向重新设定，重复 1、2 两项验证。

(5) 完成思考题。

(6) 总结实验过程中遇到的问题，撰写心得体会及其他。

实验二 叠加定理的验证

一、实验目的

(1) 深刻理解叠加定理的适用范围，验证线性电路叠加原理的正确性。

(2) 加深对线性电路的叠加性和齐次性的认识和理解。

二、实验仪器

直流稳压电源、直流数字毫安表、数字万用表、电路综合实验箱。

三、实验电路及原理

1. 实验电路

叠加定理实验电路如图 1-2 所示，本实验电路在电路综合实验箱上的“基尔霍夫定律/叠加定理”线路模块。

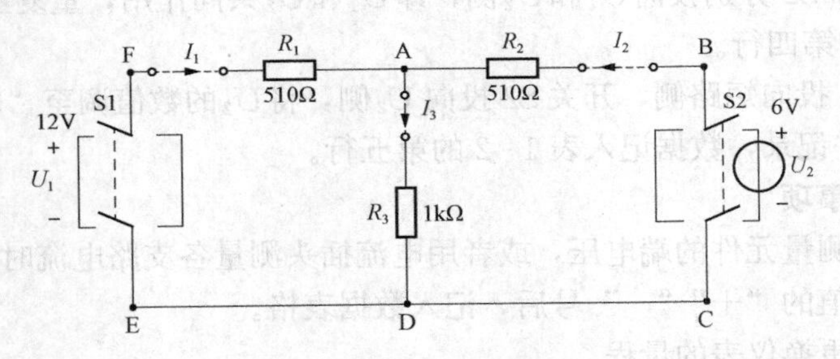

图 1-2 叠加定理实验电路图

2. 实验原理

叠加定理是线性电路的一个重要定理，在线性电路分析中起着重要的作用，它是分析线性电路的基础。

叠加定理指出：在有多个独立源共同作用下的线性电路中，通过每一个元件的电流或其两端的电压，可以看成是由每一个独立源单独作用时在该元件上所产生的电流或电压的代数和。注意，在各独立电源单独作用时，不作用的独立电源置零，原电压源处用短路线代替，原电流源处用开路代替。

线性电路的齐次性是指所有激励（独立源的值）都增大（或减小）同样的倍数时，电路的响应（即电路中各电阻元件上的电流和电压值）也将增大（或减小）同样的倍数。当激励只有一个时，则响应与激励成正比。

四、实验内容及步骤

(1) 按照图 1-2 所示，在 U_1 处接入固定的 +12V 电压源，将可调稳压源的输出调节为

6V（调节过程中用万用表测量）接入U_2处。

(2) 将开关S1投向U_1侧，开关S2投向短路侧，即独立电压源U_1单独作用。用数字万用表测量电阻元件R_1、R_2、R_3两端的电压U_{AF}、U_{AB}、U_{AD}，注意万用表调到“20V”直流电压挡位，测量时将表笔插入测量点的金属端子内，放开手，待示数稳定后读数；用数字毫安表测量电流I_1、I_2、I_3，注意数字毫安表选择“20mA”量程，表插头的“+”“−”按照图1-2电流方向连接，未接入电流表插头的虚线用导线直接连接；数据记入表1-2的第二行。

表1-2　　叠加定理实验数据

测量项目 实验内容	U_1(V)	U_2(V)	I_1(mA)	I_2(mA)	I_3(mA)	U_{AB}(V)	U_{AF}(V)	U_{AD}(V)
U_1单独作用								
U_2单独作用								
U_1U_2共同作用								
$2U_2$单独作用								

(3) 将开关S1投向短路侧，开关S2投向U_2侧，即独立电压源U_2单独作用，重复实验步骤(2)的测量和记录，数据记入表1-2的第三行。

(4) 开关S1和S2分别投向U_1和U_2侧，即U_1和U_2共同作用，重复上述的测量和记录，数据记入表1-2的第四行。

(5) 将开关S1投向短路侧，开关S2投向U_2侧，将U_2的数值调至“+12V”，重复实验步骤(3)的测量并记录，数据记入表1-2的第五行。

五、实验注意事项

(1) 用电压表测量元件的端电压，或者用电流插头测量各支路电流时，应注意仪表的极性，正确判断测得值的“+”“−”号后，记入数据表格。

(2) 注意及时更换仪表的量程。

六、思考题

(1) 在叠加定理实验中，若独立电流源I_1和独立电压源U_2分别单独作用，应如何操作？可否直接将不作用的电源(I_1或U_2)短接置零？

七、实验报告要求

(1) 明确实验目的和实验仪器，简述实验原理，画出实验电路图。

(2) 根据实验数据表格，进行分析、比较，归纳、总结实验结论，即验证线性电路的叠加性与齐次性。

(3) 各电阻元件所消耗的功率能否用叠加定理计算得出？试用上述实验数据，进行计算并作结论。

(4) 完成思考题。

(5) 总结实验过程中遇到的问题，撰写心得体会及其他。

实验三 戴维宁定理和诺顿定理
——线性有源二端网络等效参数的测定

一、实验目的

（1）验证戴维宁定理和诺顿定理的正确性，加深对定理的理解。

（2）掌握线性有源二端网络等效参数的一般测量方法。

二、实验仪器

可调直流稳压源、可调直流恒流源、直流数字毫安表、数字万用表、可调变阻器、电路综合实验箱。

三、实验电路及原理

1. 实验电路

本实验所用电路如图 1-3 所示，在电路综合实验箱上的“戴维宁/诺顿定理”线路模块。

2. 实验原理

任何一个线性有源网络，如果仅研究其中一条支路的电压和电流，则可将电路的其余部分看作是一个有源二端网络（或称为有源一端口网络）。

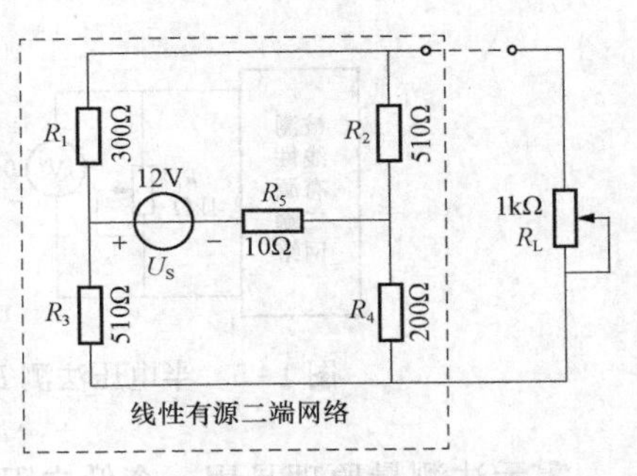

图 1-3 戴维宁、诺顿定理实验线路

戴维宁定理指出，任何一个线性有源二端网络，对外电路来说，总可以用一个电压源与一个电阻的串联组合来等效替代；此电压源的电压等于该有源二端网络的开路电压 U_{oc}，而电阻等于该网络中所有独立源均置零（理想电压源视为短接，理想电流源视为开路）后的等效电阻 R_{eq}。

诺顿定理指出，任何一个线性有源二端网络，对外电路来说，总可以用一个电流源与一个电阻的并联组合来等效替代；此电流源的电流等于该有源二端网络的短路电流 I_{sc}，而电阻 R_{eq} 的定义同戴维宁定理。

U_{oc} 和 R_{eq} 或者 I_{sc} 和 R_{eq} 称为线性有源二端网络的等效参数。

3. 有源二端网络等效参数的测量方法

（1）开路电压、短路电流法测 R_{eq}。在有源二端网络输出端开路时，用电压表直接测其输出端的开路电压 U_{oc}，然后再将其输出端短路，用电流表测其短路电流 I_{sc}，则等效内阻为

$$R_{eq}=\frac{U_{oc}}{I_{sc}} \tag{1-1}$$

注意：如果线性有源二端网络的内阻很小，若将其输出端口短路则易损坏内部元件，因此这种有源二端网络不宜用此法。

（2）伏安法测 R_{eq}。用电压表、电流表测出线性有源二端网络的外特性曲线，如图 1-4 所示。

在外特性曲线上选定的两点 M 和 N，根据外特性曲线可求出斜率 $\tan\varphi$，则内阻为

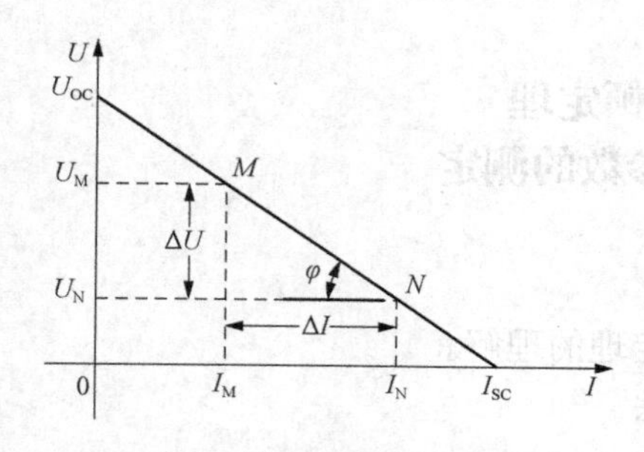

图 1-4 线性有源二端网络的外特性曲线

$$R_{eq}=\frac{U_{oc}}{I_{sc}}=\tan\varphi=\frac{\Delta U}{\Delta I} \tag{1-2}$$

本方法中，也可以先测量开路电压 U_{oc}（即所选的一个点是外特性曲线与电压轴的交点），再测量电流为额定值 I_N时的输出端电压值 U_N，则内阻为

$$R_{eq}=\tan\varphi=\frac{\Delta U}{\Delta I}=\frac{U_{oc}-U_N}{I_N} \tag{1-3}$$

（3）半电压法测 R_{eq}。如图 1-5 所示，当负载电压为被测网络开路电压的 1/2 时，负载电阻值（由电阻箱的读数确定）即为被测线性有源二端网络的等效内阻值。

（4）零示法测 U_{oc}。在测量具有高内阻线性有源二端网络的开路电压时，用电压表直接测量会造成较大的误差。为了消除电压表内阻的影响，往往采用零示测量法，如图 1-6 所示。

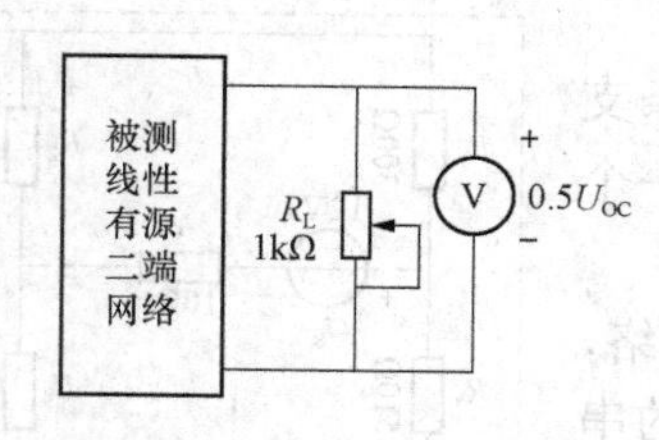

图 1-5 半电压法测 R_{eq}

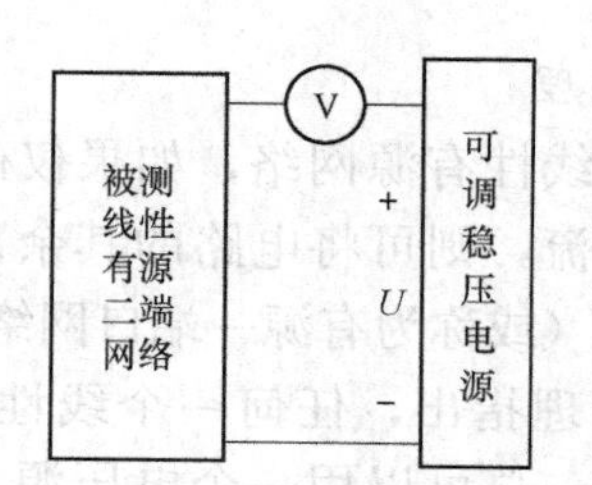

图 1-6 零示法测 U_{oc}

零示法测量原理是用一个低内阻的可调稳压电源与被测有源二端网络进行比较，当稳压电源的输出电压与有源二端网络的开路电压相等时，电压表的读数将为"0"，然后将电路断开，测量此时稳压电源的输出电压，即为被测线性有源二端网络的开路电压。

四、实验内容及步骤

（1）用开路电压、短路电流法测定戴维宁等效电路的 U_{oc}、R_{eq}和诺顿等效电路的 I_{SC}、R_{eq}，测量结果填入表 1-3 中。按图 1-7 接入稳压电源 U_s＝12V，不接入 R_L，测出 U_{oc}和 I_{sc}，并计算出 R_{eq}。（测 U_{OC}时，不接入毫安表用万用表的直流电压挡测直流电流。）

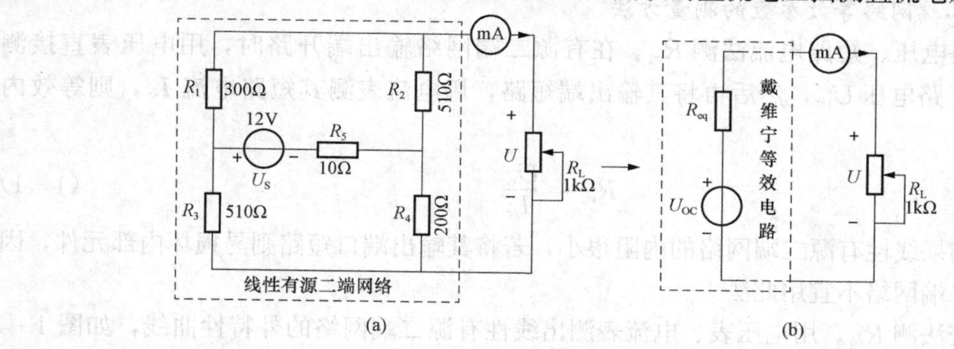

图 1-7 戴维宁/诺顿定理实验线路连接图

（a）线性有源二端网络外特性电路图；（b）戴维宁等效电路外特性电路图

表 1-3 开路电压与短路电流

U_{oc}(V)	I_{sc}(mA)	$R_{eq}=U_{oc}/I_{sc}$(Ω)

(2) 负载实验。按图 1-7 (a) 接入负载 R_L。改变 R_L 的阻值，测量有源二端网络的外特性曲线，其中 U 为负载 R_L 两端的电压，I 为流过负载 R_L 的电流，测量结果填入表 1-4 中。

表 1-4 有源二端网络外特性实验数据

R(Ω)	200	400	600	800	1000
U(V)					
I(mA)					

(3) 验证戴维宁定理。在可调电阻器上取得按步骤 (1) 所得的等效电阻 R_{eq} 值，然后将其与直流稳压电源 [调到步骤 (1) 所测得的开路电压 U_{oc} 值] 相串联，如图 1-7 (b) 所示，仿照步骤 (2) 测其外特性，对戴维宁定理进行验证，测量结果填入表 1-5。选用可调变阻器时，可调变阻器的开关调到“通”侧，其余开关均调到“断”侧，此时输出端的电阻即为可调变阻器的阻值。

表 1-5 戴维宁等效有源二端网络的外特性实验数据

R(Ω)	200	400	600	800	1000
U(V)					
I(mA)					

(4) 验证诺顿定理。在可调电阻器上取得按步骤 (1) 所得的等效电阻 R_{eq} 值，然后将其与直流恒流源 [调到步骤 (1) 所测得的短路电流 I_{SC} 值] 相并联，如图 1-8 所示，仿照步骤 (2) 测其外特性，对诺顿定理进行验证，可调变阻器的选择如上所述，测量结果填入表 1-6。

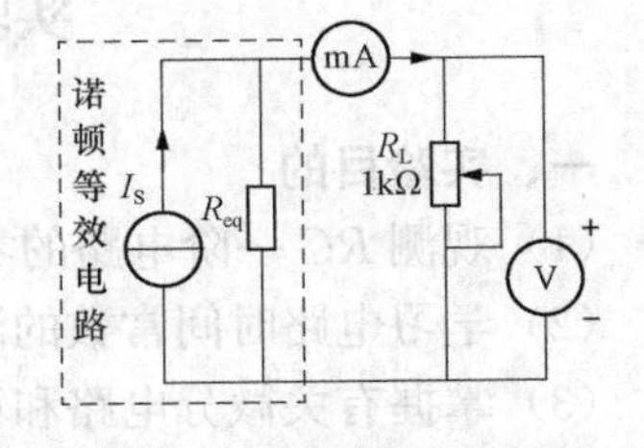

图 1-8 线性有源二端网络诺顿等效外特性测量电路

(5) 线性有源二端网络等效电阻 (又称输入电阻) 的直接测量法。如图 1-7 (a) 所示，将被测有源二端网络内的所有独立源置零 (此处即去掉电压源 U_S，并在原电压源所接的两点用一根导线短接)，然后直接用万用表的欧姆挡测量有源二端网络的端口电阻，此即为被测网络的等效内阻 R_{eq}，或称网络的输入电阻 R_i。

表 1-6 诺顿等效线性有源二端网络的外特性实验数据

R(Ω)	200	400	600	800	1000
U(V)					
I(mA)					

(6) 用半电压法和零示法分别测量被测网络的等效内阻 R_{eq} 及其开路电压 U_{oc}。

五、实验注意事项

(1) 测量时应注意电流表量程的更换。

(2) 步骤(5)中，电压源置零时不可将稳压源短接。

(3) 用万用表直接测 R_{eq} 时，网络内的独立源必须先置零，以免损坏万用表。欧姆挡必须经调零后再进行测量。

(4) 用零示法测量 U_{oc} 时，应先将稳压电源的输出调至接近于 U_{oc}，再按图 1-8 测量。

(5) 改接线路时，要关掉电源。

六、思考题

(1) 测量电路的短路电流时应注意什么问题？本实验电路是否可以直接测量短路电流？请根据实验电路预估短路电流，以便选择合适的量程。

(2) 实验步骤(1)与实验步骤(5)和步骤(6)测得结果进行比较，讨论各种测量方法的优缺点。

(3) 用零示法测量有源二端网络的开路电压时，可否使用电流表？为什么？

七、实验报告要求

(1) 明确实验目的和实验仪器，简述实验原理，画出实验电路图。

(2) 根据实验步骤(2)、(3)、(4)，分别绘出 U-I 曲线，验证戴维宁定理和诺顿定理的正确性，并分析产生误差的原因。

(3) 根据实验步骤(1)、(5)、(6)的几种方法测得的 U_{oc} 与 R_{eq} 与预习时电路计算的结果作比较，你能得出什么结论。

(4) 完成思考题。

(5) 总结实验过程中遇到的问题，撰写心得体会及其他。

实验四　*RC* 一阶电路的响应测试

一、实验目的

(1) 观测 RC 一阶电路的零输入响应、零状态响应及完全响应。

(2) 学习电路时间常数的测量方法。

(3) 掌握有关微分电路和积分电路的概念。

(4) 学会用示波器观测波形。

二、实验仪器

函数信号发生器、双踪示波器、数字万用表、“一阶二阶动态电路”实验模块。

三、实验电路及原理

1. 实验电路

本实验所用电路如图 1-9 所示，在电路综合实验箱上“一阶二级动态电路”线路模块。

2. RC 一阶电路的响应及时间常数

如图 1-10 所示分别是 RC 一阶电路的零输入响应和零状态响应电路。电路的零输入响应是在没有外界输入的情况下，完全由电路中储能元件的初始状态引起的响应。在图 1-10(a) 电路中的动态元件(电容)有初始状态 $u_C(0_-)=U_0$，开关 S 在 $t=0$ 时合上，则电容的初始电压 $u_C(0_-)$ 经 R 放电。有方程

$$RC\frac{du_C(t)}{dt}+u_C(t)=0,\quad t\geqslant 0_+ \tag{1-4}$$

其中由初始值 $u_C(0_+)=u_C(0_-)=U_0$，可得电容器上的电压和电流随时间变化的规律为

$$u_C(t)=u_C(0_+)e^{-\frac{t}{\tau}}=U_0e^{-\frac{t}{\tau}}\ \text{V},\ t\geqslant 0_+ \tag{1-5}$$

$$i_C(t)=C\frac{du_C(t)}{dt}=-\frac{U_0}{R}e^{-\frac{t}{\tau}}\ \text{A},\ t\geqslant 0_+, \tag{1-6}$$

$$\tau=RC$$

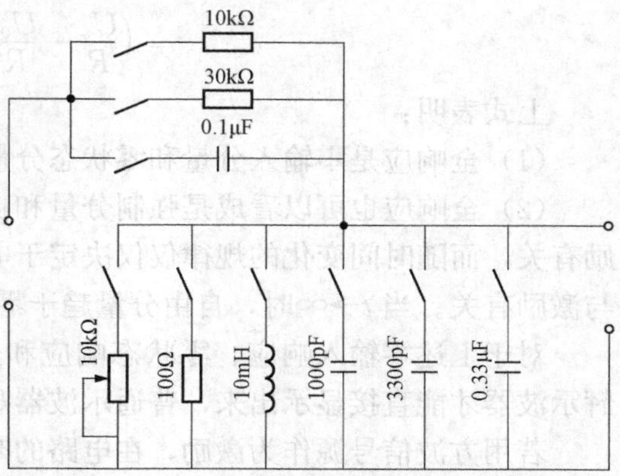

图 1-9 *RC* 一阶电路响应测试实验电路图

上式表明，零输入响应是初始状态的线性函数。其中，$\tau=RC$ 具有时间的量纲，称为时间常数，它是反映电路过渡过程快慢的物理量。τ 越大，零输入响应所持续的时间越长，即过渡过程的时间越长，反之，τ 越小，过渡过程的时间越短。一般经过 4τ 到 5τ，即可认为过渡过程已经结束。

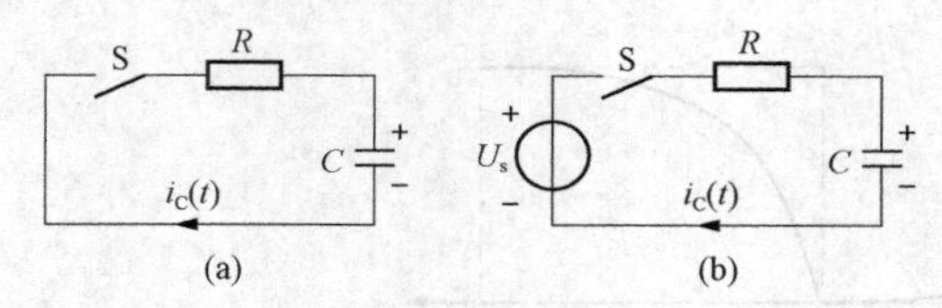

图 1-10 *RC* 一阶电路时间常数测定

（a）零输入响应电路；（b）零状态响应电路

零状态响应是指电路中储能元件的初始状态为零，完全由电路中外加的激励电源引起的响应。如图 1-10（b）电路中的动态元件（电容）初始状态 $u_C(0_-)=0$，开关 S 在 $t=0$ 时合上，直流电源经 R 向 C 充电。有方程

$$RC\frac{du_C(t)}{dt}+u_C(t)=U_s,\ t\geqslant 0_+ \tag{1-7}$$

初始值 $u_C(0_+)=u_C(0_-)=0$，可得电容器上的电压和电流随时间变化的规律为

$$u_C(t)=U_s(1-e^{-\frac{t}{\tau}})\text{V},\ t\geqslant 0_+ \tag{1-8}$$

$$i_C(t)=C\frac{du_C(t)}{dt}=\frac{U_s}{R}e^{-\frac{t}{\tau}}\text{A},\ t\geqslant 0_+,\ \tau=RC \tag{1-9}$$

上式表明，零状态响应是激励电源的线性函数，但过渡过程变化的快慢仍然由时间常数 $\tau=RC$ 决定。

全响应是指电路在换路后由激励和非零初始状态共同作用下引起的响应，如图 1-10（b）所示，若 $u_C(0_-)=U_0$，当 $t=0$ 时合上开关 S，则描述电路的微分方程为

$$RC\frac{du_C(t)}{dt}+u_C(t)=U_s,\ t\geqslant 0_+ \tag{1-10}$$

初始值 $u_C(0_+)=u_C(0_-)=U_0$，可以得出全响应为

$$u_C(t)=U_0e^{-\frac{t}{\tau}}+U_s(1-e^{-\frac{t}{\tau}})\text{V},\ t\geqslant 0_+$$

（零输入响应分量）+（零状态响应分量）

$$=U_s+(U_0-U_s)e^{-\frac{t}{\tau}}$$

（强制分量）+（自由分量）

（稳态分量）+（暂态分量） (1-11)

$$i_C(t)=-\frac{U_0}{R}e^{-\frac{t}{\tau}}+\frac{U_s}{R}e^{-\frac{t}{\tau}}\text{A},\ t\geqslant 0_+,\ \tau=RC$$

（零输入响应分量）+（零状态响应分量）

$$=\left(\frac{U_s}{R}-\frac{U_0}{R}\right)e^{-\frac{t}{\tau}}\text{（仅自由分量，也是暂态分量）} \tag{1-12}$$

上式表明：

（1）全响应是零输入分量和零状态分量之和，它体现了线性电路的叠加性。

（2）全响应也可以看成是强制分量和自由分量之和。自由分量的起始值与初始状态和激励有关，而随时间变化的规律仅仅决定于电路的 R、C 参数（即时间常数 τ），强制分量则仅与激励有关。当 $t\to\infty$ 时，自由分量趋于零，过渡过程结束，电路进入稳态。

对于上述零输入响应、零状态响应和全响应的过程，$u_C(t)$ 和 $i_C(t)$ 的波形只有用长余辉示波器才能直接显示出来，普通示波器难于观察。

若用方波信号源作为激励，在电路的时间常数 τ 远小于方波周期 T 的前提下，RC 电路的方波响应，前半周期激励作用时的响应就是零状态响应，得到电容充电曲线；而后半周期激励为 0，相当于电容通过 R 放电，电路响应转换成零输入响应，得到电容放电曲线。如图 1-11所示为方波激励作用下 RC 一阶电路电容电压波形。

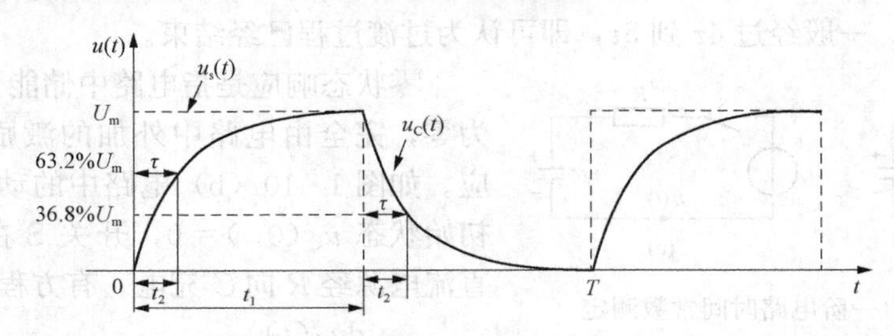

图 1-11 方波激励作用下 RC 一阶电路电容电压波形

为了清楚地观察到响应的全过程，应使方波的半周期和时间常数保持 $\frac{T}{2}\geqslant 5\tau$ 的关系。由于方波是周期信号，可以用普通示波器显示出稳定的图形。当充电曲线中电容电压幅值上升到最大值的 63.2%，放电曲线中电容电压幅值下降到初始值的 36.8%，它们所对应的时间即为一个 τ。当在示波器上观察到响应波形时，可根据示波器测时间的原理求得 τ 值。

在图 1-11 中，设方波的半周期在横轴上的长度为 t_1，τ 对应的长度为 t_2，则

$$\tau=\frac{t_2}{t_1}\frac{T}{2} \tag{1-13}$$

3. 微分电路和积分电路

微分电路和积分电路是 RC 一阶电路中较典型的电路，它对电路元件参数和输入信号的周期有着特定的要求。一个简单的 RC 串联电路，在方波序列脉冲的激励下，当满足 $\tau=RC\ll\frac{T}{2}$ 时（T 为方波脉冲的周期），且由 R 两端的电压作为输出响应，则该电路就是一个微分电路，如图 1-12（a）所示。因为此时电路的输出信号电压与输入信号电压的微分成正比。利用微分电路可以将方波转变成尖脉冲。

若将图 1-12（a）中的 R 与 C 位置调换，如图 1-12（b）所示，由电容器两端的电压作为输出响应，且当电路的参数满足 $\tau=RC\gg\frac{T}{2}$ 时，则该电路成为积分电路。因为此时电

路的输出信号电压与输入信号电压的积分成正比。利用积分电路可以将方波转变成三角波。

从输入输出波形来看，上述两个电路均起着波形变换的作用，请在实验过程中仔细观察与记录。

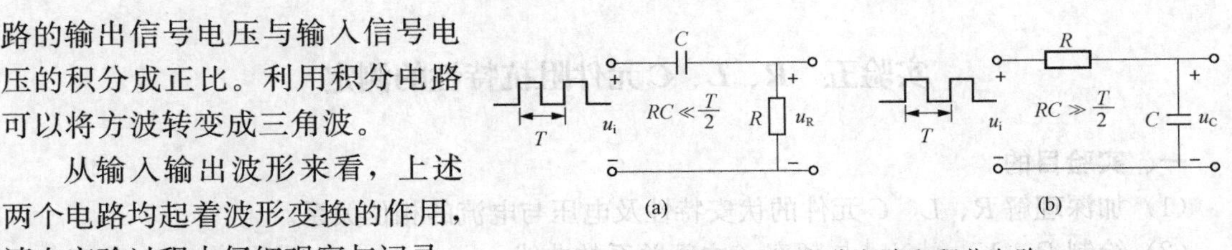

图 1-12 微分电路和积分电路

(a) 微分电路；(b) 积分电路

四、实验内容及步骤

1. *测量时间常数τ*

电路连接如图 1-12（b）所示，在“一阶二阶动态电路”实验模块上，选择电阻 $R=10\text{k}\Omega$，电容 $C=1000\text{pF}$，函数信号发生器输出的方波信号作为电路的激励源 u_i，$U_m=3\text{V}$，$f=1\text{kHz}$，一根同轴电缆线一端连接激励源 u_i，另一端连接双踪示波器的输入端 Y_1；另一根同轴电缆线一端连接输出响应信号 u_C，另一端连接双踪示波器的输入端 Y_2。此时示波器的屏幕上会显示出激励与响应的变化规律，调节示波器上旋钮，使 1 个完整周期的波形显示在示波器屏幕的合适位置，拍照记录波形信息，并测算出时间常数 τ。

2. *定性观察 R 或 C 对时间常数τ的影响*

保持上述电路连接不变，选择电阻 $R=10\text{k}\Omega$，电容 C 分别为 1000pF、3300pF、0.33μF 时的波形，观察波形变化并分别拍照记录；改变电阻 R 的值为 30kΩ，观察电容 C 分别为 1000pF、3300pF、0.33μF 时的波形变化并分别拍照记录。

3. *微分电路中定性观察 R 或 C 对时间常数τ的影响*

如图 1-12（a）所示，选择电阻 $R=100\Omega$，电容 $C=0.1\mu\text{F}$，激励源 u_i 同上（$U_m=3\text{V}$，$f=1\text{kHz}$），输出响应信号 u_R，与示波器的连接线路不变，观察示波器上的波形变化并拍照记录；改变电阻 R 的值，在 100Ω 与 10kΩ 之间变化，定性观察波形变化并分别拍照记录。

五、实验注意事项

（1）注意电路模块中各开关键的通断状态。

（2）更换电路状态时，动作要慢，要轻，不要用力过猛。

（3）示波器两输入信号与信号发生器的输出信号要共地，以防止外界干扰。

六、思考题

（1）RC 一阶电路的零输入响应、零状态响应和全响应对输入信号有什么要求？

（2）具备什么条件才能实现微分电路和积分电路？

七、实验报告要求

（1）明确实验目的和实验仪器，简述实验原理，画出实验电路图。

（2）根据 RC 一阶电路充放电时 u_C 的波形曲线，测量时间常数 τ，并与电路的理论计算结果作比较，分析误差原因。

（3）根据实验观测结果，归纳、总结积分电路和微分电路的形成条件，阐明波形变换的特征。

（4）完成思考题。

（5）总结实验过程中遇到的问题，撰写心得体会及其他。

实验五　R、L、C元件阻抗特性的测定

一、实验目的

（1）加深理解 R、L、C 元件的伏安特性及电压与电流的相位关系。

（2）绘制 R、X_L、$|X_C|$ 与频率 f 之间关系的曲线。

二、实验仪器

函数信号发生器、双踪示波器、数字万用表、电路综合实验箱元件阻抗特性实验板块。

三、实验电路及原理

1. 实验电路

本实验所用实验电路原理和实验箱元件阻抗特性实验板块如图 1-13 所示。

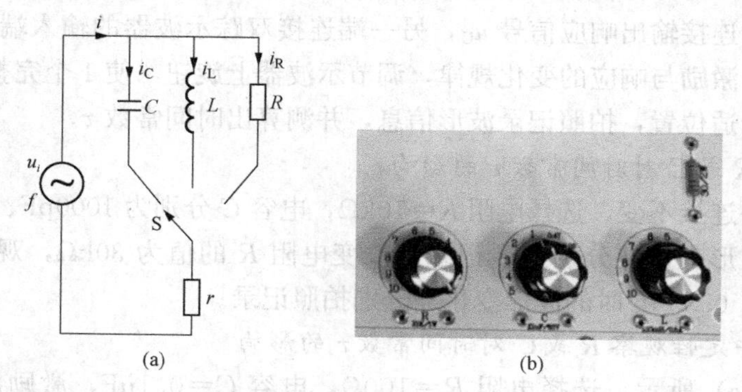

图 1-13　元件阻抗特性测量电路原理图及元件阻抗特性实验板块图

（a）电路原理图；（b）元件阻抗特性实验板块

电路中，函数信号发生器输出的正弦交流信号作为电路的激励源 u_i。为了获得电路中的电流信号，采用小电阻 r 与被测元件串联的方式，流过被测元件的电流与流过小电阻 r 的电流相同。用被测元件的端电压和小电阻 r 的端电压分别作为双踪示波器的两路输入，即可观察到被测元件的端电压和流过该元件电流的波形，从而可测出电压与电流的幅值及它们之间的相位差。

2. 测定元件阻抗与频率之间的特性曲线

根据图 1-13（a）可知，不断改变输入信号的频率，通过测量被测元件的端电压和电流可得到不同频率下的元件阻抗模值

$$R=\frac{U_R}{I_R}=\frac{U_R}{\frac{U_r}{r}},\ |X_L|=\frac{U_L}{I_L}=\frac{U_L}{\frac{U_r}{r}},\ |X_C|=\frac{U_C}{I_C}=\frac{U_C}{\frac{U_r}{r}} \tag{1-14}$$

以阻抗的模值为纵坐标，以频率 f 为横坐标，并用光滑的曲线连接不同频率下的阻抗值点，即可得到如图 1-14 所示的曲线。

3. 测定电压电流的相位差 φ（即阻抗角）

如图 1-15 所示，示波器上显示被测元件的端电压和电流的波形图，从图中可得到一个周期所占的方格数 n，相位差所占的方格数 m，则有

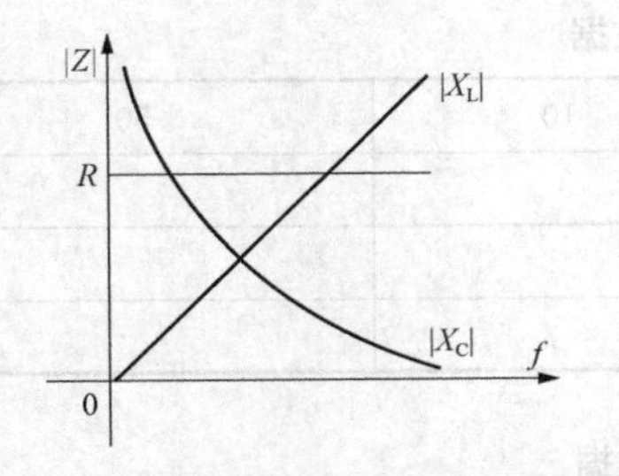

图 1-14 元件阻抗与频率之间的特性曲线

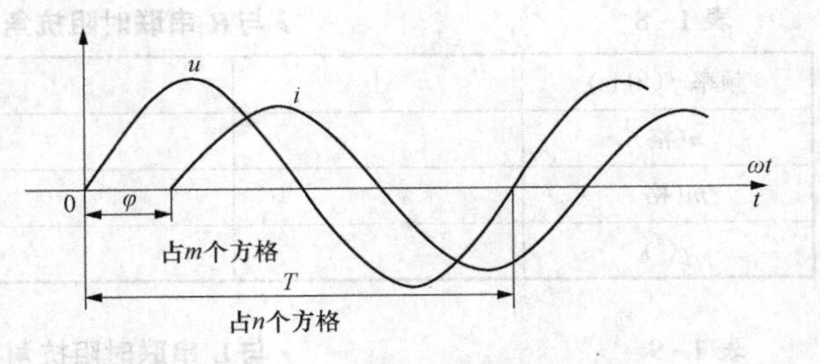

图 1-15 阻抗角的测量方法

$$\varphi=\frac{m}{n}\times 360° \tag{1-15}$$

将不同频率下的阻抗角画在以频率 f 为横坐标、阻抗角 φ 为纵坐标的坐标纸上，并用光滑的曲线连接这些点，即得到阻抗角的频率特性曲线。

四、实验内容及步骤

1. 测量 R、L、C 元件的阻抗频率特性

按如图 1-13（a）所示连接电路，用数字万用表测量激励源的电压有效值，调整其为 $U=3$V，并保持不变。使信号源的输出频率从 200Hz 开始逐渐增至 5kHz，并使开关 S 分别接通 R、L、C 三个元件，用数字万用表分别测量 U_R、U_L、U_C、U_r，并计算各频率点时的电流及阻抗值记录于表 1-7。

表 1-7 **R、L、C 元件的阻抗频率特性实验数据**

频率 f（Hz）		200	1000	3000	5000
$R=1\text{k}\Omega$ $r=30\Omega$	U_R(V)				
	U_r(V)				
	$I_R=U_r/r$(mA)				
	$R=U_R/I_R$(kΩ)				
$L\approx 10\text{mH}$ $r=30\Omega$	U_L(V)				
	U_r(V)				
	$I_L=U_r/r$(mA)				
	$\|X_L\|=U_L/I_L$(kΩ)				
$C=1\mu\text{F}$ $r=30\Omega$	U_C(V)				
	U_r(V)				
	$I_C=U_r/r$(mA)				
	$\|X_C\|=U_C/I_C$(kΩ)				

2. 阻抗角的测量

按图 1-15 所示，记录不同频率下，不同连接时，示波器中的 m 和 n 值于表 1-8～表 1-10，并计算得出对应的阻抗角。

表 1-8 r 与 R 串联时阻抗角相关实验数据

频率 f(kHz)	1	5	10	50
n(格)				
m(格)				
φ(°)				

表 1-9 r 与 L 串联时阻抗角相关实验数据

频率 f(kHz)	1	5	10	50
n(格)				
m(格)				
φ(°)				

表 1-10 r 与 C 串联时阻抗角相关实验数据

频率 f(kHz)	1	5	10	50
n(格)				
m(格)				
φ(°)				

五、实验注意事项

(1) 数字万用表测量交流电压前必须先调零。

(2) 测阻抗角时，示波器“V/div”和“t/div”的微调旋钮应旋置“校准位置”。

六、思考题

(1) 测量 R、L、C 各元件的阻抗角时，为什么要串联一个小电阻？可否用一个小电感或大电容代替？为什么？

(2) 由 R、L、C 的伏安关系可知，对确定的理想元件其阻抗角是固定的，本实验中测得的阻抗角为什么会随着频率发生变化？

七、实验报告要求

(1) 明确实验目的和实验仪器，简述实验原理，画出实验电路图。

(2) 根据实验数据，在方格纸上绘制 R、L、C 三个元件的阻抗频率特性曲线，并与理论上的特性曲线对比，归纳并得出结论。

(3) 根据实验数据，在方格纸上绘制 R、L、C 三个元件的阻抗角频率特性曲线，并与理论上的特性曲线对比，归纳并得出结论。

(4) 完成思考题。

(5) 总结实验过程中遇到的问题，撰写心得体会及其他。

实验六 用三表法测量交流电路的等效参数

一、实验目的

(1) 掌握用交流电压表、交流电流表和功率表测量交流电路等效参数的方法。

(2) 掌握功率表的连接和使用方法。

(3) 掌握自耦调压器的使用方法。

(4) 掌握用串并联电容法判别元件阻抗性质的方法。

二、实验仪器

交流电压表、交流电流表、智能交流功率表、15W 白炽灯两只、4.7μF 电容器一个、镇流器一个、交流电路实验箱。

三、实验电路及原理

1. 实验电路

本实验所用实验电路如图 1-16 所示。

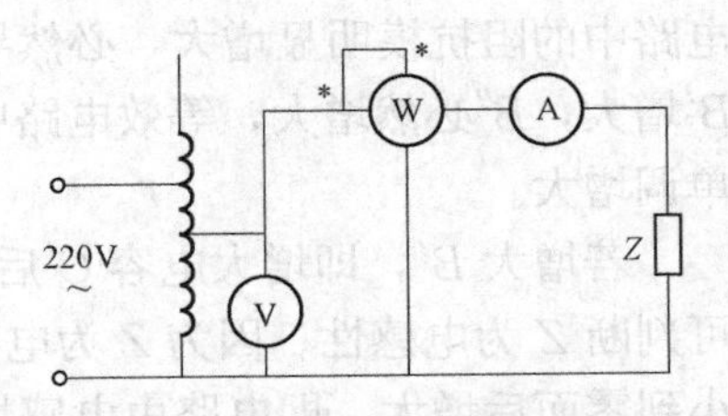

图 1-16 用三表法测量交流电路的等效参数原理图

2. 测定交流电路的等效参数

电路元件在正弦信号激励下的阻抗值可以通过如图 1-16 所示的三表法进行测量。用交流电压表、交流电流表和功率表分别测量被测电路的电压 U、电流 I 和功率 P 以及功率因数，然后通过计算得到电路的等效参数。该方法是测量 50Hz 交流电路等效参数的基本方法。理论计算公式如下。

阻抗的模

$$|Z|=\frac{U}{I}$$

功率因数

$$\cos\varphi=\frac{P}{UI}$$

等效电阻

$$R=\frac{P}{I^2}=|Z|\cos\varphi$$

等效电抗

$$X=|Z|\sin\varphi$$

若电路为电感性，即该电抗为感抗 X_L，设电感元件的自感系数为 L，可以得到

$$X=X_L=2\pi fL$$

若电路为电容性，即该电抗为容抗 X_C，设电容元件的电容为 C，可以得到

$$X=X_C=-\frac{1}{2\pi fC}$$

3. 元件阻抗性质的判别

(1) 被测元件两端并联试验电容判别阻抗的性质。如图 1-17 (a) 是并联试验电容判别元件阻抗性质的电路原理图，图 1-17 (b) 为其等效电路，图中 G、B 为被测元件 Z 对应的电导和电纳，B'为并联电容 C'的电纳。在端电压幅值和频率都不变的条件下，通过观测电路中电流表读数 I 的变化即可判断元件阻抗的性质。

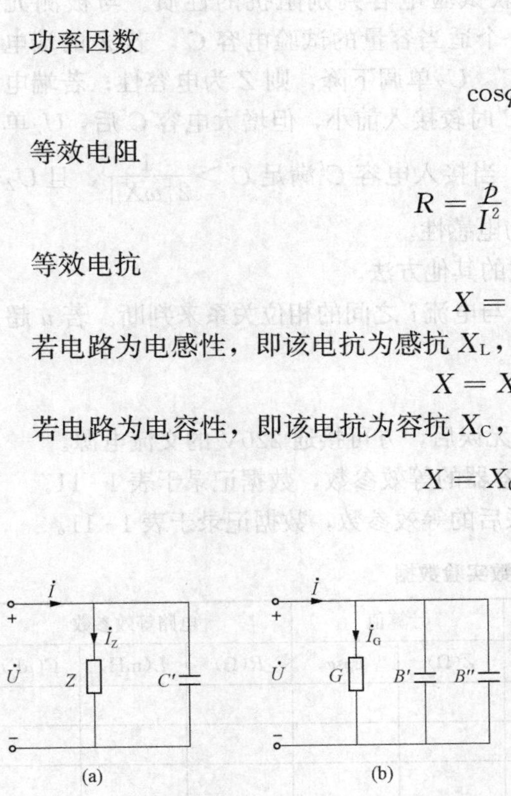

图 1-17 并联电容判别元件阻抗性质

(a) 电路原理图；(b) 等效电路

设等效电路的总电纳为 B''，则 $B''=B+B'$。若增大 B'，即增大电容 C'后，电路中的电流 I 单调上升，则可判断 Z 为电容性。因为 Z 为电容性时，$B>0$，与 B'同符号，B'增大，B''必然增大，等效电路中 G 支路的电流 I_g 不变，而 $I_{B'}$ 单调增大，必然导致电流 I 单调增大。

电路中接入电容后，电路中的电流 I 相对于接入前减小，但当 B'增大时，电流 I 单调增大，则可判断 Z 为纯电阻。因为 Z 为纯电阻性时，$B=0$，并联上电容 C'后，因为 $B'>0$，电路中的阻抗模明显增大，必然导致电流 I 变小。但电流 I 变小，是电容接入后即完成的。B'增大，B''必然增大，等效电路中 G 支路的电流 I_g 不变，而 $I_{B'}$ 单调增大，必然导致电流 I 单调增大。

若增大 B'，即增大电容 C'后，电路中的电流 I 先减小而后增大（如图 1-18 所示），则可判断 Z 为电感性。因为 Z 为电感性时，$B<0$，与 B'符号相反，随着 B'的增大，B''会先减小到零而后增大，即电路由电感性变成纯电阻性，然后变成电容性，等效电路中 G 支路的电流 I_g 不变，而 $I_{B'}$ 先减小后增大，必然导致电流 I 先减小而后增大。由以上方法判断 Z 为电感性的，是有条件的。因为如果 $B'>2|B|$，一开始并联电容 C'后，阻抗就变成电容性，电流单调上升，与 B 为电容性时相同，并不能说明电路是感性的。因此 $B'<2|B|$ 是判断电路性质的可靠条件，由此得判定条件为 $C'<\frac{2|B|}{\omega}$（其中 ω 为电源的角频率）。

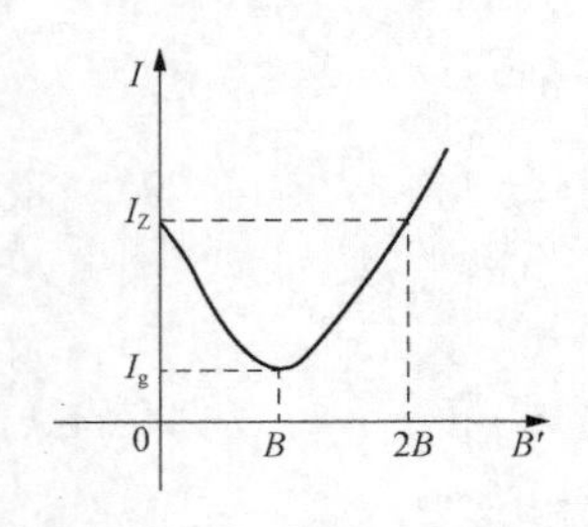

图 1-18　Z 呈电感性时电流的变化

（2）被测元件串联试验电容判别阻抗的性质。与被测元件 Z（$Z=R+\mathrm{j}X$）串联一个适当容量的试验电容 C'，若 Z 的端电压 U_Z下降，且增大电容 C'，U_Z单调下降，则 Z 为电容性；若端电压 U_Z在刚串入试验电容 C'时较接入前小，但增大电容 C'后，U_Z单调增加，则 Z 为纯电阻；当接入电容 C'满足 $C'>\frac{1}{2|\omega X|}$，且 U_Z先减小后增大时，则 Z 为电感性。

（3）判别阻抗性质的其他方法。

利用元件的电压 u 与电流 i 之间的相位关系来判断。若 u 超前于 i，阻抗为电感性；u 滞后于 i，阻抗为电容性。

四、实验内容及步骤

（1）按照图 1-16 连接电路，确保电路连接无误后，方可接通 220V 的交流电源。

（2）测量 15W 白炽灯、镇流器和 4.7μF 电容器的等效参数，数据记录于表 1-11。

（3）测量镇流器和 4.7μF 电容器串联与并联后的等效参数，数据记录于表 1-11。

表 1-11　被测元件等效参数实验数据

被测元件	测量值				计算值		电路等效参数		
	U(V)	I(A)	P(W)	$\cos\varphi$	$Z(\Omega)$	$\cos\varphi$	$R(\Omega)$	L(mH)	$C(\mu\mathrm{F})$
15W 白炽灯									
镇流器 L									
电容器 C									
L 与 C 串联									
L 与 C 并联									

(4) 验证用串、并联试验电容法判别阻抗性质的正确性。实验线路同图 1-16，但不接功率表，测量结果记录于表 1-12。

表 1-12　验证串并试验电容法判定被测元件性质的实验数据

被测元件	串联 4.7μF 电容		并联 4.7μF 电容	
	串联前电压 U_Z(V)	串联后电压 U_Z(V)	并联前电流 I(A)	并联后电流 I(A)
两只 15W 白炽灯				
电容器 C(4.7μF)				
镇流器 L(1H)				

五、实验注意事项

(1) 本实验使用 220V 的交流电压，要特别注意人身安全，不可用手直接触摸通电线路的裸露部分，以免触电，进实验室应穿绝缘鞋。

(2) 智能交流功率表的电压端子分别接被测元件的两端，电流端子与被测元件串接，不需要其他连接。

(3) 自耦调压器在接通电源前，应将其手柄置在零位上，调节时，使其输出电压从零开始逐渐升高。每次改接实验线路及实验完毕，必须先将其旋柄慢慢调回零位，再断电源。

六、思考题

用串联试验电容 C' 的方法判别元件阻抗性质时，试通过定性分析电流 I 随 $|X_C|$ 的变化，证明串联试验电容 C' 必须满足 $C' > \frac{1}{2|\omega X|}$。

七、实验报告要求

(1) 明确实验目的和实验仪器，简述实验原理，画出实验电路图。

(2) 完成实验测量及计算。

(3) 完成思考题。

(4) 总结实验过程中遇到的问题，撰写心得体会及其他。

实验七　正弦稳态交流电路中相量的研究

一、实验目的

(1) 掌握正弦稳态交流电路中相量形式的基尔霍夫定律及电压相量与电流相量的关系。

(2) 掌握功率表及日光灯线路的接线。

(3) 掌握改善电路功率因数的方法并理解其意义。

二、实验仪器

万用表、交流电压表、交流电流表、智能交流功率表、交流电路实验箱、白炽灯 1 只 (220V，15W)、电容器 (1μF，2.2μF，4.7μF/500V)、启辉器、镇流器、日光灯管 (15W)、自耦调压器。

三、实验电路及原理

1. 实验电路

本实验采用交流电路试验箱，所用实验电路如图 1-19～图 1-22 所示。

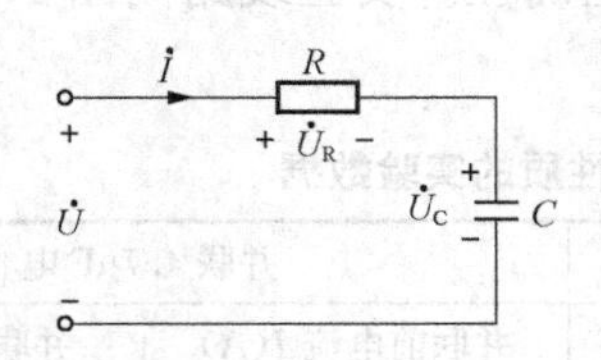

图 1-19 验证 $\dot{U}$、$\dot{U}_R$、$\dot{U}_C$ 成直角三角形关系的测量电路

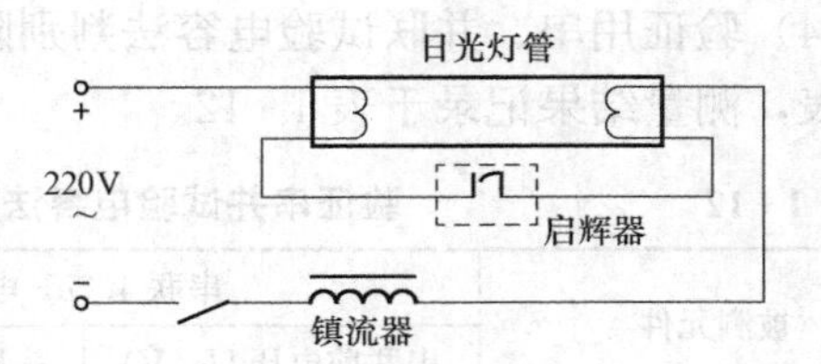

图 1-20 日光灯工作原理电路

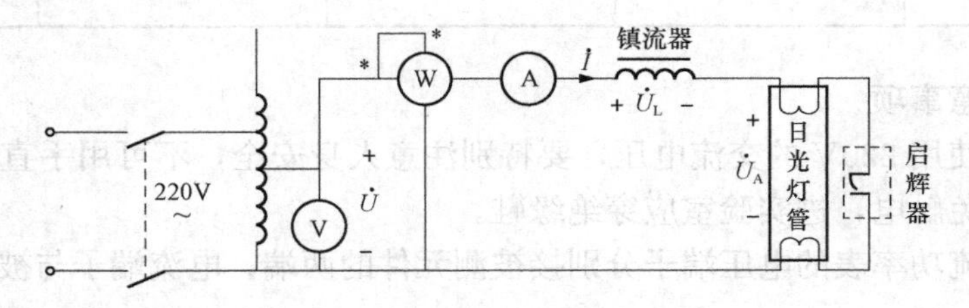

图 1-21 日光灯测量电路

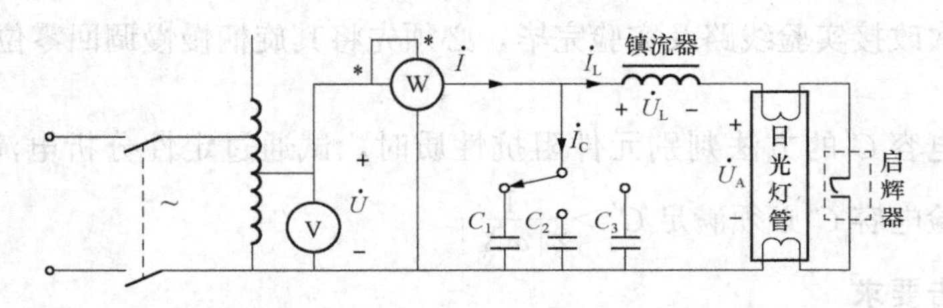

图 1-22 改善日光灯电路功率因数的测量电路

2. 相量形式基尔霍夫定律的验证

单相正弦稳态电路中，回路中各元件两端的电压相量满足相量形式的基尔霍夫电压定律，即 $\sum\dot{U}=0$；结点上的电流相量满足相量形式的基尔霍夫电流定律，即 $\sum\dot{I}=0$。如图 1-19 所示，RC 串联，电路的输入电压为 $\dot{U}$，$\dot{U}_R$ 与 $\dot{U}_C$ 之间的相位差保持 90°不变，而 $\dot{U}$、$\dot{U}_R$、$\dot{U}_C$ 满足 $\dot{U}=\dot{U}_R+\dot{U}_C$，所以有直角三角形关系 $U^2=U_R^2+U_C^2$。当 R 从小到大不断改变时，其两端的电压相量形成如图 1-23 所示的半圆轨迹，而电路中的电流 $\dot{I}$ 与端口电压 $\dot{U}$ 之间的相位差 φ 也会随之不断变化，从而形成了移相器。

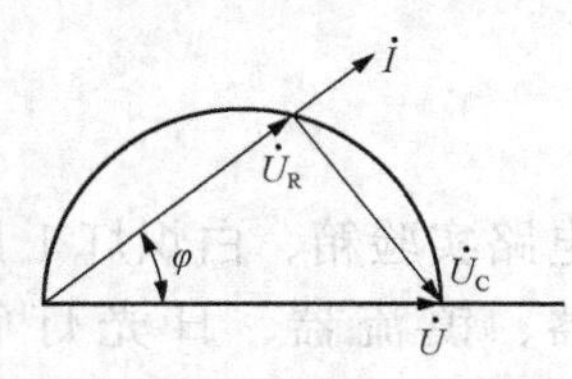

图 1-23 $\dot{U}$、$\dot{U}_R$、$\dot{U}_C$ 满足直角三角形关系轨迹图

在改善日光灯电路功率因数的测量中，通过测量三条支路中的电流可以验证相量形式的基尔霍夫电流定律。

3. 日光灯工作原理简介

日光灯工作原理电路如图 1-20 所示。日光灯需要高压启动低压工作，未工作时灯管内部电阻为无穷大，两端的灯丝有较小的阻值，正常工作时灯管内部电阻大大降低。图中启辉器相当于一个热敏开关，刚开始接通电源时，启辉器两端电压为 220V，在 220V 电压作用下，启辉器中氖管发光发热，使得启辉器中的动触片受热膨胀与静触片连接，整个电路导通，日光灯管两端的灯丝开始慢慢发热，但其两端的电压仅约 220V，还不能使日光灯启动。而启辉器中因为动触片与静触片连接形成短路，导致其端电压为 0V，氖管不再发光发热，动触片开始收缩并与静触片断开，电路中的电流急剧减小。此时镇流器开始发挥作用。镇流器作为具有很高自感系数的铁芯线圈，会阻止电流的减小，从而产生很高的感应电动势，该感应电动势与电源的电动势同向叠加施加在日光灯管两端，达到日光灯的启动电压（大约 700V），其灯管内部的水银蒸汽层发出紫外线照射到管壁上的荧光粉，发出白光，日光灯启动。日光灯启动后，其额定工作电压约 70V，为了保证日光灯正常工作，镇流器作为与日光灯串联的线圈起到分压的作用。

四、实验内容及步骤

1. 相量形式基尔霍夫电压定律验证电路测量

按照图 1-19 连接电路，R 为 220V/15W 的白炽灯泡，电容器为 4.7μF/450V。接通实验台电源前，必须经指导教师检查合格。保证自耦调压器的输出是从最小值开始，并最终使其输出电压为 220V。用交流电压表测得 U、U_R、U_C 值并记入表 1-13 中，以验证电压直角三角形关系。

表 1-13　U、U_R、U_C 值实验数据

测量值			计算值		
U (V)	U_R (V)	U_C (V)	U'（与 U_R，U_C 组成直角三角形 Rt△）($U'^2=U_R^2+U_C^2$)	$\triangle U=U'-U$ (V)	$\triangle U/U$ (%)

2. 日光灯电路测量

按图 1-21 接线。接通实验台电源前，必须经指导教师检查合格。保证自耦调压器的输出是从最小值开始，然后使其输出电压缓慢增大，直到日光灯刚启辉点亮为止，记录三表的指示值于表 1-14 中。然后继续调节自耦调压器使其电压达到 220V，测量功率 P，电流 I，电压 U、U_L、U_A 等值记录到表 1-14 中，以验证电压、电流相量关系。

表 1-14　日光灯电路实验数据

电源电压不同时	测量数值							计算值
	P(W)	$\cos\varphi$	I(A)	U(V)	U_L(V)	U_A(V)	r(Ω)	$\cos\varphi$
启辉值								
正常工作值								

3. 日光灯电路功率因数的改善

按图 1-22 接线。接通实验台电源前，必须经指导教师检查合格。调节自耦调压器的输出至 220V，分别测量不接电容和接不同电容时电路中的功率 P，电压 U，电流 I、I_L、I_C 等值记录到表 1-15 中，以验证电压、电流相量关系。

表 1-15 日光灯电路功率因数改善实验数据

电容值（μF）	测量数值						计算值	
	P(W)	cosφ	U(V)	I(A)	I_L(A)	I_C(A)	I'(A)	cosφ
0								
1								
2.2								
4.7								

五、实验注意事项

(1) 本实验使用 220V 的交流电压，要特别注意人身安全，不可用手直接触摸通电线路的裸露部分，以免触电，进实验室应穿绝缘鞋。

(2) 智能交流功率表的电压端子分别接被测元件的两端，电流端子与被测元件串接，不需要其他连接。

(3) 自耦调压器在接通电源前，应将其手柄置在零位上，调节时，使其输出电压从零开始逐渐升高。每次改接实验线路及实验完毕，必须先将其旋柄慢慢调回零位，再断电源。

(4) 在线路连接正确，但日光灯不能正常启辉时，注意检查启辉器是否已损坏。

六、思考题

(1) 若日光灯上缺少了启辉器，是否可以用一根导线短接一下启辉器的两端然后迅速断开的方式点亮日光灯？

(2) 是否可以用一个启辉器启动同一型号的多个日光灯？为什么？

(3) 日光灯点亮后，取下启辉器日光灯是否能正常工作？为什么？

(4) 为什么不用串联电容器法改善电路的功率因数？所并联的电容器是否越大越好？

(5) 改善电路的功率因数意义何在？有哪些方法？

七、实验报告要求

(1) 明确实验目的和实验仪器，简述实验原理，画出实验电路图。

(2) 完成实验测量及计算。

(3) 根据实验记录表 1-13～表 1-15 中的实验数据，分别画出对应的电压、电流相量图。

(4) 完成思考题。

(5) 总结实验中遇到的问题，撰写心得体会及其他。

实验八　*R*、*L*、*C* 串联谐振电路的研究

一、实验目的

(1) 掌握通过实验绘制 *R*、*L*、*C* 串联电路幅频特性曲线。

(2) 加深理解 *R*、*L*、*C* 串联谐振现象发生的条件和特点。

(3) 掌握谐振电路品质因数 Q 的测定方法及物理意义。

(4) 掌握电路元件参数改变对谐振电路特性的影响。

二、实验仪器

函数信号发生器、万用表、示波器、*RLC* 串联谐振电路实验模块（$R=200\Omega$、$1\text{k}\Omega$，$C=0.01\mu\text{F}$、$0.1\mu\text{F}$，L 约 30mH）、电路综合实验箱。

三、实验电路及原理

1. 实验电路

本实验所用实验电路连接示意图如图 1-24 所示。

图 1-24　*RLC* 串联谐振电路连接示意图

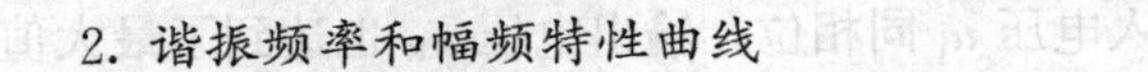

2. 谐振频率和幅频特性曲线

如图 1-25 所示的 R、L、C 串联电路中，在频率为 f 正弦电压作用下，电路的复阻抗为

$$Z=R+\text{j}\left(2\pi fL-\frac{1}{2\pi fC}\right)=R+\text{j}(X_{\text{L}}+X_{\text{C}})=R+\text{j}X=|Z|\angle\varphi \tag{1-16}$$

式（1-16）的虚部是频率 f 的函数，X、X_{L}、X_{C} 随频率变化的情况如图 1-26 所示。由该图可以看出，当 f 从零开始向 $+\infty$ 增加时，由于感抗 X_{L} 和容抗 X_{C} 随频率变化的关系不一样，所以造成电抗 X 从 $-\infty$ 向 $+\infty$ 增加，电抗由开始时的容性经过零转变为感性。当 $f=f_0$ 时，感抗和容抗相等，电抗为零，即有

$$X(f)=X_{\text{L}}(f)+X_{\text{C}}(f)=2\pi fL-\frac{1}{2\pi fC}=0 \tag{1-17}$$

电路此时的工作状况称为谐振。由于这种谐振是发生在 R、L、C 串联电路中，所以称为串联谐振。谐振频率为

$$f_0=\frac{1}{2\pi\sqrt{LC}},\ \omega_0=2\pi f_0=\frac{1}{\sqrt{LC}} \tag{1-18}$$

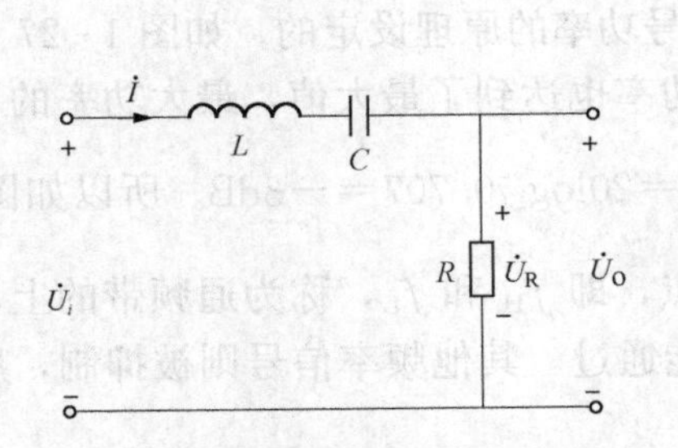

图 1-25　串联谐振电路图

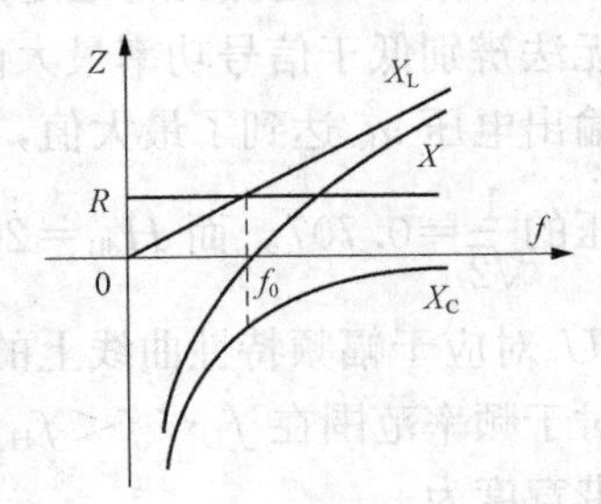

图 1-26　阻抗随频率变化的情况

由式（1-18）可知，串联电路的谐振频率 f_0 完全由电路的 L、C 参数决定，与电阻 R 无关。它反映了串联电路的一种固有性质，而且对于每一个 R、L、C 串联电路，总有一个对应的谐振频率 f_0。L 和 C 两个参数不论改变哪一个量，既可能使电路满足谐振条件而发生谐振，也可能使两者之间的关系不满足谐振条件而达到消除谐振的目的。

如图 1-25 中，取电阻 R 上的端电压 u_{R} 作为响应 u_{o}，维持输入电压 u_{i} 的幅值不变，不断变化 u_{i} 的频率，测出对应的 U_{o} 值，然后以 f 为横坐标，以 $U_{\text{o}}/U_{\text{i}}$ 为纵坐标（因 U_{i} 不变，故也可直接以 U_{o} 为纵坐标）绘出光滑的曲线，即为幅频特性曲线，也称谐振曲线，如图 1-27 所示。

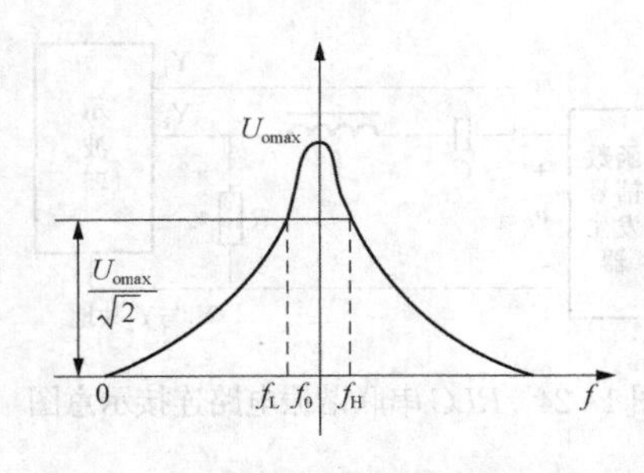

图 1-27　串联谐振电路幅频特性曲线

3. 品质因数 Q

如图 1-27 所示，在频率 $f=f_0=\frac{1}{2\pi\sqrt{LC}}$处，幅频特性曲线的尖峰所在频率点即为谐振频率。电路中的阻抗 $Z=R+\mathrm{j}X$ 在此时呈现 $X=0$ 的状态，即 $|X_L|=|X_C|$，电路呈纯电阻性，阻抗的模 $|Z|=R$ 为最小。在输入电压 U_i 不变的情况下，电路中的电流达到最大值，且与输入电压 u_i 同相位，输出电压 u_R 也达到了最大值。此时，理论上存在 $U_i=U_R$，$U_L=U_C=QU_i$，其中，Q 称为电路的品质因数，U_L、U_C 分别为电感 L 和电容 C 的端电压。

另外，根据电路中能量守恒的关系可以推出

$$W_T=W_L+W_C=\frac{1}{2}LI_m^2=\frac{1}{2}CU_{cm}^2=\frac{1}{2}CQ^2U_m^2 \tag{1-19}$$

$$Q=\frac{1}{R}\sqrt{\frac{L}{C}} \tag{1-20}$$

式中：W_T为电路中由电感和电容储存的总能量，W_L为电感元件中储存的磁场能量；W_C为电容元件中储存的电场能量；I_m为电路中电流的最大值；U_{cm}为电容两端电压的最大值。

由此可知，电路的品质因数、选择性与通频带只取决于电路本身的参数，而与信号源无关。而且 Q 值越大，谐振曲线越尖锐，通频带越窄，电路的选择性越好。品质因数 Q 是反映电路性能的一个重要指标。

4. 通频带宽度 BW_f

通频带宽度是指谐振电路允许通过的信号频率范围，也称为 3 分贝频率差，是根据声学研究中人耳无法辨别低于信号功率最大值 1/2 的信号功率的原理设定的。如图 1-27 中，在谐振点上，输出电压 u_R 达到了最大值，其对应的功率也达到了最大值，最大功率的 1/2 对应于最大电压的$\frac{1}{\sqrt{2}}=0.707$。而 $H_{dB}=20\log_{10}\left(\frac{U_o}{U_i}\right)=20\log_{10}0.707=-3\text{dB}$。所以如图1-27所示，$0.707U_o$对应于幅频特性曲线上的两个频率点，即 f_H 和 f_L，称为通频带的上、下限频率。电路对于频率范围在 $f_L<f<f_H$ 的信号都能通过，其他频率信号则被抑制，所以该电路的通频带宽度为

$$BW_f=f_H-f_L \tag{1-21}$$

电路的品质因素与通频带宽度之间的关系可表示为

$$Q=\frac{f_0}{BW_f} \tag{1-22}$$

5. 电路品质因数值的两种测量方法

(1) 根据电路谐振时的特性，直接由 $Q=\frac{U_L}{U_i}=\frac{U_C}{U_i}$求得。

(2) 首先测量谐振曲线的通频带宽度 BW_f，再根据 $Q=\frac{f_0}{BW_f}$求得。

四、实验内容及步骤

(1) 按照图 1-24 连接电路，选择 $C=0.01\mu\text{F}$，$R=200\Omega$，信号源电压 $U_i=4\text{V}$ 并保持

不变。示波器的两个输入端分别接信号源 u_i 和电阻的端电压 u_R，以观察其波形变化。

（2）测定谐振频率。令信号源的频率从小到大缓慢变化，注意观察示波器的波形变化。当电阻的端电压 u_R 达到最大值，即示波器中输入输出信号完全重合时，读出示波器中信号源的频率值即为电路的谐振频率 f_0。

（3）以谐振频率为中心，按频率分别递增和递减 500Hz，各取 5 个频率值（f_0 附近频率间隔小一些），分别测出对应的 U_R、U_L、U_C，并记录于表 1-16 中。

（4）测定通频带的上下限 f_H、f_L。以谐振频率为起点 f_0，缓慢增加频率，当电阻的端电压 U_R 变为最大值的 0.707 倍时，得到上限频率 f_H。以谐振频率为 f_0 起点，缓慢递减频率，当电阻的端电压 U_R 变为最大值的 0.707 倍时，得到下限频率 f_L。数据记录于表 1-16 中。

表 1-16　R=200Ω，C=0.01μF 时电路幅频特定曲线实验数据

测量项目	第 1 次测量	第 2 次测量	第 3 次测量	第 4 次测量	第 5 次测量	第 6 次测量	第 7 次测量	第 8 次测量	第 9 次测量	第 10 次测量	第 11 次测量	第 12 次测量	第 13 次测量
f(kHz)													
U_R(V)													
U_L(V)													
U_C(V)													
U_i=4V，R=200Ω，C=0.01μF，　f_0=　，　f_H=　　f_L=　，　BW_f=　　，Q=													

（5）选 R=1kΩ，C=0.01μF。重复上述步骤（2）～（4），并将数据记录于表 1-17 中。

表 1-17　R=1kΩ，C=0.01μF 时电路幅频特定曲线实验数据

测量项目	第 1 次测量	第 2 次测量	第 3 次测量	第 4 次测量	第 5 次测量	第 6 次测量	第 7 次测量	第 8 次测量	第 9 次测量	第 10 次测量	第 11 次测量	第 12 次测量	第 13 次测量
f(kHz)													
U_R(V)													
U_L(V)													
U_C(V)													
U_i=4V，R=1kΩ，　C=0.01μF，　f_0=　，　f_H=　　f_L=　，　BW_f=　　，Q=													

（6）选 R=1kΩ，C=0.1μF。重复上述步骤（2）～（4），并将数据记录于表 1-18 中。

表 1-18　R=1kΩ，C=0.1μF 时电路幅频特定曲线实验数据

测量项目	第 1 次测量	第 2 次测量	第 3 次测量	第 4 次测量	第 5 次测量	第 6 次测量	第 7 次测量	第 8 次测量	第 9 次测量	第 10 次测量	第 11 次测量	第 12 次测量	第 13 次测量
f(kHz)													
U_R(V)													
U_L(V)													
U_C(V)													
U_i=4V，R=1kΩ，　C=0.1μF，　f_0=　，　f_H=　　f_L=　，　BW_f=　　，Q=													

五、实验注意事项

（1）调整频率时，应注意观察示波器中信号源的幅值，保证其幅值不变。

（2）测量U_C和U_L数值前，应将万用表交流电压挡的量程改大，并注意测试前调零。

六、思考题

（1）根据实验线路板给出的元件参数值，估算电路的谐振频率。

（2）可以通过调节哪些参数实现电路谐振？

（3）电阻R的改变会影响谐振频率吗？电阻R的改变会影响谐振电路的哪些特性？

（4）在研究电路串联谐振特性时，为什么输入电压不能取太大？

（5）本实验中，电路发生谐振时，U_L和U_C相等吗？为什么会出现这种情况？

七、实验报告要求

（1）明确实验目的和实验仪器，简述实验原理，画出实验电路图。

（2）完成实验测量及计算。

（3）完成思考题。

（4）总结实验中遇到的问题，撰写心得体会及其他。

实验九　三相交流电路电压、电流的测量

一、实验目的

（1）掌握三相负载作星形连接和三角形连接的方法，验证这两种接法中的线、相电压（电流）之间的关系。

（2）深入理解三相四线制供电系统中中线的作用。

二、实验仪器

万用表、交流电压表、交流电流表、自耦调压器、交流电路实验箱、白炽灯6只（220V，15W）。

三、实验电路及原理

1. 实验电路

本实验采用交流电路试验箱。三相负载星形连接电路如图1-28所示，三角形连接电路如图1-29所示。

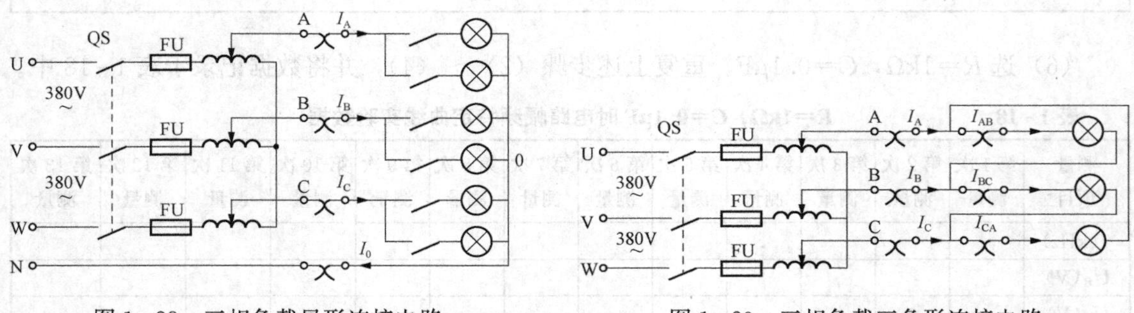

图1-28　三相负载星形连接电路　　　图1-29　三相负载三角形连接电路

2. 三相负载采用不同连接时电路中的电压电流关系

三相负载可以作星形（也称Y形）和三角形（也称△形）两种连接方式。

当三相负载对称且星形连接时，相电压U_P和线电压U_L满足$U_L=\sqrt{3}U_P$，而相电流I_P和线电压I_L满足$I_L=I_P$，此时中线中的电流$I_0=0$，可以省去中线。

当三相负载对称且三角形连接时，$U_L = U_P$，$I_L = \sqrt{3} I_P$。

当三相负载不对称且星形连接时，必须采用三相四线制接法，即 Y_0 接法，而且中线连接必须牢固可靠，以确保不对称三相负载的三相电压对称不变。因为一旦中线断开，就意味着每两相不对称负载串联接入 380V 的线电压，使得负载不能在额定电压下工作，原来负载可能被烧毁或不能正常工作。对于三相照明系统，一律采用 Y_0 接法。

当三相负载不对称且三角形连接时，尽管 $I_L \neq \sqrt{3} I_P$，但只要三相电源的线电压 U_L 保持对称，负载上的相电压 U_P 仍保持对称，不对称三相负载仍可正常工作。

四、实验内容及步骤

1. 三相负载星形连接时电压电流的测量

按图 1-28 连接实验电路。三相对称电源经三相自耦调压器连接三相灯组负载。首先逆时针方向旋转三相调压器至输出电压为 0V 的位置，连接电路，经指导教师检查合格后，可开启实验台电源，然后调节调压器的输出至三相电源的线电压为 220V，按下述内容完成各项实验内容，分别测量三相负载的线电流、线电压、相电压、中线电流、电源与负载中点间的电压。将所测得的数据记入表 1-19 中，测量过程中注意观察各相灯组亮暗的变化程度，特别注意观察中线的作用。

表 1-19　　三相负载星形连接时电压电流实验数据表

测量数据／负载情况	开灯盏数			线电流（A）			线电压（V）			相电压（V）			中线电流	中点电压
	A相	B相	C相	I_A	I_B	I_C	U_{AB}	U_{BC}	U_{CA}	U_{A0}	U_{B0}	U_{C0}	I_0(A)	U_{N0}(V)
Y_0接平衡负载	2	2	2											
Y接平衡负载	2	2	2											
Y_0接不平衡负载	1	1	2											
Y接不平衡负载	1	1	2											
Y_0接B相断开	1		2											
Y接B相断开	1		2											
Y接B相短路	1		2											

2. 三相负载三角形连接（即三相三线制供电）时电压电流的测量

按图 1-29 连接实验电路。三相对称电源经三相自耦调压器连接三相灯组负载。首先逆时针方向旋转三相调压器至输出电压为 0V 的位置，连接电路，经指导教师检查合格后，可开启实验台电源，然后调节调压器的输出至三相电源的线电压为 220V，按下述内容完成各项实验内容，分别测量三相负载的线电压、线电流、相电流。将所测得的数据记入表 1-20 中，测量过程中注意观察各相灯组亮暗的变化程度。

表 1-20　　三相负载三角形连接时电压电流实验数据表

测量数据／负载情况	开灯盏数			线电压=相电压(V)			线电流(A)			相电流(A)		
	A-B相	B-C相	C-A相	U_{AB}	U_{BC}	U_{CA}	I_A	I_B	I_C	I_{AB}	I_{BC}	I_{CA}
三相平衡	2	2	2									
三相不平衡	1	1	2									

五、实验注意事项

（1）本实验采用三相交流市电，实验中务必注意人身安全，不可随意触导电部位。

（2）实验中将线电压调整到220V，最高不超过240V，以免烧坏灯泡。

（3）每次接线完毕，同组同学应自查一遍，经指导教师检查无误后，方可接通电源，必须严格遵守先断电、再接线、后通电；先断电、后拆线的实验操作原则。

（4）星形负载作短路实验时，为避免发生短路事故，必须先断开中线。

（5）在做Y接不平衡负载或缺相实验时，应使线电压最高不超过240V，以免烧坏灯泡。

六、思考题

（1）三相负载作星形或三角形连接的依据是什么？

（2）分析星形连接三相不对称负载在无中线情况下，当某相负载开路或短路时会出现什么情况？如果有中线，会发生什么变化？

七、实验报告要求

（1）明确实验目的和实验仪器，简述实验原理，画出实验电路图。

（2）用实验数据验证对称三相电路中相、线电压及相、线电流的$\sqrt{3}$倍关系。

（3）根据实验，总结三相四线制连接供电时中线的作用。

（4）实验是否能证明不对称三相负载作三角形连接时能正常工作？

（5）总结实验过程中遇到的问题，撰写心得体会及其他。

实验十　二端口网络测试

一、实验目的

（1）加深理解二端口网络的理论知识。

（2）掌握直流二端口网络传输参数的测量方法。

二、实验仪器

万用表、直流数字毫安表（0～200mA）、可调直流稳压电源（0～30V）、二端口网络电路板，电路综合实验箱。

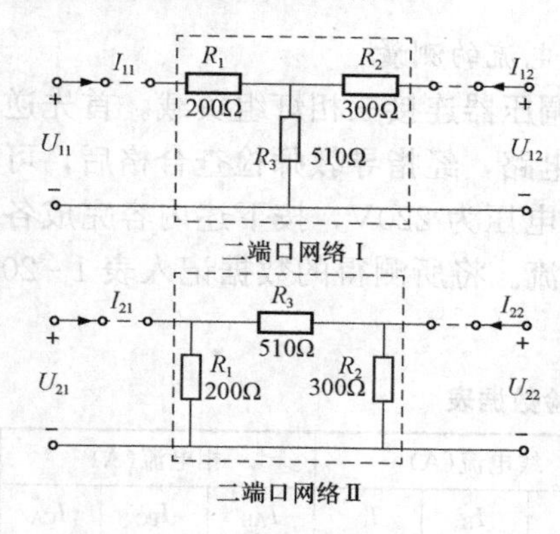

图1-30　二端口网络实验电路

三、实验电路及原理

1．实验电路

本实验采用电路综合实验箱，所用实验电路如图1-30所示。

2．黑盒理论

对于任何一个线性网络，当我们只关心输入端口和输出端口的电压、电流之间的相互关系，并通过实验方法获取一个等效的极其简单的等值二端口网络时，即称为“黑盒理论”。

3．同时测量法获取二端口网络的传输参数

一个二端口网络中两端口的电压和电流关系有多种

参数方程表示形式。本实验中采用如图 1-31 所示的无源二端口网络的传输参数方程，即输入端口的电压 U_1 和电流 I_1 用输出端口的电压 U_2 和电流 I_2 来描述，$U_1=AU_2-BI_2$，$I_1=CU_2-DI_2$，式中的 A、B、C、D 为二端口网络的传输参数，其值完全取决于网络的拓扑结构及各支路元件的参数值。这四个参数表征了该二端口网络的基本特性。这四个参数的物理含义见式(1-23)～式（1-26）。

图 1-31 无源双二端口网络示意图

转移电压比

$$A=\frac{U_1}{U_2}|I_2=0 \tag{1-23}$$

转移导纳

$$C=\frac{I_1}{U_2}|I_2=0 \tag{1-24}$$

转移阻抗

$$B=-\frac{U_1}{I_2}|U_2=0 \tag{1-25}$$

转移电流比

$$D=-\frac{I_1}{I_2}|U_2=0 \tag{1-26}$$

由式（1-23）～式（1-26）可知，只要在输入端口加一个电压为 U_1 的电压源，然后在二端口开路和短路两种情况下，同时测出两端口的电流和电压即可获得四个传输参数。该方法即为同时测量法。

4. 分别测量法获取二端口网络的传输参数

若要测量的二端口网络是一条远距离输电线时，采用同时测量法就很不方便。这时需要采用分别测量法，即先在输入端口加电压，而输出端口开路和短路两种情况下，测出输入端口的电压和电流，得到

$$R_{1O}=\frac{U_1}{I_1}|I_2=0=\frac{A}{C} \tag{1-27}$$

$$R_{1S}=\frac{U_1}{I_1}|U_2=0=\frac{B}{D} \tag{1-28}$$

然后在输出端口加电压，而输入端口开路和短路两种情况下，测出输出端口的电压和电流，得到

$$R_{2O}=\frac{U_2}{I_2}|I_1=0=\frac{D}{C} \tag{1-29}$$

$$R_{2S}=\frac{U_2}{I_2}|U_1=0=\frac{B}{A} \tag{1-30}$$

式（1-27）～式（1-30）中，R_{1O}、R_{1S}、R_{2O}、R_{2S} 表示其中一个端口开路和短路时，另一个端口的等效输入电路。

当网络满足互易性时，$AD-BC=1$，只有三个参数是独立的。从而可以得到

$$A=\sqrt{\frac{R_{1O}}{R_{2O}-R_{2S}}} \tag{1-31}$$

$$B = R_{2S}A \tag{1-32}$$

$$C = \frac{A}{R_{1O}} \tag{1-33}$$

$$D = R_{2O}C \tag{1-34}$$

5. 二端口网络级联后的传输参数

当多个二端口网络级联后，可以采用上述的任何一种方法测量得到传输参数。本实验中采用了如图 1-30 所示的两个二端口网络级联，理论上可知

$$\begin{bmatrix} U_{11} \\ I_{11} \end{bmatrix} = \begin{bmatrix} A_1 & B_1 \\ C_1 & D_1 \end{bmatrix} \begin{bmatrix} U_{12} \\ -I_{12} \end{bmatrix} \tag{1-35}$$

式中：U_{11}为二端口网络Ⅰ的 1 端口电压；I_{11}为二端口网络Ⅰ的 1 端口电流；U_{12}为二端口网络Ⅰ的 2 端口电压；I_{12}为二端口网络Ⅰ的 2 端口电流。

$$\begin{bmatrix} U_{21} \\ I_{21} \end{bmatrix} = \begin{bmatrix} A_2 & B_2 \\ C_2 & D_2 \end{bmatrix} \begin{bmatrix} U_{22} \\ -I_{22} \end{bmatrix} \tag{1-36}$$

式中：U_{21}为二端口网络Ⅱ的 1 端口电压；I_{21}为二端口网络Ⅱ的 1 端口电流；U_{22}为二端口网络Ⅱ的 2 端口电压；I_{22}为二端口网络Ⅱ的 2 端口电流。

那么两个二端口网络级联后，$U_{21}=U_{12}$，$I_{21}=-I_{12}$，所以有

$$\begin{bmatrix} U_{11} \\ I_{11} \end{bmatrix} = \begin{bmatrix} A_1 & B_1 \\ C_1 & D_1 \end{bmatrix} \begin{bmatrix} A_2 & B_2 \\ C_2 & D_2 \end{bmatrix} \begin{bmatrix} U_{22} \\ -I_{22} \end{bmatrix} = \begin{bmatrix} A_1A_2+B_1C_2 & A_1B_2+B_1D_2 \\ C_1A_2+D_1C_2 & C_1B_2+D_1D_2 \end{bmatrix} \begin{bmatrix} U_{22} \\ -I_{22} \end{bmatrix} \tag{1-37}$$

四、实验内容及步骤

1. 同时测量法测量二端口网络的传输参数

采用同时测量法分别测量图 1-30 中两个二端口网络的传输参数。调节直流稳压电源的输出为 10V，接到输入端口，然后让输出端口开路，测出输入端口的电流和输出端口的电压；接着让输出端口短路，测出输入和输出端口的电流。将所测得的数据记入表 1-21 中。

表 1-21　　同时测量法测量两个二端口网络传输参数的实验数据表

		测量值			计算值	
二端口网络Ⅰ	输出端口开路 $I_{12}=0$	U_{11O}(V)	U_{12O}(V)	I_{11O}(mA)	A_1	B_1
	输出端口短路 $U_{12}=0$	U_{11S}(V)	I_{11S}(mA)	I_{12S}(mA)	C_1	D_1
		测量值			计算值	
二端口网络Ⅱ	输出端口开路 $I_{22}=0$	U_{21O}(V)	U_{22O}(V)	I_{21O}(mA)	A_2	B_2
	输出端口短路 $U_{22}=0$	U_{21S}(V)	I_{21S}(mA)	I_{22S}(mA)	C_2	D_2

2. 分别测量法测量两个二端口网络级联后的传输参数

将图 1-30 中两个二端口网络的级联，即将二端口网络Ⅰ的输出作为二端口网络Ⅱ的输

入。调节直流稳压电源的输出为 10V，接到输入端口，让输出端口开路和短路，分别测出输入端口的电压和电流。接下来，将 10V 电压源接到输出端口，让输入端口开路和短路，分别测出输出端口的电压和电流。将所测得的数据记入表 1 - 22 中。

表 1 - 22　　分别测量法测量两个二端口网络级联后的传输参数的实验数据表

输出端口开路 $I_{22}=0$			输出端口短路 $U_{22}=0$			计算传输参数
U_{11O}(V)	I_{11O}(mA)	R_{1O}(kΩ)	U_{11S}(V)	I_{11S}(mA)	R_{1S}(kΩ)	
输入端口开路 $I_{11}=0$			输入端口短路 $U_{11}=0$			$A=$ $B=$ $C=$ $D=$
U_{22O}(V)	I_{22O}(mA)	R_{2O}(kΩ)	U_{22S}(V)	I_{22S}(mA)	R_{2S}(kΩ)	

五、实验注意事项

(1) 测量电流时，注意电流表的连接极性要与电流参考方向一致。

(2) 注意为电流表选择合适的量程。

六、思考题

本实验中使用的两种测量方法可以用于测量交流电路的传输参数吗？需要增加什么设备吗？

七、实验报告要求

(1) 明确实验目的和实验仪器，简述实验原理，画出实验电路图。

(2) 完成数据表格中的测量和计算任务。

(3) 验证级联后二端口网络的传输参数与两个二端口网络各自的传输参数之间的关系。

(4) 完成思考题。

(5) 总结实验中遇到的问题，撰写心得体会及其他。

实验十一　基于 Multisim 的一阶电路过渡过程仿真

一、实验目的

(1) 掌握 Multisim 软件在电路分析仿真中的基本操作。

(2) 掌握 Multisim 软件中基本虚拟仪器的使用方法。

(3) 掌握一阶电路在不同情况下的过渡特性。

二、实验仪器

Multisim 软件。

三、实验电路及原理

1. 实验电路

本仿真实验需要搭建的电路如图 1 - 32 所示。

2. 实验原理

实验原理请详见“实验四 *RC* 一阶电路的响应测试”。

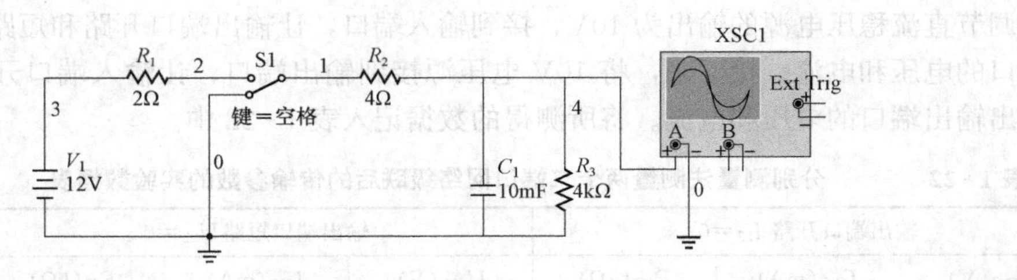

图 1-32　*RC* 一阶电路过渡过程仿真电路

四、实验内容及步骤

1. 创建电路

从元器件库中选择电压源、电阻、电容、单刀双掷开关 S1 和示波器 XSC1，创建如图 1-32所示的一阶电路。电容的充放电由开关 S1 控制，仿真时，开关的切换由空格键 Space 控制，按下一次空格键，开关从一个触点切换到另一个触点。

2. 电容的充放电过程

当开关 S1 切换到触点 1 时，电压源 V_1 经电阻 R_1、R_2 给电容 C_1 充电，当开关切换到触点 2 时，电容经电阻 R_2、R_3 放电。

3. 仿真运行

单击运行（RUN）按钮，双击示波器 XSC1 图标，弹出示波器显示界面，反复切换开关，就能得到电容的充放电波形，如图 1-33 所示。

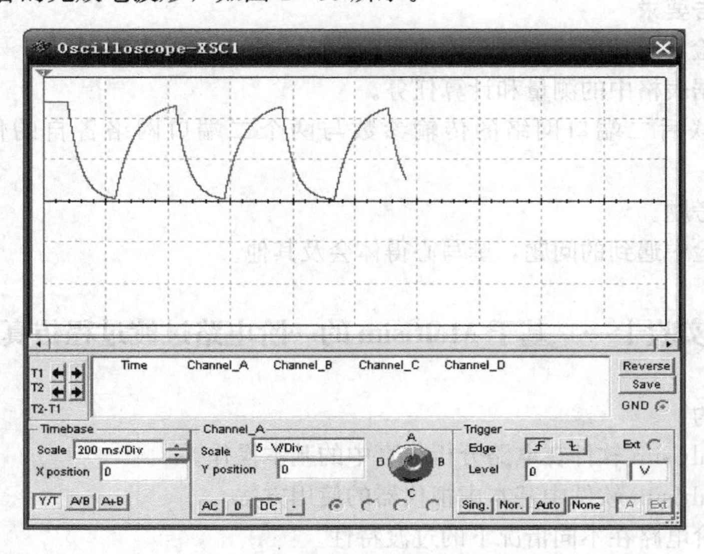

图 1-33　*RC* 一阶电路电容的充放电波形

4. 改变电路参数仿真运行

分别改变电路中电阻 R_2 和电容 C 的值，获取不同的电容充放电波形，并测量出对应的电路时间常数。

把示波器接到电阻 R_2 的两端，分别改变电路中电阻 R_2 和电容 C 的值，获取不同的 R_2 端电压波形。注意观察波形的特点。

五、实验注意事项

(1) 当开关停留在触点 1 时，电源一直给电容充电，直到最大值 12V，如图 1-33 中电容充放电波形的开始阶段。

(2) 仿真时，电路的参数大小选择要合理，电路的过渡过程快慢与时间常数大小有关，时间常数越大，则过渡过程越慢；时间常数越小，则过渡过程越快。电路中其他参数不变时，电容容量大小就代表时间常数的大小。如图 1-34 所示给出了电容容量较小时，$C=100\text{mF}$ 时，电容的充放电波形，该波形近似为矩形波，充放电加快，上升沿和下降沿变陡。

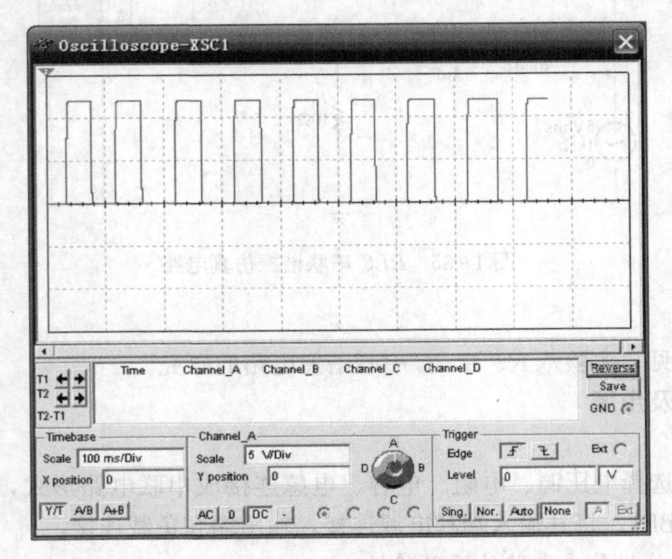

图 1-34 电容容量较小时的充放电波形

六、思考题

(1) 本实验中为什么要在电容两端并联一个 4kΩ 电阻？

(2) 本实验中电阻 R_2 端电压波形是否可以代替电路中的电流波形？

(3) 探讨电路的时间常数与电路参数的关系。

七、实验报告要求

(1) 完成电路的搭建、仿真和测量任务。

(2) 完成思考题。

(3) 搭建 RL 一阶电路，并实现类似本实验的过渡过程仿真。

(4) 总结实验过程中遇到的问题，撰写心得体会及其他。

实验十二 基于 Multisim 的谐振电路仿真

一、实验目的

(1) 掌握 Multisim 软件在电路分析仿真中的基本操作。

(2) 掌握 Multisim 软件中基本虚拟仪器的使用方法。

(3) 掌握谐振电路的幅频、相频特性。

(4) 掌握电路参数对谐振电路性能的影响。

二、实验仪器

Multisim 软件。

三、实验电路及原理

1. 实验电路

本仿真实验需要搭建的电路如图 1-35 所示。

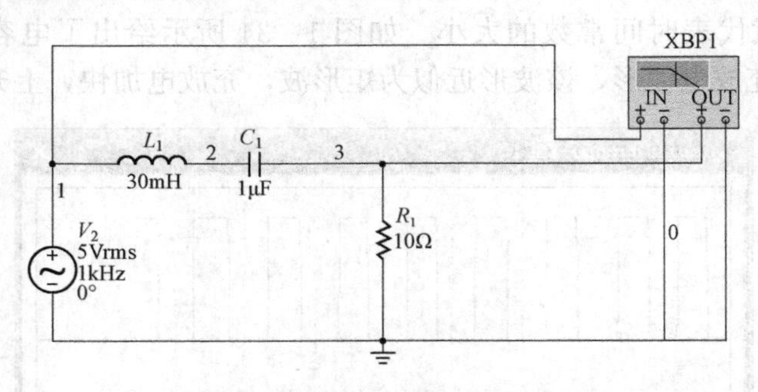

图 1-35 *RLC* 串联谐振仿真电路

2. 实验原理

实验原理请详见“实验八 *R*、*L*、*C* 串联谐振电路的研究”。

四、实验内容及步骤

1. 创建电路

从元器件库中选择电压源、电阻、电容、电感连接成串联电路形式，如图 1-35 所示，选择频率特性仪 XBP1，将其输入端和电源连接，输出端和负载连接。

2. 采用波特测试仪仿真电路的幅频特性

单击运行（RUN）按钮，双击波特测试仪 XBP1 图标，在 Mode 选项组中单击 Magnitude（幅频特性）按钮，可得到该电路的幅频特性，如图 1-36 所示。从图中所知，电路在谐振频率 f_0 处有个增益极大值，而在其他频段增益大大下降。需要说明的是，电路的谐振频率只与电路的结构和元件参数有关，与外加电源的频率无关。本处电路所选的电源频率为 1kHz，若选择其他频率，幅频特性不变。

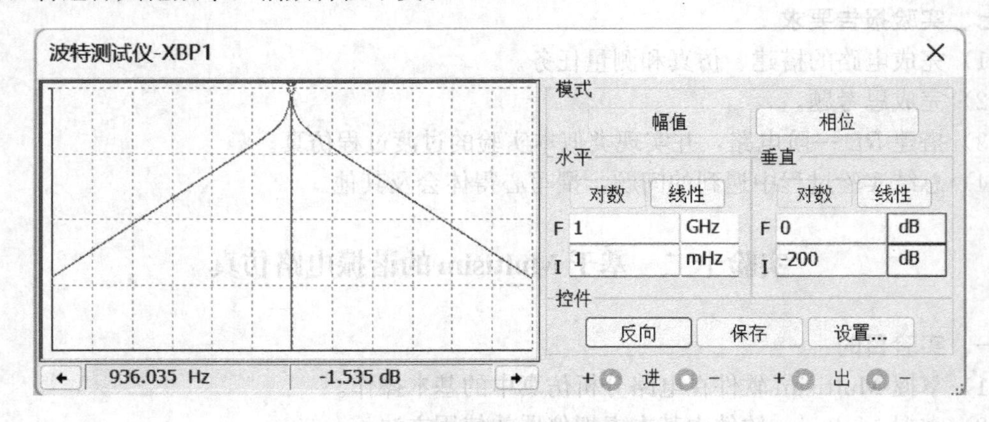

图 1-36 串联谐振电路的幅频特性

在幅频特性曲线中，可以移动红色游标指针使之对应在幅值最高点 0dB 处（见图 1-37），此时在面板上显示出谐振频率 f_0；再移动红色游标指针使之分别对应幅值最高点左右两侧的−3dB处，读出上限频率（见图1-38）和下限频率（见图1-39）为 f_H、f_L。

可计算出通频带宽 $BW=f_H-f_L$，品质因数 $Q=\frac{f_0}{BW}$。

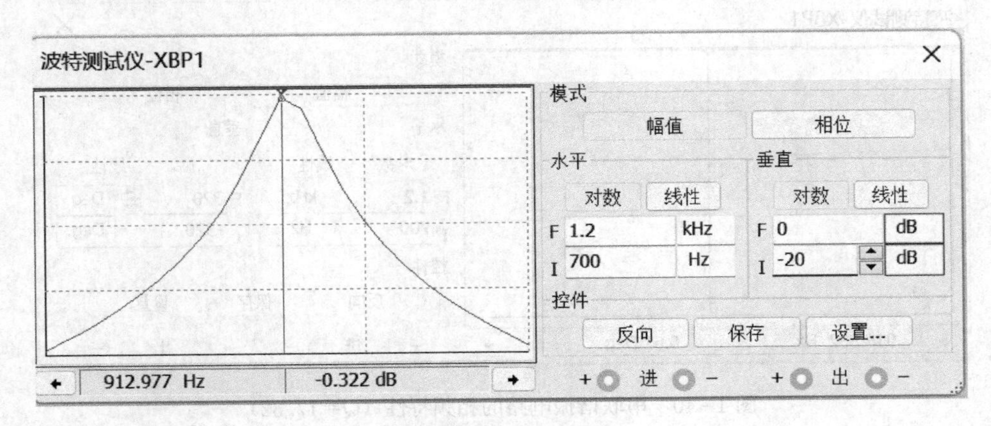

图1-37 读取谐振频率（$Q=17.32$）

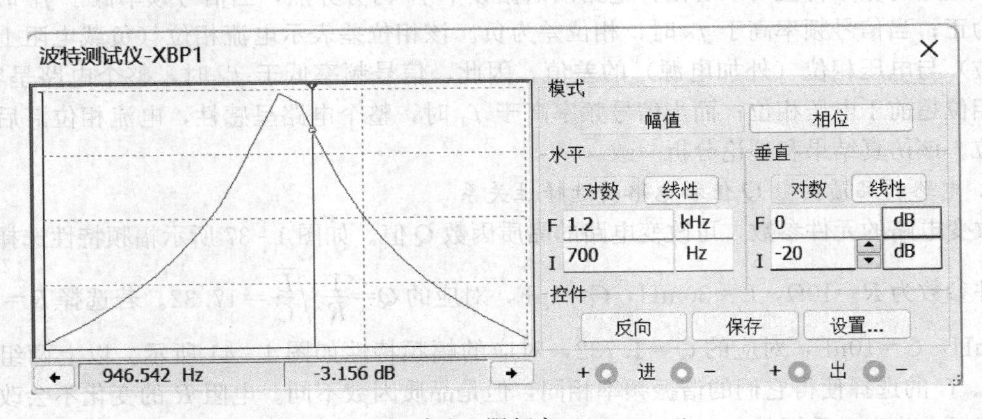

图1-38 读取上限频率（$Q=17.32$）

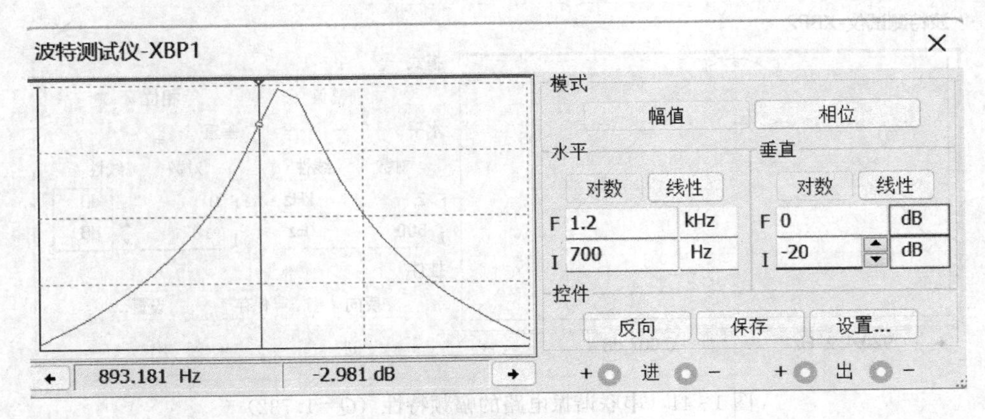

图1-39 读取下限频率（$Q=17.32$）

3. 采用波特测试仪仿真电路的相频特性

在 Mode 选项组中单击 Phase（相频特性）按钮，可得到该电路的相频特性，如图 1-40 所示。

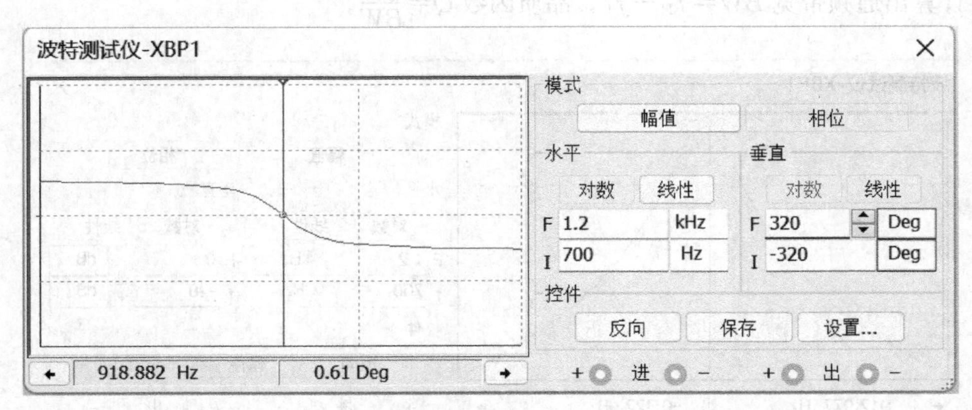

图 1-40　串联谐振电路的相频特性（Q=17.32）

从电路的相频特性可以看出，电路以谐振频率 f_0 为分界点，当信号频率低于 f_0 时，相位差为正；当信号频率高于 f_0 时，相位差为负。该相位差表示电流相位（负载电阻上的电压相位）与电压相位（外加电源）的差值。因此，信号频率低于 f_0 时，整个电路呈容性，电流相位超前于电压相位；而当信号频率高于 f_0 时，整个电路呈感性，电流相位滞后于电压相位。该仿真结果和理论分析一致。

4. 电路的品质因数 Q 值和电路的选择性关系

改变电路的元件参数，可改变电路的品质因数 Q 值。如图 1-37 所示幅频特性选择的电路元件参数为 $R=10\Omega$，$L=30\text{mH}$，$C=1\mu\text{F}$，对应的 $Q=\frac{1}{R}\sqrt{\frac{L}{C}}=17.32$。若选择 $R=10\Omega$，$L=3\text{mH}$，$C=10\mu\text{F}$，对应的 $Q=1.732$，对应的幅频特性如图 1-41 所示。以上两组参数中，L、C 的选择使得它们的谐振频率相同，但是品质因数不同。电阻 R 的变化不会改变谐振频率但会改变品质因数。

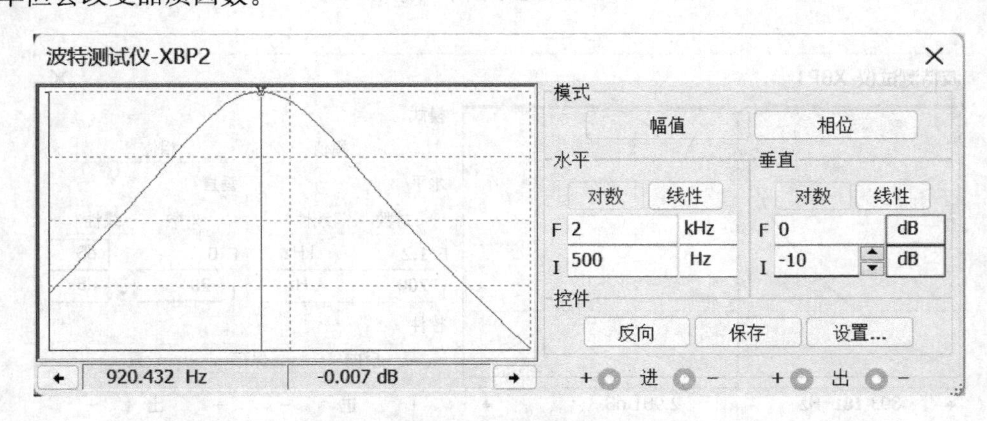

图 1-41　串联谐振电路的幅频特性（Q=1.732）

由上可知，对于 RLC 串联谐振电路来说，不同的 Q 值对应的幅频特性曲线不同，Q 值越大，对应的幅频特性曲线越尖，电路的选择性越好，若用串联谐振电路作为无线电检波电路，意味着其灵敏度越高，抗干扰能力则越差；Q 值越小，对应的幅频特性曲线越钝，电路的选择性差，若作为无线电检波电路，意味着其灵敏度降低，但抗干扰能力会提高。所以串联谐振电路的 Q 值大小，要视不同的应用场合具体选择，不可一概而论。

5. 采用 AC 交流分析功能仿真电路的频率特性

电路如图 1-35 所示，把波特测试仪去掉。启动 Simulate 菜单中 Analyses 下的 AC Analyses 命令，在 AC Analyses 对话框中，改动 Output 为需要输出的结点、VerticalScale 为 Liner。点击 AC Analyses 对话框上的 Simulate 按钮，出现一个 AC Analyses 窗口。图 1-42～图 1-44 分别是以电阻、电感和电容上的电压为输出时的幅频和相频特性曲线。

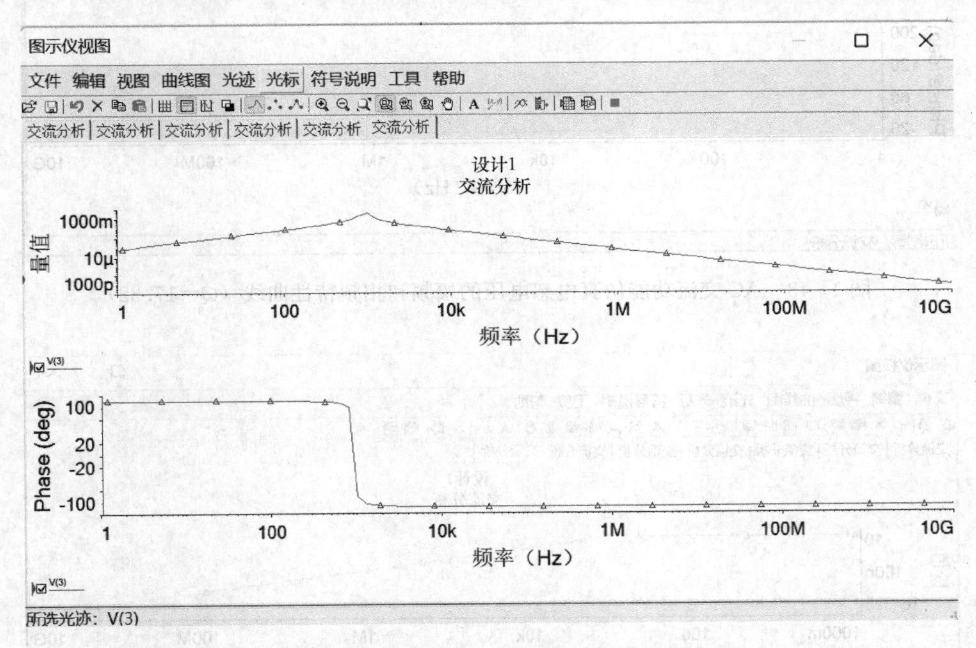

图 1-42 AC 交流功能仿真电阻电压的幅频和相频特性曲线（$Q=17.32$）

五、实验注意事项

（1）使用频率特性仪观察谐振电路的幅频特性曲线时，信号源的频率可以任意设定。

（2）直接在幅频特性曲线上读取谐振频率，上下限频率时，由于是手动读取，很难定位准确，难免会有误差。

六、思考题

（1）改变输入电源的频率，会改变电路的谐振频率吗？会改变品质因数吗？

（2）如何比较不同谐振频率电路的品质因数？

七、实验报告要求

（1）明确实验目的、实验仪器。

（2）简述实验原理，完成不同参数 RLC 电路的搭建、仿真，并计算相应的谐振频率和品质因数，按要求画出所测波形。

（3）解答思考题。

（4）搭建 RLC 并联谐振电路，并实现幅频特性、相频特性的仿真，并计算相应的谐振

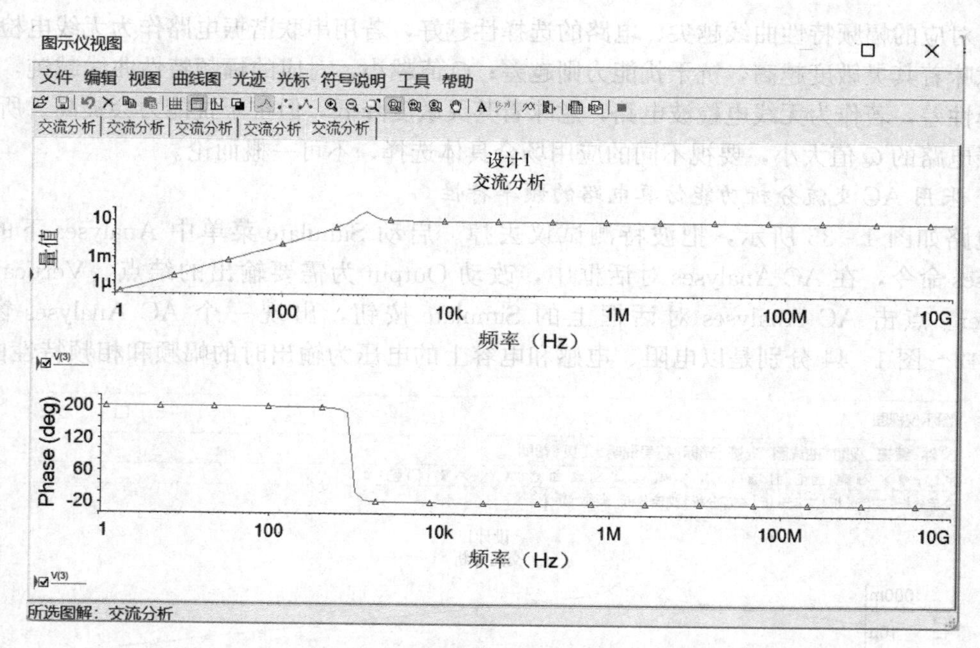

图 1-43　AC 交流功能仿真电感电压的幅频和相频特性曲线（Q=17.32）

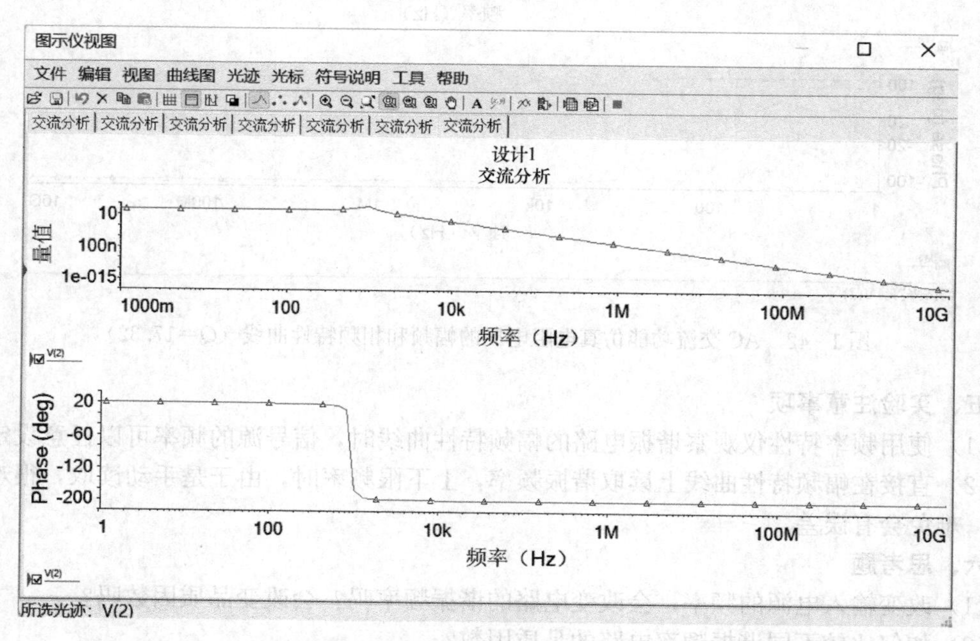

图 1-44　AC 交流功能仿真电容电压的幅频和相频特性曲线（Q=17.32）

频率和品质因数，按要求画出所测波形。

（5）总结实验过程中遇到的问题，撰写实验心得体会及其他。

第二部分 模拟电子技术实验

实验一 常用电子仪器的使用

一、实验目的

(1) 熟悉模拟电路实验箱的使用。

(2) 学习电子技术实验中常用的电子仪器的主要技术指标、性能及正确使用方法。

(3) 熟悉示波器控制面板的作用和使用方法，初步掌握使用双踪示波器观察信号波形和读取波形参数的方法。

(4) 掌握数字万用表的使用方法。

二、实验仪器及器件

模拟电路实验箱、函数信号发生器、双踪示波器、直流稳压电源、直流电压表、数字万用表。

三、实验原理

在模拟电子技术实验中，常用的电子仪器包括函数信号发生器、示波器、直流稳压电源、直流电压表、交流毫伏表、频率计、万用表等，利用它们可以完成对模拟电子电路的静态和动态工作情况的测试和测量。

实验中对各种电子仪器进行综合使用，可按照信号流向，以连线简捷、调节顺手、观察与读数方便等原则进行合理布局，图 2-1 给出了模拟电子技术实验常用电子仪器与被测实验电路之间的布局与连接。接线时应注意，为防止外界干扰，各仪器的公共接地端应连接在一起，称为“共地”。函数信号发生器和交流毫伏表的引线通常采用屏蔽线或专用电缆线，示波器必须采用专用电缆探头线，直流电源的接线用普通导线。

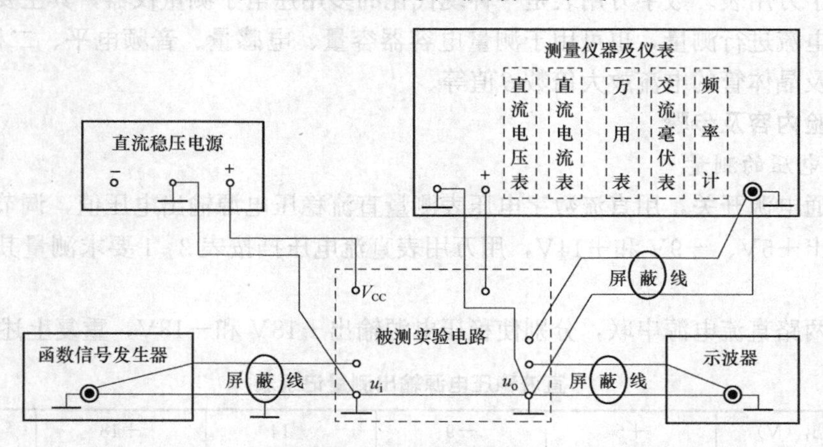

图 2-1　模拟电子电路实验常用电子仪器布局图

1. 直流稳压电源

直流稳压电源是能够为负载装置（被测电路）提供稳定直流电能的仪器，通常输出为直流电压。

2. 函数信号发生器

函数信号发生器的功能是给实验电路提供一定频率和电压的交流输入信号。函数信号发生器按需要可输出正弦波、矩形波（含方波）、三角波三种信号波形。输出信号的电压幅度可由输出衰减开关和输出幅度调节旋钮进行连续调节，输出信号的电压频率可以通过频率分挡开关进行调节，利用示波器数读取频率值。函数信号发生器作为信号源，它的输出端不允许短路。

3. 示波器

示波器是一种用途十分广泛的电子测量仪器，它可以把被测电压信号随时间变化的规律用图形显示出来。使用示波器不仅可以直观而形象地观察被测物理量的变化全貌，而且可以通过它显示的波形，测量电压和电流，进行频率和相位的比较，以及描绘特性曲线等。

在本书附录二中对常用的 UTD2000L 型双踪示波器的使用方法做了较详细的说明，读者可阅读后练习示波器的使用。

4. 测量仪器及仪表

测量仪器及仪表通常指电子技术领域中测量电信号、电子线路、电子元件器件和材料的电性能和参数的仪器，如直流电压表、直流电流表、交流毫伏表、频率计、万用表等。

(1) 直流电压表与直流电流表。直流电压表与直流电流表分别用于测量直流电路中的电压和电流。

(2) 交流毫伏表。交流毫伏表用于测量电路的交流输入、输出信号的有效值。交流毫伏表只能在其工作频率范围内，用来测量正弦交流电压的有效值。为了防止过载而损坏，测量前一般将其量程开关置于量程较大位置处，然后在测量中逐渐减小量程。接通电源后，将输入端短接，进行调零。然后断开短路线，即可进行测量。

(3) 频率计。频率计又称为频率计数器，是一种专门对被测信号频率进行测量的电子测量仪器。

(4) 数字万用表。数字万用表是一种现代化的多用途电子测量仪器，其主要功能是对电压、电阻和电流进行测量，也可用于测量电容器容量、电感量、音频电平、二极管、频率、电路通断以及晶体管的电流放大倍数 β 值等。

四、实验内容及步骤

1. 直流电压的测量

(1) 接通电源开关，用直流数字电压表测量直流稳压电源输出电压值，调节旋钮使直流电源分别输出＋5V、－9V 和＋14V，用万用表直流电压挡按表 2-1 要求测量其输出电压并记录。

(2) 将两路直流电源串联，分别使稳压电源输出＋18V 和－18V，重复上述过程。

表 2-1　直流稳压电源输出测量记录表

稳压电源输出（V）	＋5	－9	＋14	＋18	－18
直流电压表测量值（V）					
万用表测量值（V）					

2. 交流信号的测量

（1）函数信号发生器的使用。接通电源开关，利用示波器测量函数信号发生器的输出信号频率，调节“频率调节”旋钮和“幅度调节”旋钮，输出衰减选择0挡，使其输出频率为1kHz，峰—峰值为10V的正弦波信号，用万用表测量其电压有效值，将结果记入表2-2中。将输出衰减置为20dB，记录结果。

表2-2　函数信号发生器输出波形幅值测量（有效值）

信号发生器衰减（dB）	0		20
万用表测量值（mV）			

（2）示波器内校准信号的观察与测量。示波器提供了一个频率为1kHz、峰—峰值为3V的精准方波信号作为校准信号，用于对示波器的时基和电压的检查和校准。

将测试探头接入信号输入通道的CH1通道，将测试探头信号线（探头上衰减开关设置为“1×”）的测试钩挂在示波器校准信号的输出端，测试探头的地端夹子夹在校准信号的地线端，接通示波器电源，按下“AUTO”键，示波器将自动设置使波形显示达到最佳。调节垂直控制“VOLTS/DIV”旋钮和水平控制“SEC/DIV”旋钮，使显示屏上显示出的波形大小适中。分别用自动测量和测算两种方法测出校准信号的周期、频率和峰—峰值，将结果填入表2-3中。

自动测量方法是指利用示波器的自动测量“MEASURE”按键直接读取出被测波形的电压、时间等参数。按下“MEASURE”按键后，可通过“F1”～“F5”这五个按键选择显示的待测参数。测算方法是根据被测波形在显示屏坐标刻度垂直方向、水平方向所占的格数与相应的电压挡位指示值、时间挡位指示值的乘积，计算得到信号电压和时间的实测值。

表2-3　校准信号的测量

自动测量		测算		
频率（Hz）	峰—峰值（V）	周期（s）	频率（Hz）	峰—峰值（V）

（3）用示波器测量交流信号参数。利用函数信号发生器分别输出信号参数三种信号波形（见表2-4），用示波器测量其参数，将结果记入表2-4中。

表2-4　示波器和交流毫伏表测量信号参数

信号参数			示波器测量值	
波形	频率（Hz）	峰—峰值（V）	频率（Hz）	有效值（V）
正弦波	100	0.5		
方波	10000	5		
三角波	1000	2		

（4）用示波器同时观测两路交流信号。示波器的CH1通道仍然接校准信号，CH2通道接函数信号发生器的输出信号（频率500Hz，峰—峰值1V的正弦波信号），触发源选为“交替”，调节垂直控制“VOLTS/DIV”旋钮、垂直位置“POSITION”旋钮、水平控制

"SEC/DIV"旋钮和水平位置"POSITION"旋钮，使示波器显示屏上同时稳定显示两个通道的信号波形，将波形记录下来，记入表2-5。

表2-5 示波器同时观测两路交流信号波形

观测信号	两通道波形
CH1：校准信号 CH2：频率500Hz，峰—峰值1V的正弦波信号	V、O、t

五、实验注意事项

（1）测量电压前应分清待测信号是直流电压还是交流电压，然后选择相对应的电压测量挡位。

（2）使用中应避免直流稳压电源、函数信号发生器的输出对地短路。

（3）示波器测试探头的地线与示波器的外壳相连，因此不能将两个测试探头的地线同时加在同一电路不同电位的两点上，以免电路短路。

（4）在使用示波器测量单路信号时，触发源必须与被测信号所在通道一致；测量双路信号时，触发源必须选为"交替"。

（5）测量连线时示波器、信号发生器等仪器的地端、直流电源的负端等应接在同一点上，以防止干扰。

六、思考题

（1）交流信号的电压有效值和电压峰值之间的关系是什么？

（2）如果示波器显示的校准信号的频度与幅度与规定的不同，可能是什么原因？此时示波器还能否正确测量信号？

（3）用示波器同时观测两个频率不同的信号时，触发源应选为哪一种？

七、实验报告要求

（1）明确实验目的、实验仪器、实验原理。

（2）整理各项实验内容，记录或计算出相应的测量结果，按要求画出所测波形。

（3）解答思考题。

（4）写出实验心得体会。

实验二 共射极单管放大电路

一、实验目的

（1）熟悉共射极放大电路的典型结构与组成，了解电路中元器件参数对放大电路静态工作点的影响，掌握放大电路静态工作点的调试方法。

（2）掌握放大电路放大倍数、输入电阻、输出电阻的测量方法。

（3）观察放大电路的静态工作点对输出波形的影响，学会根据要求正确选择静态工作点。

(4) 进一步熟悉各种仪器的使用。

二、实验仪器及器件

模拟电路实验箱、函数信号发生器、双踪示波器、直流稳压电源、直流电压表、频率计、数字万用表。

三、实验电路及原理

单级放大电路是构成多级放大电路和复杂电路的基本单元，共射极单管放大电路是电流负反馈工作点稳定电路，它的放大能力可达到几十到几百倍，频率响应在几十赫兹到上千赫兹范围。

1. 静态工作点

当对放大电路仅提供直流电源，不提供输入信号时，称为静态工作情况，这时三极管的各电极的直流电压和电流的数值，将和三极管特性曲线上的一点对应，这点常称为Q点。静态工作点的选取十分重要，它影响放大器的放大倍数、波形失真及工作稳定性等。

静态工作点如果选择不当会产生饱和失真或截止失真。一般情况下，调整静态工作点，就是调整电路有关电阻，使静态集电极电流 I_{CQ} 和静态集电极—发射极电压 V_{CEQ} 达到合适的值。

由于放大电路中晶体管特性的非线性或不均匀性，会造成非线性失真，在单管放大电路中不可避免，为了降低这种非线性失真，必须使输入信号的幅值较小。

2. 放大电路的动态性能参数

当放大电路静态工作点调好后，输入交流小信号 v_i，这时电路处于动态工作情况，放大电路的基本性能主要由动态参数描述，包括电压放大倍数、频率响应、输入电阻、输出电阻。这些参数必须在输出信号不失真的情况下才有意义。交流放大电路实验原理如图 2 - 2 所示。

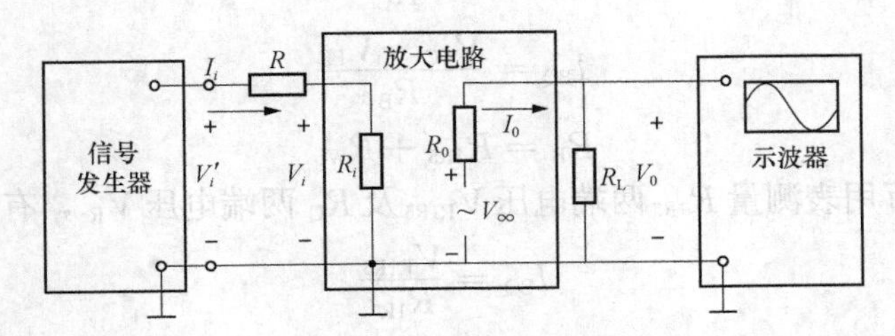

图 2 - 2 交流放大电路实验原理图

(1) 电压放大倍数 A_v 的测量。用晶体管毫伏表测量图 2 - 2 中输入电压 v_I 的有效值 V_i 和输出电压 v_O 的有效值 V_o。即

$$A_v = \frac{V_o}{V_i} \tag{2-1}$$

(2) 输入电阻 R_i 的测量。如图 2 - 2 所示，放大器的输入电阻 R_i 就是从放大器输入端看进去的等效电阻。即

$$R_i = \frac{V_i}{I_i} \tag{2-2}$$

通常测量 R_i 的方法是：在放大器的输入回路串一个已知电阻 R，选用 $R \approx R_i$（这里的

R_i 为理论估算值）。在放大器输入端加正弦信号电压，用示波器观察放大器输出电压 v_o，在 v_o不失真的情况下，用晶体管毫伏表测电阻 R 两端对地的电压和 V_i（见图 2-2），则有

$$R_i = \frac{V_i}{I_i} = \frac{V_i}{V'_i - V_i}R \tag{2-3}$$

（3）输出电阻 R_o的测量。如图 2-2 所示，放大电路的输出电阻是从输出端向放大电路方向看进去的等效电阻，用 R_o表示。

测量 R_o的方法是在放大器的输入端加信号电压，在输出电压 v_o不失真的情况下，用晶体管毫伏表分别测量空载时放大器的输出电压 V_{∞} 和带负载时放大器的输出电压 V_{oL}值，则输出电阻

$$R_o = \frac{V_{\infty} - V_{oL}}{I_o} = \frac{V_{\infty} - V_{oL}}{V_{oL}}R_L \tag{2-4}$$

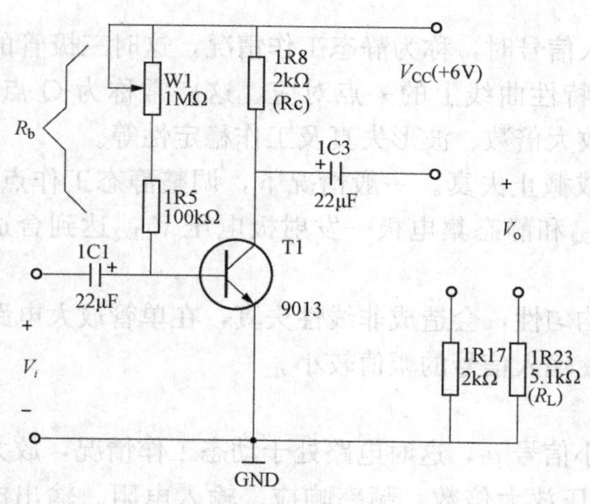

图 2-3 共射极放大实验电路

四、实验内容及步骤

1. 静态工作点的测量

按图 2-3 连好电路（V_{CC}为 6V，也可以为 12V，原理图为 6V 为电源），将输入端对地短路，调节电位器 W1，使集电极电压 $V_C = V_{CC}/2$，测静态工作点即静态集电极电压 V_{CQ}、静态发射极电压 V_{EQ}、静态基极电压 V_{BQ}的数值，记入表 2-6 中，并计算静态基极电流 I_{BQ}、静态集电极电流 I_{CQ}。为了计算 I_{BQ}、I_{CQ}，应测量 R_{W1}阻值，测量时应切断电源，并且将它与电路的连接断开，按式（2-5）～式（2-7）计算静态工作点

$$I_{CQ} = \frac{V_{CC} - V_C}{R_C} \tag{2-5}$$

$$I_{BQ} = \frac{V_{CC} - V_{BE}}{R_B} \tag{2-6}$$

$$R_B = R_{1R5} + R_{W1} \tag{2-7}$$

也可以用数字万用表测量 R_{1R5} 两端电压 V_{R1R5} 及 R_C 两端电压 V_{Rc}，有

$$I_{BQ} = \frac{V_{R1R5}}{R_{1R5}} \tag{2-8}$$

$$I_{CQ} = \frac{V_{RC}}{R_C} \tag{2-9}$$

表 2-6　　放大电路静态工作点测量记录表

静态工作点	V_{CQ}(V)	V_{EQ}(V)	V_{BQ}(V)	I_{BQ}(μA)	I_{CQ}(mA)	R_{W1}(kΩ)
测量值						

2. 测量电压放大倍数及观察负载电阻对放大倍数的影响

在实验步骤 1 的基础上，把输入对地断开，接入 $f=1\text{kHz}$、$V_i=10\text{mV}$（有效值）的正弦波信号，负载电阻分别为 $R_L=2\text{k}\Omega$、$R_L=5.1\text{k}\Omega$ 和 $R_L=\infty$，用万用表测量输出电压的值，用示波器观察输入电压和输出电压波形，把数据填写入表 2-7 中。

表 2-7 放大电路电压放大倍数测量

R_L(kΩ)	V_i(mV)	V_o(mV)	A_v(测算)	V_i 与 V_o波形
2				
5.1				
∞				

3. 测量输入电阻和输出电阻

按图 2-4 连好电路，输入端接入 $f=1\text{kHz}$、$V_i=20\text{mV}$（有效值）的正弦信号，分别测出电阻 R_{1R1} 两端对地信号电压 V_i 及 V'_i，将测量数据及实验结果填入表 2-8 中。

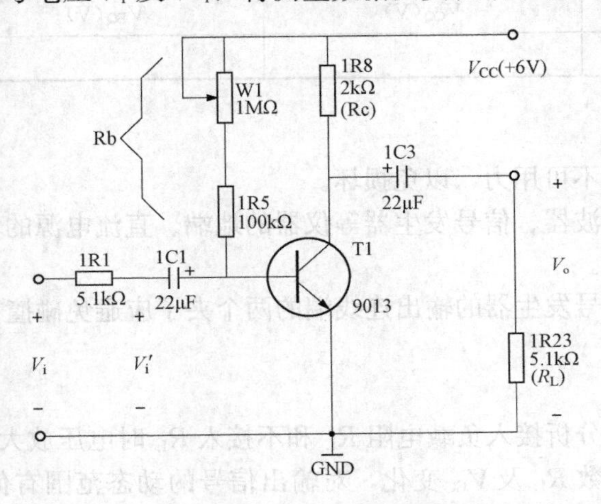

图 2-4 输入/输出电阻测量电路

测出负载电阻 R_L 开路时的输出电压 V_∞，和接入 R_L 时的输出电压 V_o，将测量数据及实验结果填入表 2-8 中。

表 2-8 输入电阻、输出电阻测量记录表

V_i(mV)	V'_i(mV)	R_i(kΩ)	V_∞(V)	V_o(V)	R_o(kΩ)

4. 观察静态工作点对放大器输出波形的影响

按图 2-3 连好电路，负载电阻 $R_L=5.1\text{k}\Omega$，将观察结果分别填入表 2-9、表 2-10 中。

（1）输入端接入 $f=1\text{kHz}$、$V_i=10\text{mV}$（有效值）的正弦信号，用示波器观察正常工作时输出电压的波形并描绘下来。

（2）逐渐减小 R_{W1} 的阻值，观察输出电压的变化，在输出电压波形出现明显削波失真时，把失真的波形描绘下来，并说明是哪种失真，如果 $R_{W1}=0\Omega$ 后仍不出现失真，可以加大输入信号 v_I 或将 R_{1R5} 由 100kΩ 改为 10kΩ，直到出现明显失真波形。

（3）逐渐增大 R_{W1} 的阻值，观察输出电压的变化，在输出电压波形出现明显削波失真时，把失真波形描画下来，并说明是哪种失真，如果 $R_{W1}=1\text{M}\Omega$ 后仍不出现失真，可以加大输入信号 v_I，直到出现明显失真波形。

（4）调节 R_{W1} 使输出电压波形不失真且幅值为最大，测量此时的静态工作点 V_{CQ}、V_{BQ}、R_{W1} 和输出电压的数值，并估算此时的动态范围（用有效值表示），填入表 2-10。

表 2-9　　静态工作点对输出波形失真的影响

阻值	波形	何种失真
正常		
R_{W1} 减小		
R_{W1} 增大		

表 2-10　　最大不失真输出电压测量

R_{W1}（kΩ）	V_{CQ}（V）	V_{BQ}（V）	V_{omax}（V）

五、实验注意事项

（1）调节电位器时不可用力，以免损坏。

（2）测量连线时示波器、信号发生器等仪器的地端、直流电源的负端等与实验板的地线接在一起，以防止干扰。

（3）操作时函数信号发生器的输出连线端的两个夹子应避免碰撞在一起，以免短路烧毁仪器。

六、思考题

（1）根据电路参数分析接入负载电阻 R_L 和不接入 R_L 时电压放大倍数 A_v 将如何变化？

（2）实验电路的参数 R_L 及 V_{CC} 变化，对输出信号的动态范围有何影响？如果输入信号加大，输出信号的波形将产生什么失真？

（3）在测试放大器的各项参数时，为什么要用示波器监视输出波形不失真？

（4）如何判断放大器的截止和饱和失真？当出现这些失真时应如何调整静态工作点？

七、实验报告要求

（1）明确实验目的、实验仪器。

（2）简述实验的原理，画出电路图，整理各项实验内容，记录或计算出相应的测量结果，按要求画出所测波形。

（3）解答思考题。

（4）讨论在实验过程中出现的问题，写出实验心得体会。

实验三　单管放大电路设计

一、实验目的

（1）熟悉基本共射放大电路的典型结构与组成，学会选用典型电路，依据设计指标要求计算元件参数以及工程上选用电路元器件的型号与参数。

（2）掌握基本放大电路的调试过程和基本放大电路有关参数的实验测量方法。

（3）了解电路元件参数改变对静态工作点、放大电路参数的影响，了解放大电路的非线性失真，静态工作点对非线性失真的影响。

（4）学习使用 Multisim X 仿真软件，对所设计的共射放大电路进行仿真测试。

二、实验仪器及器件

函数信号发生器、双踪示波器、直流稳压电源、直流电压表、交流毫伏表、频率计、数字万用表、面包板、9013 三极管、电阻、电容。

三、设计任务要求

设计一个如图 2-5 所示单管共射极放大电路，主要设计参数如下：电源电压 $V_{CC}=12V$，三极管选用 9013（β 值约为 100）、$C_1=C_2=C_E=47\mu F$，要求静态工作点参数 $I_{CQ}\geqslant 1mA$、$V_{CEQ}\geqslant 3V$；动态参数指标 $A_v\geqslant 100$，$R_i\geqslant 2k\Omega$、$R_o\leqslant 3k\Omega$。

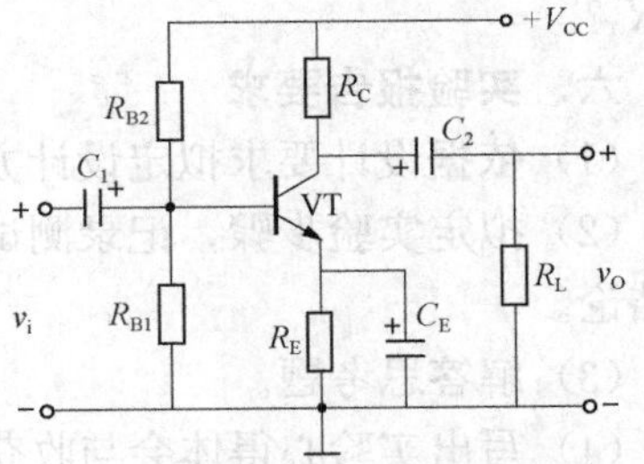

图 2-5　单管共射极放大电路

四、实验内容及步骤

1. 单管共射放大电路的设计与测试

（1）依据原理设计电路，初步确定选用的元器件参数，搭建好实验电路。

（2）进行静态调试并测量静态工作点参数，调整有关元件参数使静态工作点满足设计要求。分析电路参数 V_{CC}、R_C、R_E、R_{B1}、R_{B2} 的变化对静态工作点的影响，总结规律。

（3）动态调试，在没有非线性失真时（选用 1kHz、15mV 左右正弦波），分别测量交流电压放大倍数、输入电阻和输出电阻。调整有关元件参数使动态参数指标满足设计要求，测量通频带和动态范围。

（4）改变静态工作点，分别观察饱和失真和截止失真现象。

（5）增大输入信号，观察同时产生饱和失真和截止失真现象。

2. 仿真测试

如图 2-6 所示，在 Multisim X 仿真软件工作平台上测试所设计单管共射放大电路的 I_{CQ}、V_{CEQ}、A_v、R_i、R_o，调整有关元件的参数，使其满足设计要求。研究电路元件参数改变对静态工作点、放大电路参数的影响；研究温度变化对静态工作点的影响；研究静态工作点对非线性失真的影响。

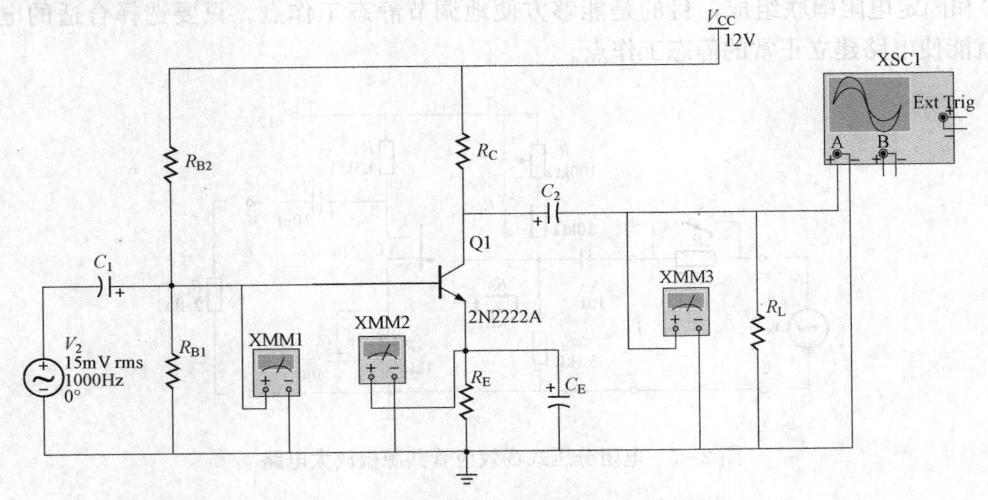

图 2-6　单管共射极放大电路仿真实验电路

五、思考题

(1) 什么是放大电路的输入信号 v_I？什么是放大电路的输出信号 v_O？如何用示波器和交流毫伏表测量这些信号？

(2) 如何通过动态指标的测量求出放大电路的电压放大倍数 A_v、输入电阻 R_i 和输出电阻 R_o？

六、实验报告要求

(1) 依据设计要求拟定设计方案、原理电路图、元器件参数计算、选用的器件清单。

(2) 拟定实验步骤，记录测试结果，对测试结果进行分析，并与仿真结果进行对比，得出结论。

(3) 解答思考题。

(4) 写出实验心得体会与收获。

实验四 场效应管放大电路

一、实验目的

(1) 了解场效应管放大电路的性能和特点。

(2) 掌握场效应管放大电路静态工作点及主要性能指标的调测方法。

(3) 进一步熟悉和掌握放大电路动态参数的测试方法。

二、实验仪器及器件

函数信号发生器、双踪示波器、直流稳压电源、直流电压表、交流毫伏表、频率计、数字万用表、场效应管电路实验板。

三、实验电路及原理

图 2-7 是一种常用的电阻分压式场效应管共源极放大电路，放大电路的输入交流信号 v_I 经耦合电容 C_1 送入场效应管栅极，经过放大后在漏极经过耦合电容 C_2 后输出到负载或后极放大器，从而实现低频小信号的电压放大。偏置电路由 R_{G1} 和 R_{G2} 组成，其中 R_{G2} 由可变电阻 R_W 和固定电阻串联组成，目的是能够方便地调节静态工作点。只要选择合适的电路参数，就能使电路建立正常的静态工作点。

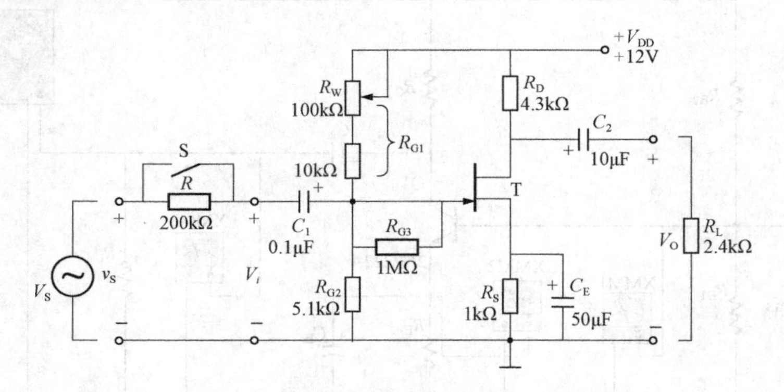

图 2-7 电阻分压式场效应管共源极放大电路

四、实验内容及步骤

1. 静态工作点测量

按照图 2-7 连接实验电路，接通直流电源开关 $V_{DD}=12V$，调节可变电阻器 R_W，使场效应管的漏极电位 V_D为 6V 左右，用直流电压表测量静态工作点并将结果填入表 2-11。

表 2-11 场效应管放大电路静态工作点测量记录表

静态工作点	V_D(V)	V_G(V)	V_S(V)	V_{DS}(V)	V_{GS}(V)
测量值					

2. 动态性能指标的测量

（1）电压放大倍数测量。不接入负载电阻，闭合开关 S，输入频率为 1kHz、有效值为 100mV 的正弦波信号，用双踪示波器同时观察输入波形 V_i 和输出波形 V_o，在输出电压波形不失真的情况下，用交流毫伏表或万用表测量输入电压和输出电压有效值，计算电压放大倍数。接入负载电阻 R_L，重复前述过程，将结果填入表 2-12 中。

表 2-12 场效应管放大电路静态工作点测量记录表

R_L(kΩ)	V_i(mV)	V_o(mV)	A_v(测算)
∞			
2.4			

（2）输入电阻测量。输入信号的频率和大小仍调整到确保输出波形不失真的情况下保持不变，将开关 S 依次闭合、断开，用示波器测得输出电压分别为 V_{o1} 和 V_{o2}，则输入电阻 R_i 可由式（2-10）计算得到，将结果填入表 2-13 中。

$$R_i=\frac{V_{o2}}{V_{o1}-V_{o2}}R \tag{2-10}$$

（3）输出电阻测量。输入信号的频率和大小仍调整到确保输出波形不失真的情况下保持不变，分别测量不接入负载电阻 V_o和接入负载电阻时的输出电压 V_{oL}，则输出电阻 R_o可由式（2-11）计算得到，将结果填入表 2-13 中。

$$R_o=\left(\frac{V_o}{V_{oL}}-1\right)R_L \tag{2-11}$$

表 2-13 场效应管放大电路输入电阻和输出电阻测量记录表

测量值(mV)			测算值(Ω)	测量值(mV)		测算值(Ω)
V_i	V_{o1}	V_{o2}	R_i	V_o	V_{oL}	R_o

（4）最大不失真输出电压测量。用双踪示波器同时观测输入电压 v_I波形和输出电压v_O波形，逐步增大输入电压有效值 V_I，使输出电压最大且不失真，用示波器读取输出电压的最大峰值 V_{opm}。

五、实验注意事项

（1）调节电位器 R_W 时不可用力，以免损坏。

（2）测量输入电阻的方法和基本共射极放大电路不一样，测量输出时，不要在输入端挂接示波器探头。

（3）输入信号的幅值不能太大，否则会烧坏场效应管。

六、思考题

（1）为什么实验电路中场效应管输入端的耦合（隔直）电容 C_1 可以取小一些（相比晶体管放大电路的耦合电容）？

（2）为什么场效应管基本放大电路的输入电阻的测量方法不能使用三极管基本放大电路的测试方法，而要用测量输出电压的方法？

（3）为什么场效应管放大电路的电压放大倍数一般没有晶体管的电压放大倍数大？

七、实验报告要求

（1）明确实验目的、实验仪器。

（2）简述实验的原理，画出电路图，整理各项实验内容，记录或计算出相应的测量结果，按要求画出所测波形。

（3）解答思考题。

（4）讨论在实验过程中出现的问题，写出实验心得体会。

实验五　负反馈放大电路

一、实验目的

（1）了解阻容耦合多级放大器，掌握两级放大电路静态工作点的调试方法。

（2）加深理解负反馈放大电路的工作原理，掌握负反馈放大电路性能指标的测量和调试方法。

（3）研究负反馈对放大电路各项性能指标的影响。

二、实验仪器及器件

模拟电路实验箱、函数信号发生器、双踪示波器、直流稳压电源、直流电压表、数字万用表。

三、实验电路及原理

负反馈在电子电路中有着非常广泛的应用。放大电路引入交流负反馈后，虽然放大倍数会降低，但能在多方面改善放大电路的工作性能，如稳定放大倍数，改变输入、输出电阻，减小非线性失真和展宽通频带等。因此，几乎所有的实用放大器都带有负反馈。负反馈放大器有四种组态或形式，即电压串联、电压并联、电流串联、电流并联。本实验以电压串联负反馈为例，分析负反馈对放大电路各项性能指标的影响。

由分立元件组成的电压串联负反馈放大电路如图 2-8 所示，电路通过电阻 R_f 和第一级射极电阻 R_{e1} 引入交流电压串联负反馈。电压负反馈的重要特点是电路的输出电压趋于稳定，因为无论反馈信号以何种方式引回到输入端，实际上都是利用输出电压 V_o 本身通过反馈网络对放大电路起自动调整作用。当 V_i 一定时，若负载电阻 R_L 减小而使输出电压 V_o 下降，则 V_f 下降，进而 V_{be} 下降，又会致使 V_o 上升，可见，反馈的作用牵制了 V_o 的下降，从而使 V_o 基本稳定，即电压串联负反馈能够稳定电压放大倍数。

电压串联负反馈放大电路的主要性能指标如下。

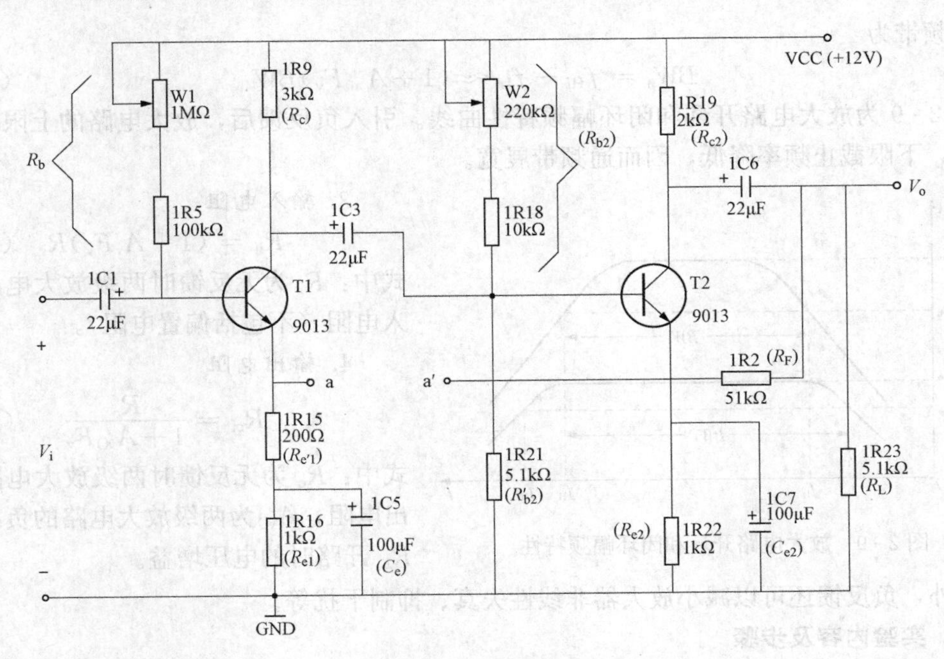

图 2-8　电压串联负反馈放大电路

1. 闭环电压放大倍数

$$A_{vF}=\frac{A_v}{1+A_vF_v} \tag{2-12}$$

式中：A_v 为两级放大电路开环（无反馈时）电压放大倍数，$A_v=V_o/V_i$；F_v 为反馈系数，$F_v=R_{e1}/(R_f+R_{e1})$；$1+A_vF_v$ 为反馈深度。

引入负反馈会使放大器放大倍数降低，但负反馈虽然使放大倍数下降，却改善了放大器的很多其他性能，因此负反馈在放大器中仍获得广泛的应用。

为了说明放大器放大倍数随着外界变化的情况，通常用放大倍数的相对变化量来评价其稳定性。假设 ΔA_{vF} 为闭环电压放大倍数的变化量，ΔA_v 为开环电压放大倍数的变化量，则有

$$\frac{\Delta A_{vF}}{A_{vF}}=\frac{\Delta A_v}{A_v}\frac{1}{1+A_vF} \tag{2-13}$$

这表示有负反馈使放大倍数的相对变化减小为无反馈时的$\frac{1}{1+A_vF}$。即负反馈可以提高放大倍数的稳定性。

2. 通频带

由放大器的幅频特性可知，在低频段和高频段，电压放大倍数会下降。假设 A_{vm} 为中频电压放大倍数，通常规定电压放大倍数随频率变化下降到 $0.707A_{vm}$时所对应的频率分别称为上限截止频率 f_H 和下限截止频率 f_L，上限截止频率与下限截止频率之差即为通频带

$$BW=f_H-f_L \tag{2-14}$$

引入负反馈后，上限截止频率和下限截止频率分别为

$$f_{Hf}=f_H(1+A_{vm}F_v) \tag{2-15}$$

$$f_{Lf}=\frac{f_L}{1+A_{vm}F_v} \tag{2-16}$$

通频带为

$$BW_{\mathrm{f}} = f_{\mathrm{Hf}} - f_{\mathrm{Lf}} \approx (1 + A_{\mathrm{vm}} F_{\mathrm{v}}) BW \qquad (2-17)$$

图 2-9 为放大电路开环和闭环幅频特性曲线。引入负反馈后，放大电路的上限截止频率提高，下限截止频率降低，因而通频带展宽。

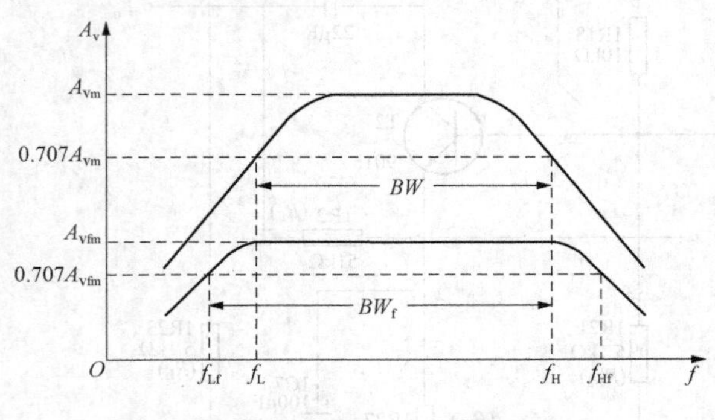

图 2-9 放大电路开环和闭环幅频特性

3. 输入电阻

$$R_{\mathrm{if}} = (1 + A_{\mathrm{v}} F_{\mathrm{v}}) R_{\mathrm{i}} \qquad (2-18)$$

式中：R_{i} 为无反馈时两级放大电路的输入电阻（不包括偏置电阻）。

4. 输出电阻

$$R_{\mathrm{of}} = \frac{R_{\mathrm{o}}}{1 + A_{\mathrm{vO}} F_{\mathrm{v}}} \qquad (2-19)$$

式中：R_{o} 为无反馈时两级放大电路的输出电阻；A_{vO}为两级放大电路的负载电阻 R_{L} 开路时的电压增益。

此外，负反馈还可以减小放大器非线性失真、抑制干扰等。

四、实验内容及步骤

1. 调测静态工作点

电路如图 2-8 所示，连接 a、a′点使放大器处于闭环工作状态。输入端对地短路（$V_{\mathrm{i}}=0$），经检查无误后，方可接通电源，调整 W1、W2 使 $I_{\mathrm{C1}}=I_{\mathrm{C2}}=2\mathrm{mA}$ 时，测量各级静态工作点，填入表 2-14 中。

表 2-14　两级放大电路静态工作点测量记录表

待测参数	V_{C1}(V)	V_{B1}(V)	V_{E1}(V)	V_{C2}(V)	V_{B2}(V)	V_{E2}(V)
测量值（V）						

2. 观察负反馈对放大倍数的影响

在输入端加入 $V_{\mathrm{i}}=5\mathrm{mV}$，$f=1\mathrm{kHz}$ 的正弦波信号，分别测量电路在开环（a 与 a′断开且将 a′接地）与闭环工作时（a 与 a′点连接）的输出电压 V_{o}，同时用示波器观察输出波形，注意波形是否失真，并计算电路在开环与闭环工作时的电压放大倍数，记入表 2-15 中，并验证式（2-12）的正确性。

表 2-15　负反馈放大电路放大倍数测量

待测参数	V_{o}(V)	A_{v}或 A_{vf}
开环(无负反馈)		
闭环(有负反馈)		

3. 分析负反馈对放大倍数稳定性的影响

改变电源电压将 V_{CC}从 12V 变到 10V，在输入端加入 $V_{\mathrm{i}}=5\mathrm{mV}$，$f=1\mathrm{kHz}$ 的正弦波信号，分别测量电路在开环与闭环工作状态时的输出电压，注意波形是否失真，并计算电压放大倍数相对变化量，记入表 2-16 中，并验证式（2-13）的正确性。

表 2-16　负反馈放大电路放大倍数稳定性测量

待测参数	$V_{CC}=12V$		$V_{CC}=10V$	
	$V_o(V)$	A_v或A_{vf}	$V_o(V)$	A_v或A_{vf}
开环				
闭环				

4. 幅频特性测量

$V_{CC}=12V$（不接负载），在输入端加入$V_i=5mV$，$f=1kHz$的正弦波信号，然后调节信号源频率使f下降（保持V_i不变）测量V_o，且在电压放大倍数下降到中频电压放大倍数的0.707倍时所对应的频率点附近时，多测几点，找出下限频率，同理使f上升，找出上限频率，求出放大器的带宽$BW=f_H-f_L$，并对开环、闭环状态进行比较，将结果填入表2-17中。

表 2-17　负反馈放大电路频率特性测量

测试条件	测量值				测算值	
开环（无负反馈）	$V_i(mV)$	$V_{om}(mV)$	$f_L(Hz)$	$f_H(kHz)$	A_v	$BW=f_H-f_L(kHz)$
闭环（有负反馈）	$V_{if}(mV)$	$V_{omf}(mV)$	$f_{Lf}(Hz)$	$f_{Hf}(kHz)$	A_{vf}	$BW_f=f_{Hf}-f_{Lf}(kHz)$

5. 用示波器观察负反馈对放大器非线性失真的改善

在上述实验基础上，信号频率取1kHz，当放大器开环时，适当加大输入信号，使输出电压波形出现轻度非线性失真，观察并绘出输出电压波形。

在放大器闭环的情况下，再适当加大输入信号，使输出信号幅值应接近开环时的输出信号失真波形幅度，观察并绘出输出电压波形，开环、闭环状态进行比较。

五、实验注意事项

测量放大电路的频率特性时，输入信号的中频频率可直接取为$f_o=1kHz$，也可先粗测中频范围，在中频范围内使输出电压最大的频率点即为f_o。

六、思考题

（1）负反馈放大器有哪几种组成形式，各种组成形式的目的和特点是什么？

（2）如果把失真的信号作为放大电路的输入信号，能否用负反馈来改善放大电路的输出波形失真？

（3）负反馈放大电路的反馈深度决定了电路性能的改善程度，是否反馈深度越大越好？为什么？

（4）如何提高上限截止频率和降低下限截止频率？影响它们的主要环节是什么？

七、实验报告要求

（1）明确实验目的、实验仪器、实验原理。

（2）整理各项实验内容，记录或计算出相应的测量结果，按要求画出所测波形；结合实验总结说明负反馈对电压放大倍数、通频带、输入输出电阻及改善非线性失真的影响。

（3）解答思考题。

（4）分析实验中出现的问题，写出实验心得体会。

实验六　互补对称功率放大电路

一、实验目的

(1) 熟悉互补对称功率放大电路的组成及特点，进一步理解 OTL 互补对称功率放大电路的工作原理。

(2) 加深理解电路静态工作点的调整方法。

(3) 掌握功率放大电路的调试及主要性能指标的测试方法。

二、实验仪器及器件

模拟电路实验箱、函数信号发生器、双踪示波器、直流稳压电源、直流电压表、数字万用表。

三、实验电路及原理

实验电路如图 2-10 所示，它是一种单电源供电的互补对称功率放大电路。由于其无输出变压器，简称 OTL（Output Transformer Less）电路。三极管 V1 组成驱动级，V2 和 V3 是参数对称的 NPN 和 PNP 三极管，构成输出级。V1 工作于甲类状态，它的集电极电流 I_{C1} 由电位器 R_{W1} 进行调节。静态时要求输出端中点（M 点）的电位为 $V_{CC}/2$，可通过调节可变电阻器 R_{W1} 实现。二极管 VD1、VD2 给 V2、V3 提供偏压，可以使 V2、V3 得到合适的静态电流而工作于甲乙类状态，以克服交越失真。当输入正弦交流信号 V_i 时，经 V1 放大、倒相后同时作用于 V2、V3 的基极，V_i 的负半周使 V2 管导通（V3 管截止），有电流通过负载 R_L（可用喇叭作为负载），同时向电容 C_2 充电，在 V_i 的正半周，V3 导通（V2 截止），则已充好电的电容器 C_2 通过负载 R_L 放电，这样在负载 R_L 上就得到完整的正弦波。

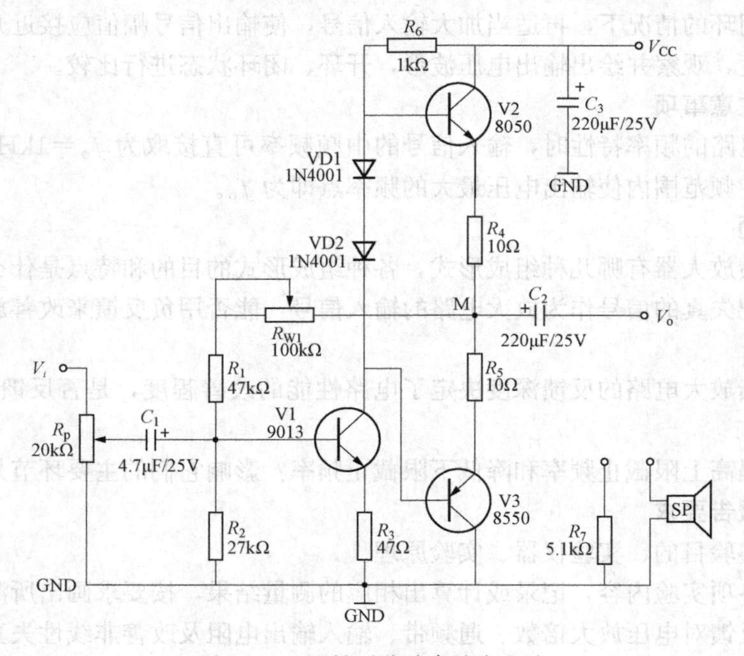

图 2-10　互补对称功率放大电路

OTL互补对称功放电路的主要性能指标如下。

1. 最大不失真输出功率

$$P_{omax}=\frac{(V_{CC}/2-V_{CES})^2}{2R_L} \quad (2-20)$$

式中：V_{CES}为复合管的等效饱和管压降。

当V_{CES}可忽略时

$$P_{omax}\approx\frac{V_{CC}^2}{8R_L} \quad (2-21)$$

实验中可通过测量负载电阻两端的电压有效值来求取实际的输出功率

$$P_{om}\approx\frac{{V_o}^2}{R_L} \quad (2-22)$$

2. 效率

$$\eta=\frac{P_{om}}{P_E} \quad (2-23)$$

式中：P_E为直流电源供给的平均功率。

实验中可测量电源供给的平均电流I_{dc}，由式（2-24）求得P_E

$$P_E=V_{CC}I_{dc} \quad (2-24)$$

3. 输入灵敏度

输入灵敏度是指输出最大不失真功率时，输入信号V_i的值。

四、实验内容及步骤

按图2-10接线，负载接上喇叭。

（1）V_{CC}接+12V，调整R_{W1}直流工作点，使M点电压为0.5V_{CC}。

（2）不加信号时测静态工作电流（在电源接入时串入电流表），并记录到表2-18。

（3）输入端接50mV的1kHz正弦波信号，用示波器观察输出波形；逐渐增加输入电压幅度，直至出现失真为止，记录此时输入电压，输出电压幅值，并记录波形。并记录到表2-18。

（4）改变电源电压（例如由+12V变为+6V），测量并比较输出功率和效率并记录到表2-18。

（5）改变放大器在带5.1kΩ（R_7）负载时的功耗和效率并记录到表2-18。

表2-18　OTL电路各级静态工作点测量记录表

测量与计算	V_{CC}	静态I_m	P_C	I_m	V_o	P_V	P_{om}	η
R_L=8Ω（负载接喇叭）	12V							
	6V							
R_L=5.1kΩ（负载为R_7）	12V							
	9V							

五、实验注意事项

观察电压输出波形时，R_{W1}不能调得过猛或过大，以免损坏输出管。

六、思考题

（1）为什么会产生交越失真？如果输出波形出现交越失真，应如何调节？

（2）电路中若不加输入信号，V2、V3 管的功耗是多少？

（3）电阻 R_4、R_5 的作用是什么？

七、实验报告要求

（1）明确实验目的、实验仪器、实验原理。

（2）画出实验电路，整理各项实验内容，记录或计算出相应的测量结果。

（3）解答思考题。

（4）讨论实验中发生的问题及解决办法，写出实验心得体会。

实验七　差 分 放 大 电 路

一、实验目的

（1）熟悉差分放大电路的工作原理、技术指标和特点，加深理解差模、共模信号的意义。

（2）掌握差分放大电路静态工作点的调整。

（3）掌握差分放大电路各项技术指标的测试方法。

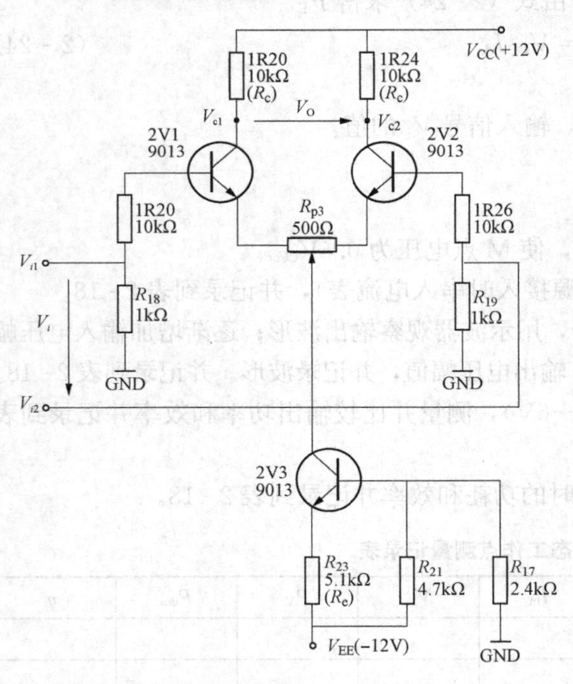

图 2-11　差分放大电路

二、实验仪器及器件

模拟电路实验箱、函数信号发生器、双踪示波器、直流稳压电源、直流电压表、数字万用表。

三、实验电路及原理

差分放大电路是基本放大电路之一，它利用电路参数的对称性和负反馈作用，能有效地稳定静态工作点，具有抑制零点漂移的优异性能，因此应用广泛，常作为集成运放的输入级。

图 2-11 为差分放大电路。它由两个元件参数相同的基本共射放大电路组成。它用晶体管恒流源代替发射极电阻 R_E，可以进一步提高差动放大器抑制共模信号的能力。

调零电位器 R_{P3} 用来调节三极管 2V1、2V2 的静态工作点，使得输入信号 $V_i = 0$ 时，双端输出电压 $V_o = 0$。晶体管恒流源为两管共用的发射极电阻，它对差模信号无负反馈作用，因而不影响差模电压放大倍数，但对共模信号有较强的负反馈作用，故可以有效地抑制零漂，稳定静态工作点。

1. *静态工作点估算*

对于恒流源式差分放大电路，三极管 2V3 的静态集电极电流为

$$I_{C3} \approx I_{E3} \approx \frac{\frac{R_{1R21}}{R_{1R21}+R_{1R17}}[0-(-V_{EE})]-V_{BEQ3}}{R_{1R23}} \tag{2-25}$$

式中：V_{BEQ3} 为三极管 2V3 的基极对发射极的静态工作电压。

三极管 2V1 和三极管 2V2 的静态集电极电流为

$$I_{C1}=I_{C2}=\frac{1}{2}I_{C3} \tag{2-26}$$

2. 差模电压放大倍数

当输入差模信号时，即在两个输入端之间加入信号 V_i 时，三极管 2V1 的输入为 $V_{i1}=V_i/2$，三极管 2V2 的输入为 $V_{i1}=-V_i/2$，经放大后输出电压为

$$V_{od1}=-A_{vd1}\frac{V_i}{2}, V_{od2}=A_{vd2}\frac{V_i}{2} \tag{2-27}$$

在元件参数完全对称时

$$A_{vd1}=A_{vd2} \tag{2-28}$$

$$V_{od}=V_{od1}-V_{od2}=-A_{vd1}V_i \tag{2-29}$$

当差分放大电路的发射极电阻 R_E 足够大，或采用恒流源电路时，差模电压放大倍数 A_{vd} 由输出端方式决定，而与输入方式无关。

当电路中 $R_{1R18}=R_{1R19}=R_B$，$R_{1R22}=R_{1R24}=R_C$，且 R_{P3} 抽头处于中间位置时，双端输出的差模电压放大倍数为

$$A_{vd}=\frac{V_{od}}{V_{id}}=-\frac{\beta R_C}{R_B+r_{be}+\frac{1}{2}(1+\beta)R_W} \tag{2-30}$$

3. 共模电压放大倍数

当输入共模信号时，即接入输入信号 V_i 时，三极管 2V1 和 2V2 的输入均为 V_i，经放大后输出电压为

$$V_{oc1}=-A_{vc1}V_i, V_{oc2}=-A_{vc2}V_i \tag{2-31}$$

在元件参数完全对称时

$$A_{vc1}=A_{vc2} \tag{2-32}$$

$$V_{oc}=V_{oc1}-V_{oc2}=0 \tag{2-33}$$

因此理想情况下，双端输出的共模电压放大倍数为

$$A_{vc}=\frac{V_{oc}}{V_i}=0 \tag{2-34}$$

4. 共模抑制比

为了表征差分放大电路抑制共模信号及放大差模信号的能力，常用共模抑制比作为一项技术指标来衡量，其定义如下

$$K_{CMR}=20\lg\left|\frac{A_{vd}}{A_{vc}}\right| \tag{2-35}$$

四、实验内容及步骤

1. 测量静态工作点

（1）调零。将 V_{i1} 和 V_{i2} 输入端短路并接地，接通直流电源，调节电位器 R_{p3}，使双端（V_{c1}，V_{c2}）输出电压 $V_o=0$。

（2）测量静态工作点。测量三极管2V1、2V2、2V3各极对地电压，填入表2-19中。

表2-19　　差分放大电路静态工作点测量记录表

对地电压	V_{C1}	V_{C2}	V_{C3}	V_{B1}	V_{B2}	V_{B3}	V_{E1}	V_{E2}	V_{E3}
测量值（V）									

2. 测量差模电压放大倍数

在输入端分别加入直流电压信号$V_{id}=\pm0.1V$，按表2-20要求测量并记录，由测量数据算出单端和双端输出的电压放大倍数。注意先调好直流信号源的OUT1和OUT2，使其输出分别+0.1V和-0.1V，再接入V_{i1}和V_{i2}。

3. 测量共模电压放大倍数

将输入端V_{i1}、V_{i2}短接，再接到直流信号源的输入端，信号源另一端接地。

直流信号源分别接OUT1和OUT2，分别测量并填入表2-20。由测量数据计算出单端和双端输出的电压放大倍数，进一步算出共模抑制比

$$K_{CMR}=20\lg\left|\frac{A_d}{A_c}\right| \tag{2-36}$$

$$A_d=\frac{\Delta V_o}{\Delta V_i}, A_c=\frac{\Delta V_o}{\Delta V_i} \tag{2-37}$$

表2-20　　差分放大电路动态性能测量记录表

输入信号V_i测量及计算值	差模输入$V_{i1}=+0.1V$，$V_{i2}=-0.1V$						共模输入						共模抑制比
	测量值			计算值			测量值			计算值			计算值
	V_{c1}	V_{c2}	双端输出V_o	A_{d1}	A_{d2}	双端输出A_d	V_{c1}	V_{c2}	双端输出V_o	A_{c1}	A_{c2}	A_c	K_{CMR}
+0.1V													
-0.1V													

4. 在实验箱上组成单端输入的差放电路进行下列实验

（1）在图2-11中将V_{i2}接地，组成单端输入差动放大器；从V_{i1}端接入信号源，测量单端及双端输出，填表2-21记录电压值。计算单端输入时的单端及双端输出的电压放大倍数，并与双端输入时的单端及双端差模电压放大倍数进行比较。

表2-21　　差分放大电路动态性能测量记录表

输入信号测量及计算值	电压值（V）			放大倍数
	V_{c1}	V_{c2}	V_o	
直流+0.1V				
直流-0.1V				
正弦信号（100mV、1kHz）				

（2）V_{i2}接地，从V_{i1}端加入正弦交流信号$V_i=100mV$，$f=1kHz$分别测量、记录单端及双端输出电压，填入表2-21计算单端及双端的差模放大倍数。

注意：输入交流信号时，用示波器监视V_{c1}、V_{c2}波形，若有失真现象时，可减小输入电压值，使V_{c1}、V_{c2}都不失真为止。

五、实验注意事项

(1) 测量恒流源式差分放大电路时，因共模输出电压很小，为减小测量误差，应采用交流毫伏表进行测量。

(2) 输入交流信号时，用示波器观察输出V_{o1}、V_{o2}波形，若有失真现象时，可减小输入电压值，使V_{o1}、V_{o2}都不失真为止。

(3) 差分放大电路的输入信号可采用直流信号也可采用交流信号，本实验采用函数信号发生器产生的正弦交流信号作为输入信号。

六、思考题

(1) 怎样进行静态调零？调零时，应该用万用表还是交流毫伏表来指示放大电路的输出电压？为什么？

(2) 差动放大电路对称平衡的程度对单端、双端输出时的零点漂移分别有什么影响？

七、实验报告要求

(1) 明确实验目的、实验仪器、实验原理。

(2) 画出实验电路，整理各项实验内容，记录或计算出相应的测量结果，并与理论计算值相比较；总结差分放大电路的性能和特点。

(3) 解答思考题。

(4) 写出实验心得体会。

实验八 集成运算放大器的线性应用

一、实验目的

(1) 学习集成运算放大器的使用方法，掌握由集成运算放大器构成的基本模拟信号运算电路及其功能。

(2) 掌握集成运算放大器工作在线性区的电路调试和分析方法。

(3) 了解集成运算放大器在实际应用时应考虑的一些问题。

二、实验仪器及器件

模拟电路实验箱、函数信号发生器、双踪示波器、直流稳压电源、直流信号源、直流电压表。

三、实验电路及原理

集成运算放大器简称“集成运放”，是一种具有高电压增益的直接耦合多级放大电路。在集成运放的外部接入适当的电阻和电容等器件组成输入和负反馈电路时，可以灵活地实现各种特定的函数关系，如比例、加减、积分、微分、对数、指数等模拟运算电路。在这些应用电路中引入了深度负反馈，集成运放工作在线性放大区，属于运算放大器的线性应用范畴，可利用“虚短”和“虚断”两个特性方便地计算出输出与输入之间的运算表达式。

本实验采用的μA741是一款中增益集成运放芯片，其封装形式是8脚双列直插式，管脚排列如图2-12所示。

1. 反向比例运算电路

反向比例运算电路如图 2-13 所示，对于理想运放，其闭环电压放大倍数为

$$A_{vF}=\frac{v_O}{v_I}=-\frac{R_F}{R_1} \tag{2-38}$$

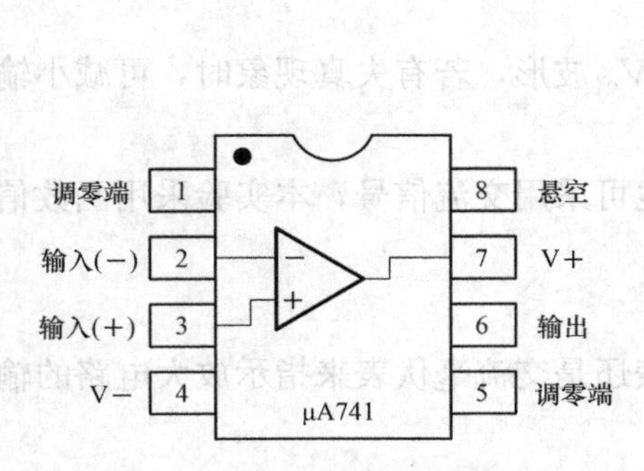

图 2-12 μA741 管脚排列图

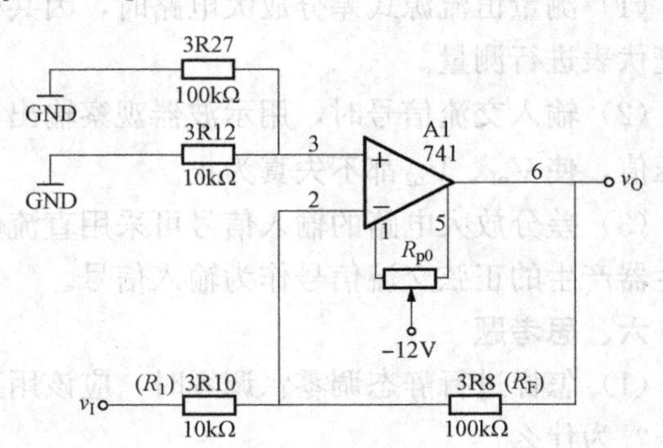

图 2-13 反向比例运算电路

由式（2-38）可知，选用不同的电阻比值，A_{vf}可以大于 1，也可以小于 1，若取 $R_F=R_1$，则放大器的输出电压等于输入电压的负值。

2. 同向比例运算电路

同向比例运算电路如图 2-14 所示，对于理想运放，其闭环电压放大倍数为

$$A_{vF}=\frac{v_O}{v_I}=\frac{R_F}{R_1} \tag{2-39}$$

由式（2-39）可知，选用不同的电阻比值，A_{vF}可以大于 1，也可以小于 1，若取 $R_F=R_1$，则放大器的输出电压等于输入电压，也称为电压跟随器。

3. 差分比例运算电路（减法器）

差分比例运算电路如图 2-15 所示，对于理想运放，其输出电压 v_O为

$$v_O=-\frac{R_F}{R_1}(v_{i1}-v_{i2}) \tag{2-40}$$

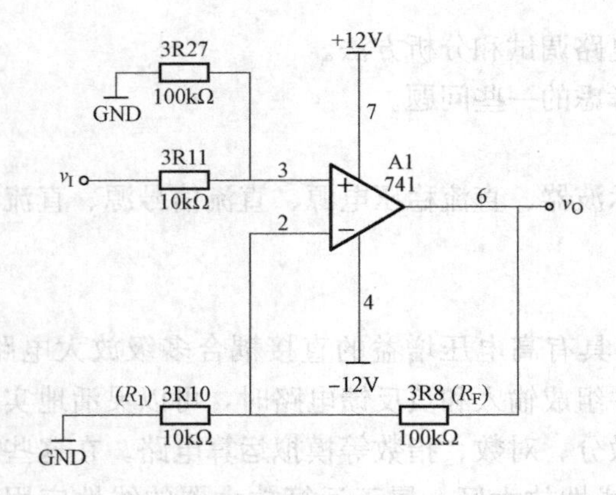

图 2-14 同向比例运算电路

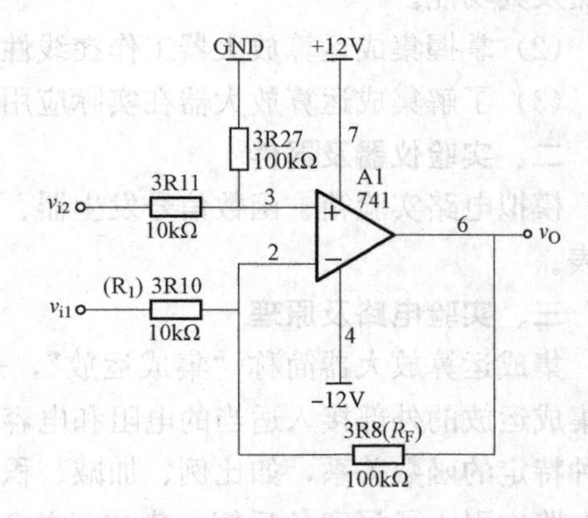

图 2-15 差分比例运算电路

4. 反向加法运算电路

反向加法运算电路如图 2-16 所示，对于理想运放，其输出电压 v_O为

$$v_O = -\frac{R_F}{R_1}(v_{i1} + v_{i2}) \tag{2-41}$$

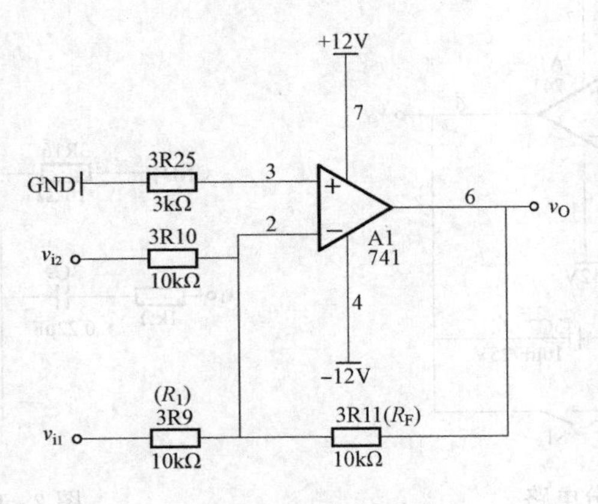

图 2-16 反向加法器

5. 加减法器

加减法器电路如图 2-17 所示，对于理想运放，其输出电压 v_O 为

$$v_O = R_{F2}\left(\frac{v_{i1}}{R_1} + \frac{v_{i2}}{R_2} + \frac{v_{i3}}{R_3}\right) \tag{2-42}$$

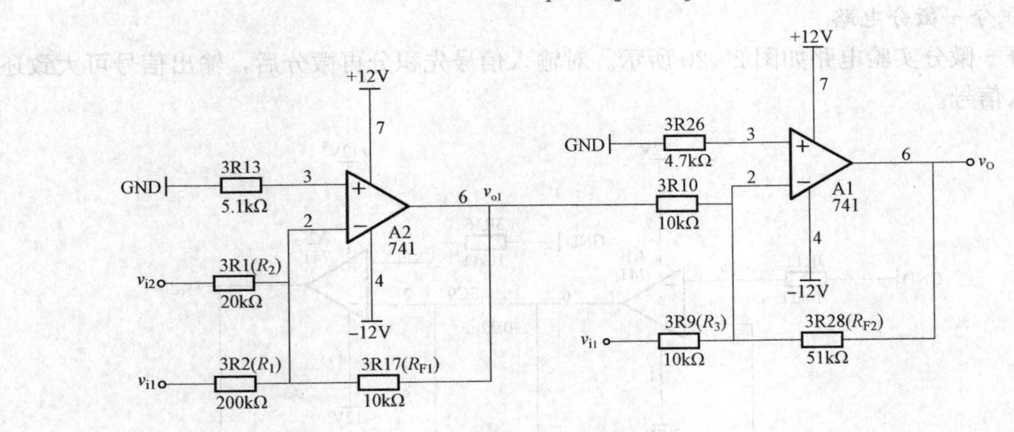

图 2-17 加减法器

6. 积分运算电路

积分运算电路如图 2-18 所示。

反相积分电路的输出电压为

$$v_O = -\frac{1}{R_{3R10}C_{3C7}}\int v_1(t)\,dt + v_O(t_O) \tag{2-43}$$

积分电路输出电压是输入电压的积分，随着不同的输入电压，输出电压也表现为不同的形式。电路除了进行积分运算外，很多情况下应用在波形变换电路中。

7. 微分运算电路

微分运算电路如图 2-19 所示。当输入交流信号时，电路的高频增益极大，极易引起高频干扰和自激，因此微分电路中常在输入回路微分电容的前端适当串入一个电阻。

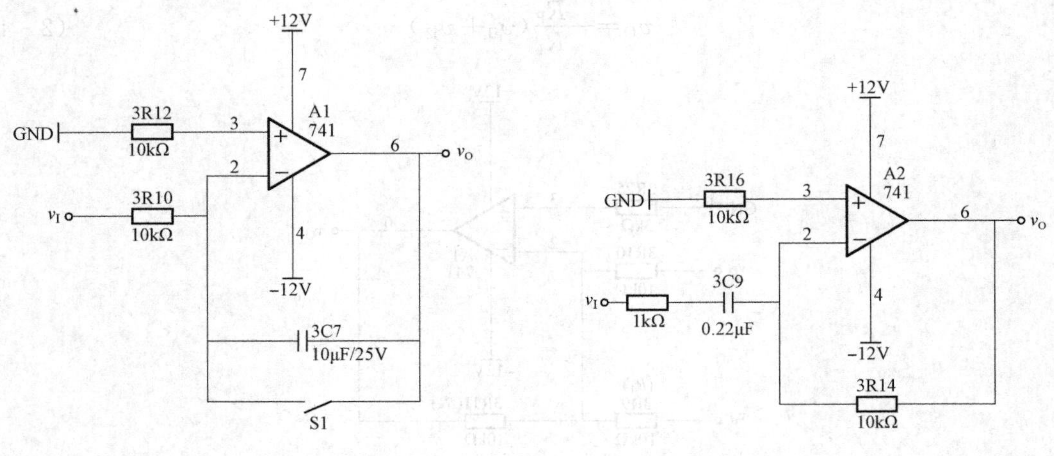

图 2-18　积分电路　　　　图 2-19　微分电路

微分运算电路的输出电压为

$$v_O(t) = -R_{3R14}C_{3C9}\frac{dv_I(t)}{dt} \tag{2-44}$$

输出电压是输入电压的微分。

8. 积分—微分电路

积分—微分实验电路如图 2-20 所示。对输入信号先积分再微分后，输出信号可大致还原为输入信号。

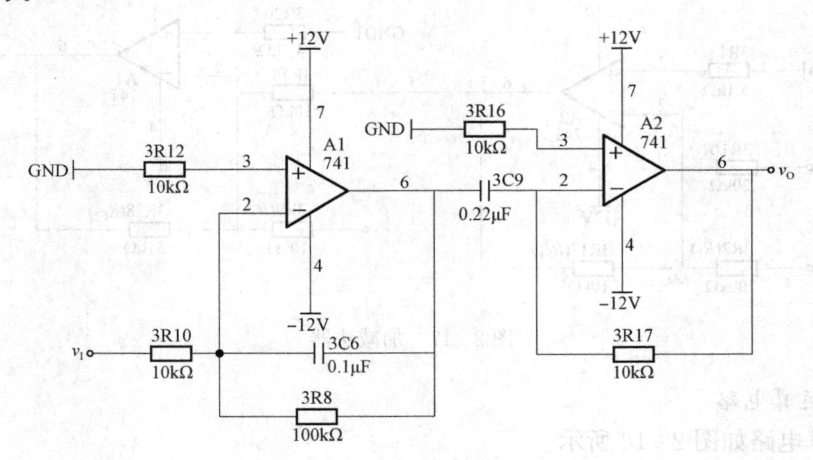

图 2-20　积分—微分电路

四、实验内容及步骤

1. 调零

按图 2-13 连接电路，直流电源供电为±12V。将 v_I对地短路，接通电源后，调节调零电位器 R_{p_0}(10kΩ)，使输出 $v_O=0$，然后将短路线去掉。

2. 反相比例运算电路

(1) 在步骤 1 的基础上，按给定直流输入信号，测量对应的输出电压，把结果记入表

2-22 中。

表 2-22　　反向比例运算电路输出测量记录表

v_I(V)		0.3	0.5	0.7	1.0	1.1	1.2
理论计算值	v_O(V)						
实际测量值	v_O(V)						
实际放大倍数	A_{vF}						

（2）在该比例放大器的输入端加入 1kHz，有效值为 0.5V 的交流信号，用示波器观察输出波形，并与输入波形相比较。

3. 同相比例放大电路

按图 2-14 连接电路。

（1）按给定直流输入信号，测量对应的输出电压，把结果记入表 2-23 中。

表 2-23　　同向比例运算电路输出测量记录表

v_I(V)		0.3	0.5	0.7	1.0	1.1	1.2
理论计算值	v_O(V)						
实际测量值	v_O(V)						
实际放大倍数	A_{vF}						

（2）在该比例放大器的输入端加入 1kHz，有效值为 0.5V 的交流信号，用示波器观察输出波形，并与输入波形相比较。

4. 减法器（差分比例运算）

按图 2-15 连接电路。按给定直流输入信号，测量对应的输出电压，把结果记入表 2-24 中。

表 2-24　　差分比例运算电路输出测量记录表

输入信号 v_{i1}(V)	0.2	0.2	−0.2
输入信号 v_{i2}(V)	−0.3	0.3	−0.3
计算值 v_O(V)			
实际测量值 v_O(V)			

5. 反相加法器

按图 2-16 连接电路。同时将 v_{i1} 与 v_{i2} 对地短路，接通电源后，调节调零电位器 R_{P0}（10kΩ），使输出 $v_O=0$。然后将短路线去掉，按给定直流输入信号，测量对应的输出电压，把结果记入表 2-25 中。

表 2-25　　反相加法器输出测量记录表

输入信号 v_{i1}(V)	1.0	1.5	−0.2
输入信号 v_{i2}(V)	0.4	−0.4	1.2
计算值 v_O(V)			
实际测量值 v_O(V)			

6. 加减法器

按图 2-17 连接电路。将 R_{3R10} 与第一级运放的连接断开，按前述方法对两级分别进行调零。然后将短路线去掉，接好电路，按给定直流输入信号（v_{i1} 和 v_{i2} 由同一信号源提供），测量对应的输出电压，把结果记入表 2-26 中。

表 2-26 加减法器输出测量记录表

v_{i1}(V)	v_{i2}(V)	v_{i3}(V)	计算值 v_O(V)	实际测量值 v_O(V)
0.4	0.8	0.4		

7. 积分电路

按图 2-18 连接电路。

(1) 取 $v_I=-1$V，S1 断开或合上（可以用导线连接或断开替代开关 S1），用示波器观察 V_o变化。

(2) 用示波器测量饱和输出电压及有效积分时间。

(3) 使图 2-18 中积分电容改为 0.1μF，断开 S1，v_I分别输入 100Hz 幅值为 2V 方波正弦波信号，观察 v_I和 v_O大小及相位关系，并记录波形。

(4) 改变输入的频率，观察 v_I与 v_O的相位、幅值关系。

8. 微分电路

按图 2-19 连接电路。

(1) 输入有效值为 1V，$f=160$Hz 的三角波（正弦波）信号，用示波器观察 v_I与 v_O波形并测量输出电压。

(2) 改变三角波（正弦波）频率（20～400Hz），观察 v_I与 v_O的相位、幅值变化情况并记录。

(3) 输入 $v=\pm5$V，$f=200$Hz 的方波信号，用示波器观察 v_O波形，按上述步骤重复实验。

9. 积分—微分电路

按图 2-20 连接电路。

(1) 在 v_I输入 $f=200$Hz，$v=\pm6$V 的方波信号，用示波器观察 v_I和 v_O的波形并记录。

(2) 将 f 改为 500Hz 重复上述实验。

五、实验注意事项

(1) 实验前要看清集成运放各管脚的位置，切忌正、负电源极性接反和输出端短路，否则将会损坏运放。

(2) 在微分电路和积分电路实验中，在未接入输入信号时，先用示波器观察有无振荡现象，如出现振荡，应先消振或调零，再进行正常的实验步骤。

(3) 实验中应注意集成运放的输入电压和输出电流不允许超过它的额定工作电压和工作电流。

(4) 改接电路时必须先关断电源，电路接好后确认无误方可通电实验。

六、思考题

(1) 在反相比例放大器和加法器中，同相输入端必须配置一适当的接地电阻，其作用是什么？阻值大小的选择原则怎样考虑？

（2）什么叫“调零”？运算放大器为什么要进行调零？

（3）在反相求和电路中，集成运放的反相输入端是如何形成虚地的？该电路属于何种反馈类型？

（4）反相比例放大器和同相比例放大器的输入电阻，输出电阻各有什么特点？试用深负反馈概念解释。

（5）在反相加法器中，如 v_{i1} 和 v_{i2} 均采用直流信号，假设 $v_{i2}=-1\text{V}$，当考虑到运算放大器的最大输出幅度（±12V）时，$|v_{i1}|$ 的大小不应超过多少伏？

七、实验报告要求

（1）明确实验目的、实验仪器、实验原理。

（2）画出实验电路，整理各项实验内容，记录或计算出相应测量结果，按要求画出所测波形。

（3）解答思考题。

（4）记录实验过程中出现的故障或不正常现象，分析原因，说明解决的办法和过程，写出实验心得体会。

实验九　模拟运算电路设计

一、实验目的

（1）学习集成运算放大器的使用方法，掌握集成运算放大器工作在线性工作区的电路设计及调试方法。

（2）掌握模拟信号基本运算电路的结构设计、元器件选型及参数设计方法。

（3）了解集成运算放大器在实际应用时应考虑的一些问题。

二、实验仪器及器件

函数信号发生器、双踪示波器、直流稳压电源、直流信号源、直流电压表、交流毫伏表、频率计、面包板、集成运算放大器、电阻、电容。

三、设计任务要求

（1）利用集成运放等器件分别设计以下两个电路，其输出电压与输入电压之间分别对应满足以下关系

1）
$$v_O=5v_{i1}+v_{i2}-0.5v_{i3}$$

式中：v_{i1}、v_{i2}、v_{i3} 为输入信号；v_O 为输出信号。

2）
$$v_O=\int v_{i1}(t)\mathrm{d}t+2\frac{\mathrm{d}v_{i2}(t)}{\mathrm{d}t}$$

（2）要求输入电阻 $R_i \geqslant 10\text{k}\Omega$。

（3）电路设计并连接完成后，自己选择输入信号，进行调试并测量输出，验证电路是否满足任务要求。

四、实验内容及步骤

1. 电路结构形式选择

为了实现特定的函数关系，设计过程中可利用集成运放组成的各种基本运算电路如比例、加法、微分、积分、对数、指数电路等进行构建。

第一种方案，对于设计任务1) $v_O=5v_{i1}+v_{i2}-0.5v_{i3}$，可选用图2-21所示的两级反向加法运算电路构成，其中 v_{i1} 和 v_{i2} 从第一级输入，第一级反向加法运算电路输出为

$$v_{O1}=-\left(\frac{R_5}{R_1}v_{i1}+\frac{R_5}{R_2}v_{i2}\right) \tag{2-45}$$

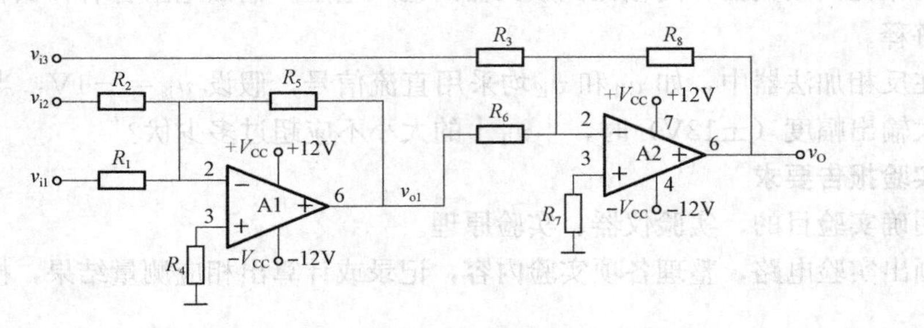

图2-21 $v_O=5v_{i1}+v_{i2}-0.5v_{i3}$ 电路（方案一）

第二级反向加法运算电路输入为 v_{i3} 和 v_{o1}，输出为

$$v_O=-\left(\frac{R_8}{R_6}v_{o1}+\frac{R_8}{R_3}v_{i3}\right)=\frac{R_8}{R_6}\frac{R_5}{R_1}v_{i1}+\frac{R_8}{R_6}\frac{R_5}{R_2}v_{i2}-\frac{R_8}{R_3}v_{i3} \tag{2-46}$$

其中各电阻取值确定如下

$$R_6=R_8=\frac{1}{2}R_3,R_5=5R_1,R_5=R_2 \tag{2-47}$$

R_4 和 R_7 为平衡电阻，其作用是避免输入偏流产生附加的差动输入电压

$$R_4=R_1 /\!/ R_2 /\!/ R_5 \tag{2-48}$$

$$R_7=R_3 /\!/ R_6 /\!/ R_8 \tag{2-49}$$

在满足上述条件下合理选择各电阻阻值，最终实现输出与输入之间的关系式 $v_O=5v_{i1}+v_{i2}-0.5v_{i3}$。该方案电阻取值方便，同时可以保证对输入电阻的要求。由于两个运放的信号均从反相输入端输入，而同相输入端虚地，理想情况下运放的两输入端共模电压均为零，因此降低了对运放共模抑制比的要求。

第二种方案可以选用图2-22所示的差分输入方式，v_{i1}、v_{i2}、v_{i3} 均在第一级输入，其中 v_{i1} 和 v_{i2} 从反相输入端输入，v_{i3} 从同相输入端输入；第二级为反相比例运算电路，输出电压与输入信号之间的关系表达式为

$$v_O=-\frac{R_8}{R_6}v_{O1}=-\frac{R_8}{R_6}\left[-\left(\frac{R_5}{R_1}v_{i1}+\frac{R_5}{R_2}v_{i2}\right)+\frac{R_5}{R_3}v_{i3}\right]=\frac{R_8}{R_6}\left(\frac{R_5}{R_1}v_{i1}+\frac{R_5}{R_2}v_{i2}\right)-\frac{R_8}{R_6}\frac{R_5}{R_3}v_{i3} \tag{2-50}$$

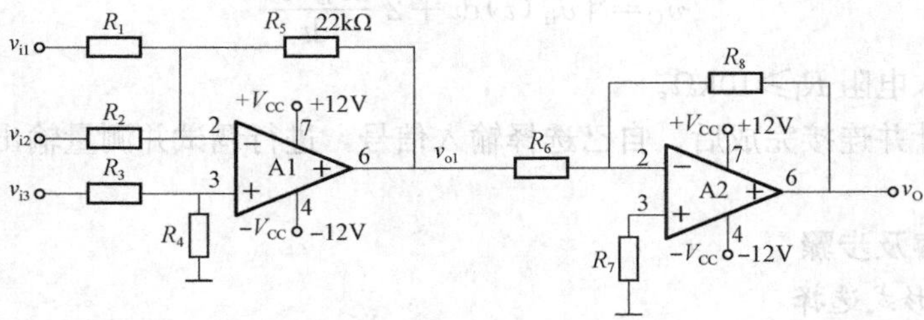

图2-22 $v_O=5v_{i1}+v_{i2}-0.5v_{i3}$ 电路（方案二）

通过计算合理选择电阻阻值也可实现任务要求的函数关系。

但方案二中电阻阻值选择难度较大。为了减小零漂，必须满足静态电阻匹配的要求，方案二中要求 $R_3 /\!/ R_4 = R_1 /\!/ R_2 /\!/ R_5$，显然增加了电阻阻值的选择难度。其次，方案二采用差动输入方式分别从同相和反相端输入，运放也没有“虚地”点，相当于在运放两端加上了大小相等、极性相同的共模信号，因此想要获得较高精度的运算结果必须选用共模抑制比较高的运放。

因此，两种方案比较起来，优选方案一。

对于设计任务 2) $v_O = \int v_{i1}(t)\mathrm{d}t + 2\frac{\mathrm{d}v_{i2}(t)}{\mathrm{d}t}$，可选用图 2-23 所示的两级运算电路构成，第一级由一个积分运算电路和一个微分运算电路构成，第二级为反向加法运算电路，各级输入与输出之间的关系如下

$$v_{o1} = -\frac{1}{R_1C_1}\int v_{i1}(t)\mathrm{d}t, v_{o2} = -R_2C_2\frac{\mathrm{d}v_{i2}(t)}{\mathrm{d}t} \tag{2-51}$$

$$v_O = -\left(\frac{R_8}{R_5}v_{o1} + \frac{R_8}{R_6}v_{o2}\right) = \frac{R_8}{R_5}\frac{1}{R_1C_1}\int v_{i1}(t)\mathrm{d}t + \frac{R_8}{R_6}R_2C_2\frac{\mathrm{d}v_{i2}(t)}{\mathrm{d}t} \tag{2-52}$$

通过计算合理选择电容和电阻取值即可实现任务要求的函数关系。

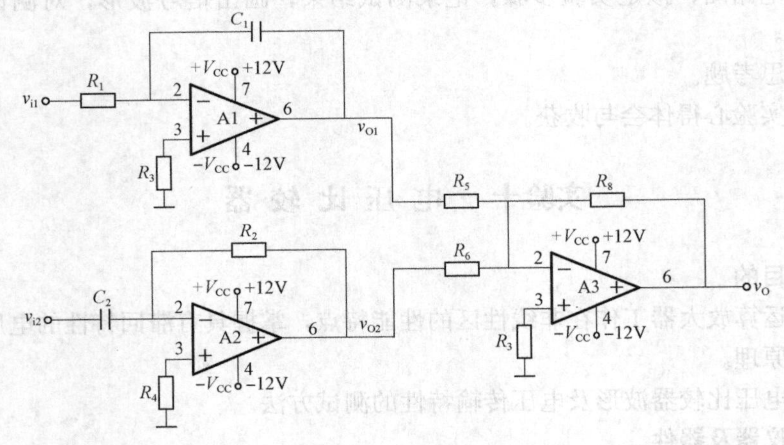

图 2-23 $v_O = \int v_{i1}(t)\mathrm{d}t + 2\frac{\mathrm{d}v_{i2}(t)}{\mathrm{d}t}$ 电路

2. 元器件选型

为保证运算精度，运算放大器应选择开环增益较大、温漂较小、输入电阻较大的运放芯片，如 TL082、OP07、OP27 等。电阻和电容除了考虑本实验“电路结构形式选择”所述比例系数关系外，应选择精度较高的等级，电阻选用误差为 1% 的五环金属膜电阻，电容选择精度较高的聚酯或聚丙烯电容。

3. 调试与验证

实验电路连接好后，选择适当的输入信号，观测输出信号以验证电路设计的正确性和准确度。针对设计任务 1)，输入可全部使用直流信号进行验证，也可部分输入采用直流信号，部分输入采用交流信号，然后用示波器观测记录输出波形。针对设计任务 2)，两个输入信号均采用交流信号，调试时可逐级观测波形，即先分别观测第一级输出 v_{o1} 和 v_{o2} 的波形是否

正确，如不正确，检查电路并排除故障，再观测最终输出波形 v_O。

五、实验注意事项

(1) 注意运放正、负电源（地）连接正确，输出端不能对地短接，以防损坏运放。

(2) 实验中应注意集成运放的输入电压和输出电流不允许超过它的额定工作电压和工作电流。

(3) 改接电路时必须先关断电源，电路接好后确认无误方可通电实验。

六、思考题

(1) 集成运放组成的比例、加法和积分等基本运算电路，在没有输入信号时，输出端的静态电压应该是多少?

(2) 集成运放用于交流信号放大时需要进行调零吗? 为什么?

(3) 电路在什么情况下出现"虚短"? 什么情况下出现"虚地"?

(4) 在积分电路中，输入方波，输出应是什么波形? 输出波形的上升部分和下降部分对应输入波形的哪一部分? 为什么?

七、实验报告要求

(1) 依据设计要求拟定设计方案、原理电路图、元器件参数计算、选用的器件清单。

(2) 画出电路图，拟定实验步骤，记录测试结果，画出信号波形，对测试结果进行分析，得出结论。

(3) 解答思考题。

(4) 写出实验心得体会与收获。

实验十　电压比较器

一、实验目的

(1) 熟悉运算放大器工作在非线性区的性能特点，掌握具有滞回特性的电压比较器的电路组成及工作原理。

(2) 掌握电压比较器波形及电压传输特性的测试方法。

二、实验仪器及器件

模拟电路实验箱、函数信号发生器、双踪示波器、直流稳压电源、直流信号源、直流电压表。

三、实验原理

电压比较器是一种集成运放非线性应用电路，它将模拟量输入电压信号与参考电压进行比较，在二者幅度相等附近，输出电压将产生跳变，相应输出高电平或低电平。比较器可以组成非正弦波形变换电路及应用于模拟与数字信号转换等领域。常用的电压比较器有单限比较器、过零比较器、滞回比较器、反相滞回比较器、同相滞回比较器等。

1. 单限比较器

单限比较器是指只有一个门限电平的比较器，当输入电压等于此门限电平时，输出端的状态即发生跳变。图 2-24 所示为一种单限比较器，V_{REF} 为固定参考电压，当 $V_{REF}=0$ 时，称为过零比较器，是单限比较器的一种特殊情况。此时集成运放工作在非线性区，当 $v_I>0$ 时，输出 $v_O=-V_{OPP}$，当 $v_I<0$ 时，$v_O=+V_{OPP}$。其中 V_{OPP} 是集成运放的最大输出电压（饱

和电压）。过零比较器电压传输特性如图 2-25（a）所示。

当 $V_{REF}\neq 0$ 时，称为电平检测器，当 $v_I>V_{REF}$ 时，输出 $v_O=-V_{OPP}$，当 $v_I<V_{REF}$ 时，$v_O=+V_{OPP}$。其电压传输特性如图 2-25（b）所示。调节 V_{REF} 可方便地改变阈值。单限比较器结构简单，灵敏度高，但抗干扰能力差。

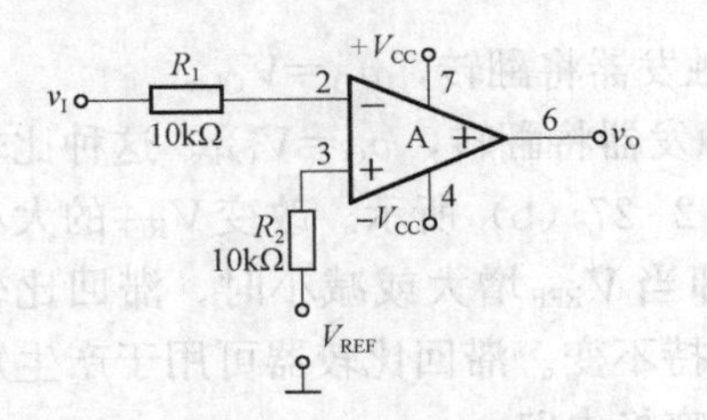

图 2-24　单限比较器

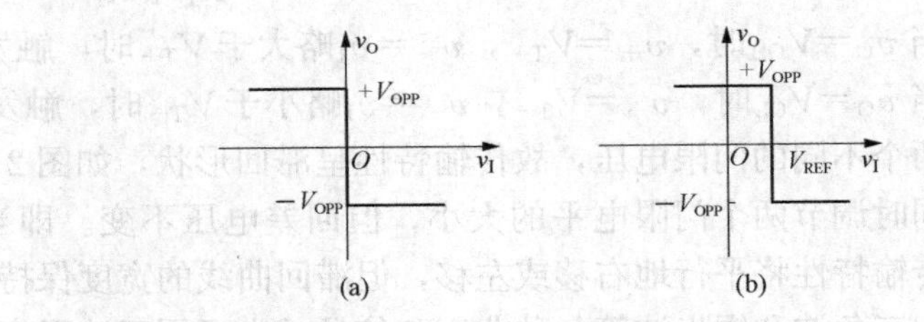

图 2-25　单限比较器电压传输特性

(a) 过零比较器（$V_{REF}=0$）；(b) 电平检测器（$V_{REF}\neq 0$）

过零比较器实验电路如图 2-26 所示。

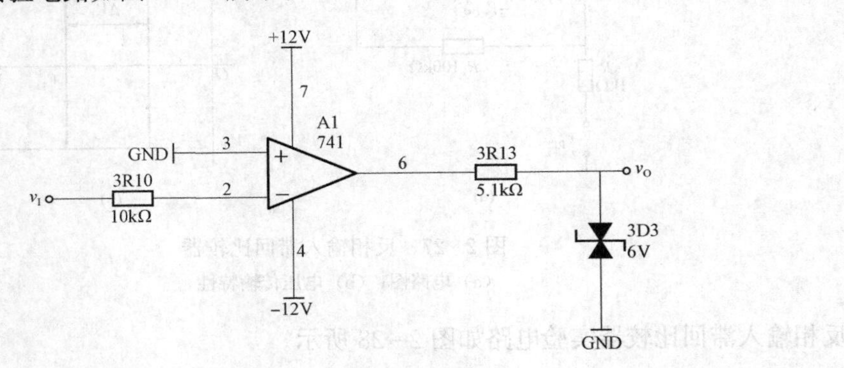

图 2-26　过零比较器

由于 $V_{REF}=0V$，当输入电压 $v_I>0V$ 时，v_O 输出 $-V_Z$，反之输出 V_Z。其中，V_Z 为双向稳压管 3D3 的工作电压。

2. 反相输入滞回比较器

滞回比较器又称施密特触发器，有反相输入和同相输入两种方式。如图 2-27（a）所示，为反相输入滞回比较器。与单限比较器相比，增加了由 R_1 与 R_2 构成的正反馈。这时运放同相端电压 v_+ 由参考电压 V_{REF} 和输出电压 v_O 共同决定。利用叠加原理可得同相输入端产生的比较电压为

$$v_+=\frac{R_1}{R_1+R_2}V_{REF}+\frac{R_2}{R_1+R_2}v_O \tag{2-53}$$

由于输出电压的两个可能值为 V_{OH} 和 V_{OL}，因此运放同相输入端的参考电平也有两个，V_{T+} 称为上门限电压，V_{T-} 称为下门限电压。

当输出电压 $v_O=V_{OH}$ 时

$$V_{T+}=\frac{R_1}{R_1+R_2}V_{REF}+\frac{R_2}{R_1+R_2}V_{OH} \tag{2-54}$$

当输出电压 $v_O=V_{OL}$ 时

$$V_{T-}=\frac{R_1}{R_1+R_2}V_{REF}+\frac{R_2}{R_1+R_2}V_{OL} \tag{2-55}$$

两个门限电压之差称为回差电压 ΔV_T

$$\Delta V_T=V_{T+}-V_{T-}=\frac{R_2}{R_1+R_2}(V_{OH}-V_{OL}) \tag{2-56}$$

当 $v_O=V_{OH}$时，$v_+=V_{T+}$，$v_-=v_I$略大于 V_{T+}时，触发器将翻转，$v_O=V_{OL}$。

当 $v_O=V_{OL}$时，$v_+=V_{T-}$，$v_-=v_I$略小于 V_{T-}时，触发器将翻转，$v_O=V_{OH}$。这种比较器有两个不同的门限电压，故传输特性呈滞回形状，如图 2-27（b）所示。改变V_{REF}的大小可以同时调节两个门限电平的大小，但回差电压不变。即当 V_{REF}增大或减小时，滞回比较器的传输特性将平行地右移或左移，但滞回曲线的宽度保持不变。滞回比较器可用于产生矩形波、三角波和锯齿波等各种非正弦信号，也可用于波形变换电路。

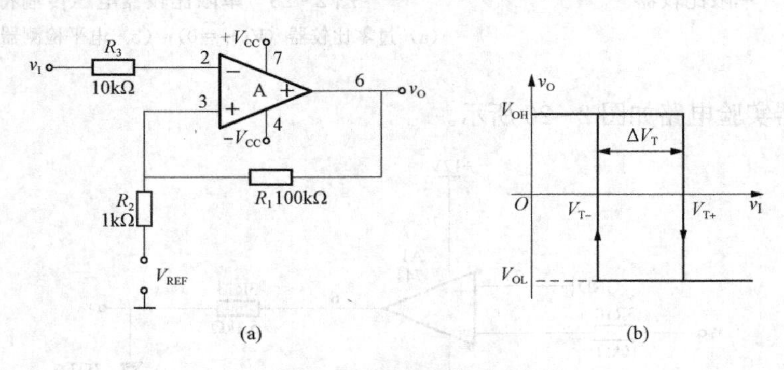

图 2-27 反相输入滞回比较器

（a）电路图；（b）电压传输特性

反相输入滞回比较器实验电路如图 2-28 所示。

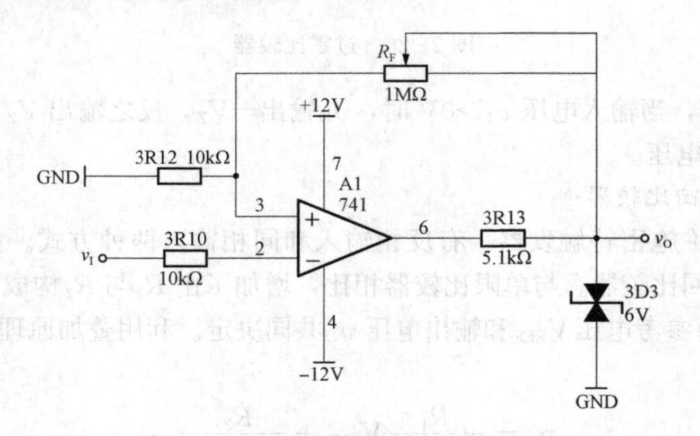

图 2-28 反相输入滞回比较器实验电路

分析可得上门限电压 V_{T+}和下门限电压 V_{T-}为

$$V_{T+}=\frac{R_{3R12}}{R_F+R_{3R12}}V_Z, V_{T-}=-\frac{R_{3R12}}{R_F+R_{3R12}}V_Z \tag{2-57}$$

式中：V_Z为双向稳压管 3D3 的稳定工作电压。

3. 同相输入滞回比较器

图 2-29 所示为同相输入滞回比较器实验电路。分析可得上门限电压 V_{T+} 和下门限电压 V_{T-} 为

$$V_{T+}=\frac{R_{3R11}}{R_F}V_Z, V_{T-}=-\frac{R_{3R11}}{R_F}V_Z \tag{2-58}$$

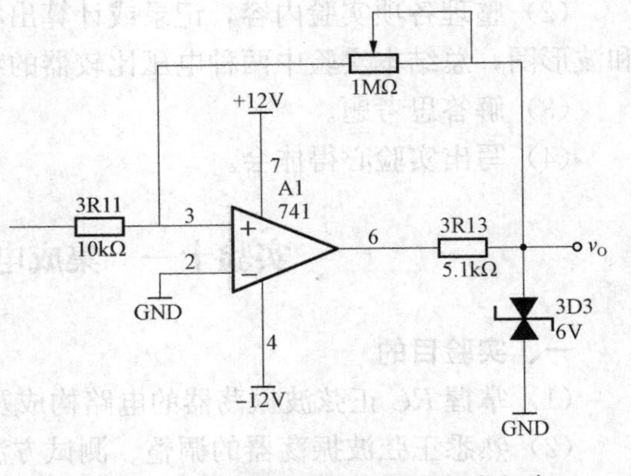

图 2-29　同相输入滞回比较器实验电路

四、实验内容及步骤

1. 过零比较器

（1）按图 2-26 接线 v_I悬空时测 v_O电压。

（2）v_I输入 500Hz 有效值为 1V 的正弦波，观察 v_I和 v_O波形并记录。

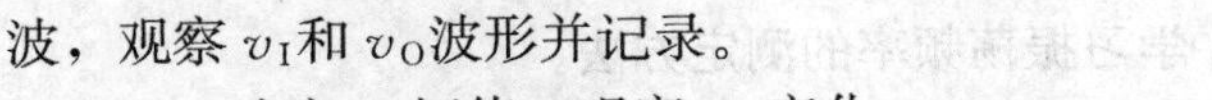

（3）改变 v_I幅值，观察 v_O变化。

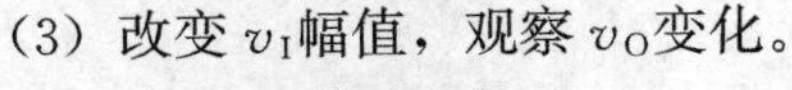

2. 反相输入滞回比较器

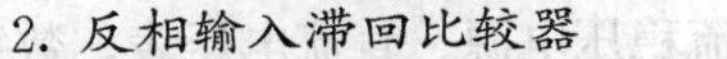

（1）按图 2-28 接线，并将 1MΩ 电位器调到 100kΩ，v_I接 DC 电压源，测出 v_O由$+V_{om}$→$-V_{om}$时 v_I的临界值。

（2）同上，v_O由$-V_{om}$→$+V_{om}$时 v_I的临界值。

（3）v_I接 500Hz 有效值 1V 的正弦信号，观察并记录 v_I和 v_O波形。

（4）将电路中 1MΩ 电位器调到 200kΩ，重复上述实验。

3. 同相输入滞回比较器

（1）按图 2-29 接线，并将 1MΩ 电位器调到 100kΩ，v_I接 DC 电压源，测出 v_O由$+V_{om}$→$-V_{om}$时 v_I的临界值。

（2）同上，v_O由$-V_{om}$→$+V_{om}$时 v_I的临界值。

（3）v_I接 500Hz 有效值 1V 的正弦信号，观察并记录 v_I和 v_O波形。

（4）将电路中 1MΩ 电位器调到 200kΩ，重复上述实验。

（5）将结果与反相输入滞回比较器相比较。

五、实验注意事项

（1）本实验中，直流稳压电源、直流信号源、交流信号源、基本电路的地都要共用一个地，如各部分之间没有共地，测量结果将不正确。

（2）测量滞回比较器的门限电压时，v_I的调节应保持单调性，即缓慢上升时不得下降，缓慢下降时不得上升。

六、思考题

（1）比较器是否需要调零？为什么？

（2）比较器中的运放两个输入端所接的电阻是否要求对称？为什么？

（3）电压比较器中的运放通常工作在什么状态（负反馈、正反馈或开环）？一般它的输出电压是否只有高电平和低电平两个稳定状态？

（4）运算放大器作为电压比较器使用和作为放大器使用时在电路结构和分析方法上有何异同？

七、实验报告要求

（1）明确实验目的、实验仪器、实验原理。

（2）整理各项实验内容，记录或计算出相应的测量结果，按要求画出比较器的传输特性和波形图，总结本实验中两种电压比较器的特点及应用场合。

（3）解答思考题。

（4）写出实验心得体会。

实验十一　集成电路 *RC* 正弦波振荡器

一、实验目的

（1）掌握 *RC* 正弦波振荡器的电路构成及工作原理。

（2）熟悉正弦波振荡器的调整、测试方法。

（3）观察 *RC* 参数对振荡频率的影响，学习振荡频率的测定方法。

二、实验仪器及器件

模拟电路实验箱、函数信号发生器、双踪示波器、直流稳压电源、直流电压表、数字万用表。

三、实验原理

正弦波振荡电路必须具备两个条件：①必须引入反馈，而且反馈信号要能代替输入信号，这样才能在不输入信号的情况下自发产生正弦波振荡。②有外加的选频网络，用于确定振荡频率。因此振荡电路由放大电路、选频网络、反馈网络和稳幅环节四部分电路组成。实际电路中多用 *LC* 谐振电路或是 *RC* 串并联电路（两者均起到带通滤波选频作用）用作正反馈组成振荡电路。

1. 实验电路

RC 桥式正弦波振荡器（文氏电桥振荡器），它适于产生频率低于或等于 1MHz 的正弦信号，其基本电路如图 2-30 所示，由 R_{3R9} 和 R_f 组成电压串联负反馈，使集成运放工作于线性放大区，形成同相比例运算电路，R_f 用以调节负反馈的大小，使电路满足自激振荡条件，并使输出幅度符合设计要求。由 *RC* 串并联网络作为正反馈回路兼选频网络。

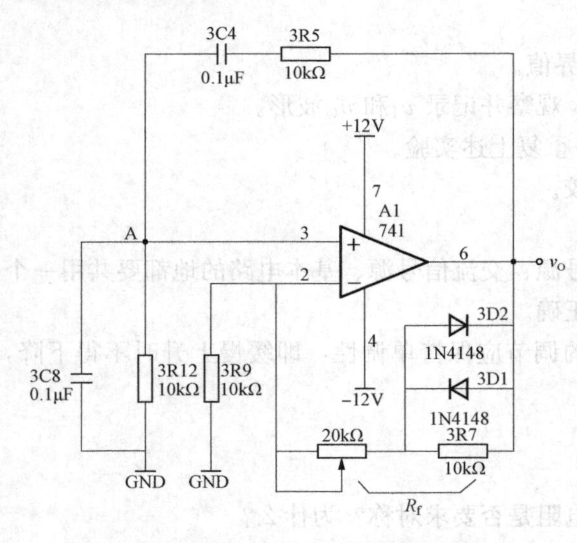

图 2-30　*RC* 正弦波振荡器基本电路

假设 $\dot{A}$ 为基本放大电路的放大倍数，$\dot{F}$ 为反馈网络的反馈系数，振荡器的起振条件为 $\dot{A}\dot{F}>1$，分别用幅值条件和相位条件表示为

$$\begin{cases}|\dot{A}\dot{F}| = AF > 1 \\ \arg\dot{A}\dot{F} = \varphi_A + \varphi_F = \pm 2n\pi(n = 0、1、2、\cdots)\end{cases} \tag{2-59}$$

$$\dot{A} = A\underline{/\varphi_A}$$

$$\dot{F} = F\underline{/\varphi_F}$$

式中：φ_A为放大器的相移角；φ_F为选频网络的相移角。

振荡器维持振荡的平衡条件为 $\dot{A}\dot{F}=1$，分别用幅值条件和相位条件表示为

$$\begin{cases}|\dot{A}\dot{F}| = AF = 1 \\ \arg\dot{A}\dot{F} = \varphi_A + \varphi_F = \pm 2n\pi(n = 0、1、2、\cdots)\end{cases} \tag{2-60}$$

选频网络的反馈系数为

$$\dot{F} = \frac{1}{3 + j\left(\omega RC - \frac{1}{\omega RC}\right)} \tag{2-61}$$

其中，$R=R_{3R12}=R_{3R5}$，$C=C_{3C8}=C_{3C4}$。当 $\omega=\omega_0=1/RC$ 或 $f=f_0=1/2\pi RC$ 时，反馈系数 $\dot{F}$ 的模值最大，$|\dot{F}|_{max}=1/3$，同时选频网络的相移 $\varphi_F=0$。

2. 振荡频率

该电路的振荡频率由 RC 串并联网络的参数决定，振荡频率为

$$f_0 = \frac{1}{2\pi RC} \tag{2-62}$$

改变选频网络的参数 C 或 R，即可调节振荡频率。一般采用改变电容 C 作频率量程切换，而调节 R 作量程内的频率细调。

3. 起振条件

如图 2-30 所示的 RC 正弦波振荡器，起振条件是 $AF>1$。其中 A 是包含负反馈在内的放大器的放大倍数，F 为 RC 串并联正反馈网络的反馈系数 F_+，由于 $F_+=1/3$，故 $A>3$。在深度负反馈条件下，$A\approx 1/F$，而

$$F_- = \frac{R}{R + R_F} \tag{2-63}$$

其中，$R=R_{3R9}=10\text{k}\Omega$，所以可推出此电路起振的振幅条件为 $R_f>2R$。即 R_f 要大于 20kΩ。

四、实验内容及步骤

(1) 按图 2-30 接线。

(2) 用示波器观察输出波形，并测出频率值。

(3) 试改变 R 或 C 再测量波形和频率。提示：串并联电容或电阻可改变 RC。

五、实验注意事项

(1) 注意运放正、负电源（地）连接正确，输出端不能对地短接，以防损坏运放。

(2) 改接电路时必须先关断电源，电路接好后确认无误方可通电实验。

六、思考题

(1) RC 正弦波振荡电路的起振条件是什么？怎样计算振荡频率？

（2）若电路设计无误，安装也没有问题，但通电后电路不起振，该调哪些元件？为什么？

（3）虽有输出但出现明显失真，应如何解决？

七、实验报告要求

（1）明确实验目的、实验仪器、实验原理。

（2）整理各项实验内容，记录或计算出相应的测量结果，验证正弦波振荡器的幅值平衡条件以及振荡频率。

（3）解答思考题。

（4）写出实验心得体会。

实验十二　方波—三角波发生电路

一、实验目的

（1）掌握波形发生电路的特点和分析方法。

（2）熟悉波形发生器设计方法。

二、实验仪器及器件

模拟电路实验箱、函数信号发生器、双踪示波器、直流稳压电源。

三、实验原理

1. 方波发生电路

实验电路如图 2－31 所示。方波发生电路由反相输入滞回比较器和 RC 回路组成，反相滞回比较器引入正反馈，RC 回路既作为延迟环节，又作为负反馈网络，电路通过 RC 充放电来实现输出状态的自动转换。

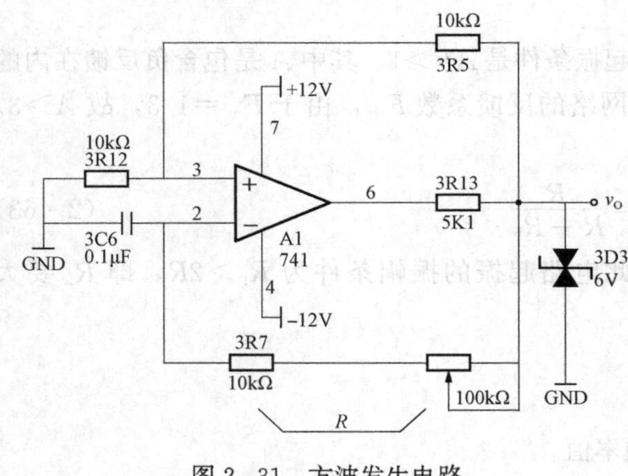

图 2－31　方波发生电路

分析电路，可知道反相滞回比较器的门限电压$\pm V_T=\pm\dfrac{R_{3R12}}{R_{3R12}+R_{3R5}}V_Z$。

当 v_O 输出为 V_Z 时，v_O 通过 R 对 C_{3C6} 充电，直到 C_{3C6} 上的电压 v_C 上升到门限电压 V_T，此时输出 v_O 反转为 $-V_Z$，电容 C_{3C6} 通过 R 放电，当 C_{3C6} 上的电压 v_C 下降到门限电压 $-V_T$，输出 v_O 再次反转为 V_Z，此过程周而复始，因而输出方波。根据分析充放电过程可得式（2－64）

$$T=2RC_{3C6}\ln\left(1+\frac{2R_5}{R_2}\right),f=\frac{1}{T} \tag{2-64}$$

2. 占空比可调的矩形波发生电路

实验电路如图 2－32 所示。

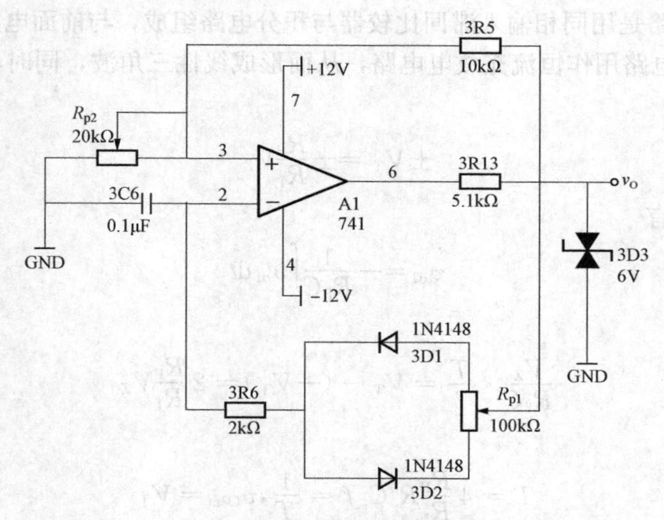

图 2-32 占空比可调的矩形波发生电路

图 2-32 原理与图 2-31 相同，但由于两个单向导通二极管 3D1 和 3D2 的存在，其充电回路和放电回路的电阻不同，设电位器 R_{P1} 中属于充电回路部分（即 R_{P1} 上半）的电阻为 R'，电位器 R_{P1} 中属于放电回路部分（即 R_{P1} 下半）的电阻为 R''，如不考虑二极管单向导通电压可得

$$T = t_1 + t_2 = (2R + R' + R'')C\ln\left(1 + \frac{2R_{P2}}{R_2}\right), f = \frac{1}{T} \tag{2-65}$$

占空比

$$q = \frac{R + R'}{2R + R' + R''} \tag{2-66}$$

调节 $R_{P2} = 10\text{k}\Omega$，由各条件可计算出 $f = 87.54\text{Hz}$。实际值与理论计算值有一定差异，因为理论计算时忽略了二极管正向导通电压 0.7V 的关系，实际充放电电流比理论上小，所以实际频率值要比理论频率值低。

3. 三角波发生电路

实验电路如图 2-33 所示。

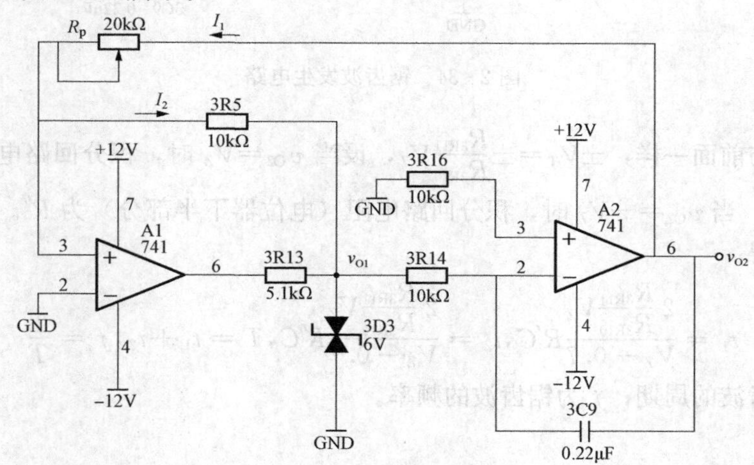

图 2-33 三角波发生电路

三角波发生电路是用同相输入滞回比较器与积分电路组成，与前面电路相比较，积分电路代替了一阶 RC 电路用作恒流充放电电路，从而形成线性三角波，同时易于带负载。分析滞回比较器，可得

$$\pm V_{\mathrm{T}}=\pm\frac{R_{\mathrm{P}}}{R_{1}}V_{\mathrm{Z}} \tag{2-67}$$

分析积分电路有

$$v_{\mathrm{o2}}=-\frac{1}{R_{3}C}\int v_{\mathrm{o1}}\,\mathrm{d}t \tag{2-68}$$

所以有

$$\frac{V_{\mathrm{Z}}}{R_{3}C}\cdot\frac{T}{2}=V_{\mathrm{T}}-(-V_{\mathrm{T}})=2\frac{R_{\mathrm{P}}}{R_{1}}V_{\mathrm{Z}} \tag{2-69}$$

所以

$$T=4\frac{R_{\mathrm{P}}}{R_{1}}R_{3}C,f=\frac{1}{T},v_{\mathrm{O2m}}=V_{\mathrm{T}} \tag{2-70}$$

选 $R_1=R_{3R5}=10\mathrm{k\Omega}$，$R_3=R_{3R14}=10\mathrm{k\Omega}$，计算得 $f=113.6\mathrm{Hz}$。

4. 锯齿波发生电路

实验电路如图 2-34 所示。

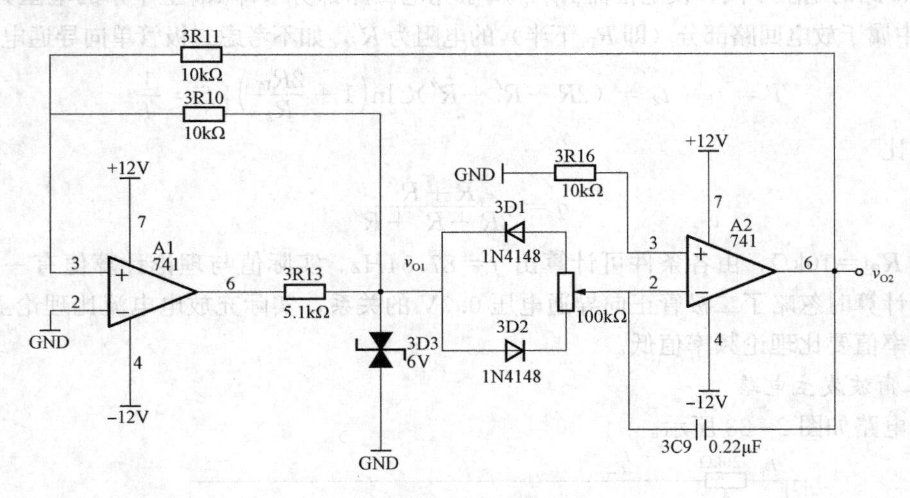

图 2-34 锯齿波发生电路

电路分析与前面一样，$\pm V_{\mathrm{T}}=\pm\frac{R_{3R11}}{R_{3R10}}V_{\mathrm{Z}}$，设当 $v_{\mathrm{O2}}=V_{\mathrm{Z}}$ 时，积分回路电阻（电位器上半部分）为 R'，当 $v_{\mathrm{O2}}=-V_{\mathrm{Z}}$ 时，积分回路电阻（电位器下半部分）为 R''。考虑到二极管的导通压降可得

$$t_{1}=\frac{2\frac{R_{3R11}}{R_{3R10}}V_{\mathrm{Z}}}{V_{\mathrm{Z}}-0.7}R'C,t_{2}=\frac{2\frac{R_{3R11}}{R_{3R10}}V_{\mathrm{Z}}}{V_{\mathrm{Z}}-0.7}R''C,T=t_{1}+t_{2},f=\frac{1}{T} \tag{2-71}$$

式中：T 为锯齿波的周期；f 为锯齿波的频率。

占空比为

$$q=\frac{t_1}{t_2}=\frac{R'}{R'+R''} \tag{2-72}$$

四、实验内容及步骤

1. 方波发生电路

（1）按图 2-31 接线，观察 v_O波形及频率，与理论值比较。

（2）分别测出 $R=10\text{k}\Omega$、$110\text{k}\Omega$ 时的频率，输出幅值，与理论值比较。

（3）要想获得更低的频率应如何选择电路参数？试利用实验箱上给出的元器件进行条件实验并观测之。

2. 占空比可调的矩形波发生电路

（1）按图 2-32 接线，观察并测量 v_O电路的振荡频率、幅值及占空比。

（2）若要使占空比更大，应如何选择电路参数并用实验验证。

3. 三角波发生电路

（1）按图 2-33 接线，分别观测 v_{O1}及 v_{O2}的波形并记录。

（2）如何改变输出波形的频率？按预习方案分别实验并记录。

4. 锯齿波发生电路

（1）按图 2-34 接线，观测 v_{O2}电路输出波形和频率。

（2）改变锯齿波频率并测量变化范围。

五、实验注意事项

（1）注意运放正、负电源（地）连接正确，输出端不能对地短接，以防损坏运放。

（2）实验中应注意集成运放的输入电压和输出电流不允许超过它的额定工作电压和工作电流。

六、思考题

（1）实验中双向稳压二极管的作用是什么？

（2）如需将三角波的幅值变为±3V，最简单的方法是什么？

七、实验报告要求

（1）画出各实验的波形图。

（2）画出设计方案、电路图，写出实验步骤及结果。

（3）解答思考题。

（4）写出实验心得体会与收获。

实验十三　有源滤波电路

一、实验目的

（1）了解由集成运放组成的有源滤波电路。

（2）掌握有源滤波器幅频特性的测量方法。

二、实验仪器及器件

模拟电路实验箱、函数信号发生器、双踪示波器、直流稳压电源、直流电压表。

三、实验原理

有源滤波器是由运算放大器与 R、C 等元件构成的一种具有特定频率响应的放大器，其功能是让一定频率范围内的信号通过，抑制或急剧衰减此频率范围以外的信号。根据对频率范围的选择不同，可分为低通滤波器、高通滤波器、带通滤波器与带阻滤波器四种类型。它们的幅频特性如图 2-35 所示。

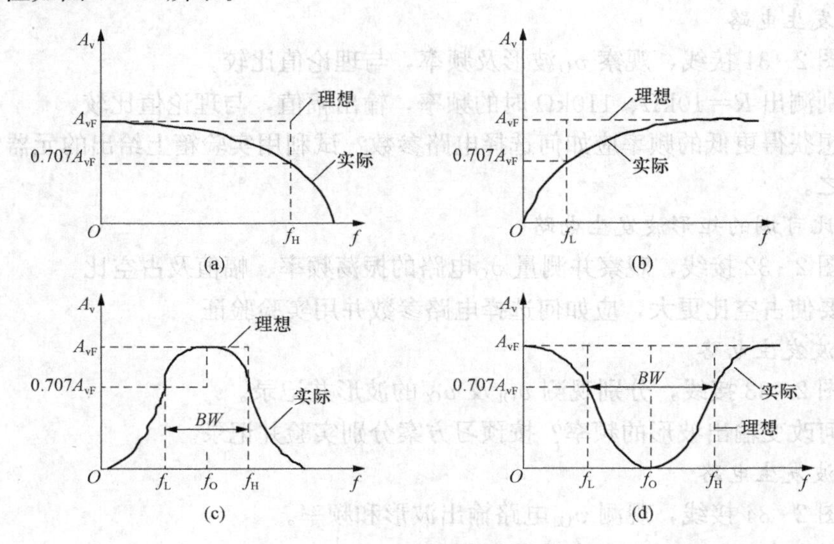

图 2-35 有源滤波器幅频特性

(a) 低通；(b) 高通；(c) 带通；(d) 带阻

1. 低通滤波电路

低通滤波器是使低频信号通过而衰减或抑制高频信号的电路。典型的二阶有源低通滤波电路如图 2-36 所示，它由两级 RC 滤波环节与同相比例运算电路组成，其中第一级电容 3C1 接至输出端，引入适量的正反馈，以改善幅频特性。其性能参数如下。

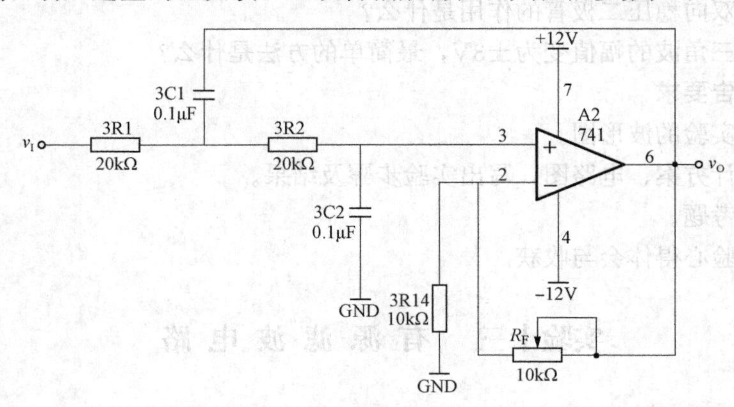

图 2-36 二阶有源低通滤波器电路图

通带内电压放大倍数

$$A_{vF} = 1 + \frac{R_F}{R_{3R14}} \tag{2-73}$$

通带截止频率

$$f_0=\frac{1}{2\pi RC} \tag{2-74}$$

式中：$R=R_{3R1}=R_{3R2}$，$C=C_{3C1}=C_{3C2}$。

等效品质因数

$$Q=\frac{1}{3-A_{vF}} \tag{2-75}$$

2. 高通滤波电路

高通滤波器是使高频信号通过而衰减或抑制低频信号的电路。将低通滤波电路中起滤波作用的电阻、电容互换，即可变成二阶有源高通滤波器，其电路如图 2-37 所示，二阶有源高通滤波电路的通带内电压放大倍数和通带截止频率的表达式与二阶有源低通滤波器相同。

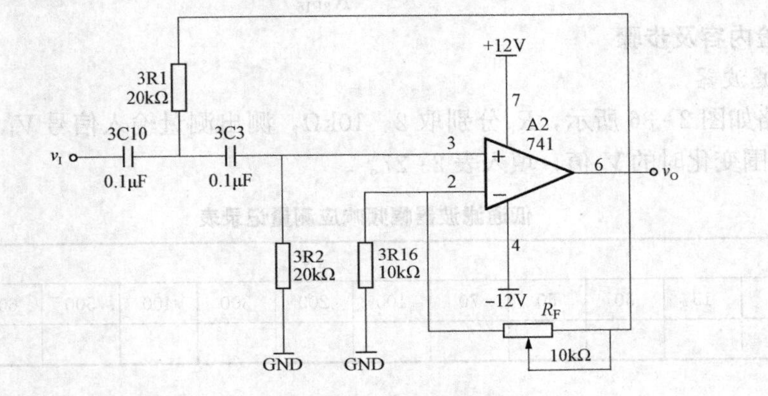

图 2-37　二阶有源高通滤波器电路图

3. 带通滤波器

带通滤波电路如图 2-38 所示，其性能参数如下。

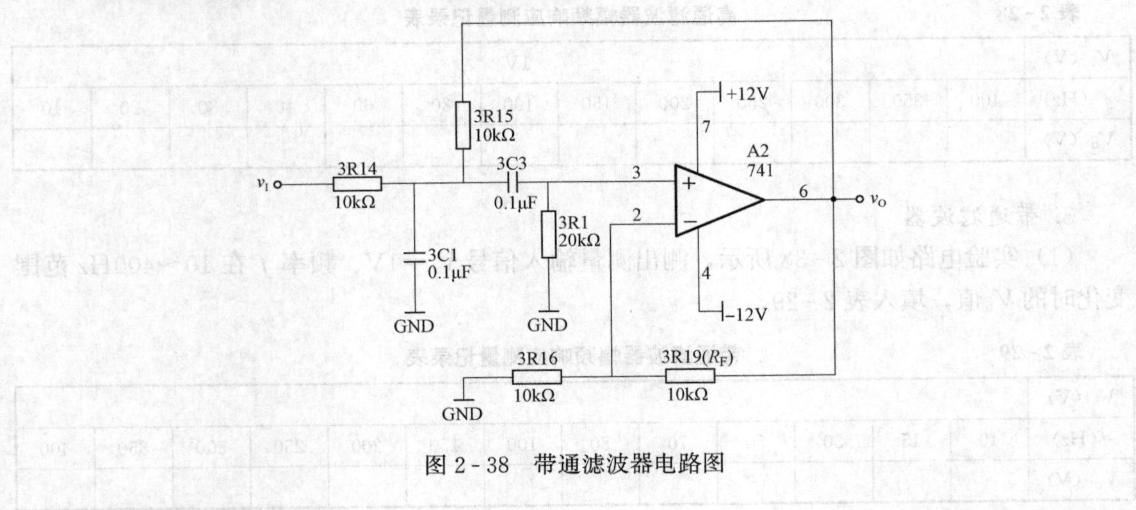

图 2-38　带通滤波器电路图

中心频率为

$$f_0=\frac{1}{2\pi RC} \tag{2-76}$$

式中：$R=R_{3R14}=R_{3R25}$，$C=C_{3C1}=C_{3C3}$。

等效品质因数为

$$Q=\frac{1}{3-A_{vF}} \tag{2-77}$$

式中：A_{vF}为同相比例放大电路的电压增益，$A_{vF}=1+\frac{R_{3R19}}{R_{3R16}}$。

通带电压放大倍数为

$$A_{vP}=\frac{A_{vF}}{3-A_{vF}} \tag{2-78}$$

通带宽度为

$$B=\left(2-\frac{R_{3R19}}{R_{3R16}}\right)f_0 \tag{2-79}$$

四、实验内容及步骤

1. 低通滤波器

实验电路如图 2-36 所示，R_F分别取 2、10kΩ，测出测量输入信号 $V_i=1V$、频率 f 在 4～800Hz 范围变化时的 V_o值，填入表 2-27。

表 2-27 低通滤波器幅频响应测量记录表

V_i（V）	1V												
f（Hz）	4	15	30	50	70	100	200	300	400	500	600	700	800
V_o（V）													

2. 高通滤波器

实验电路如图 2-37 所示，测出测量输入信号 $V_i=1V$、频率 f 在 400～10Hz 范围变化时的 V_o值，填入表 2-28。

表 2-28 高通滤波器幅频响应测量记录表

V_i（V）	1V												
f（Hz）	400	350	300	250	200	150	100	80	60	40	30	20	10
V_o（V）													

3. 带通滤波器

（1）实验电路如图 2-38 所示，测出测量输入信号 $V_i=1V$、频率 f 在 10～400Hz 范围变化时的 V_o值，填入表 2-29。

表 2-29 带通滤波器幅频响应测量记录表

V_i（V）													
f(Hz)	10	15	30	50	70	80	100	150	200	250	300	350	400
V_o（V）													

（2）参考此电路设计中心频率为 300Hz 带宽为 200Hz 的带通滤波器。

五、实验注意事项

（1）注意运放正、负电源（地）连接正确，输出端不能对地短接，以防损坏运放。

(2) 注意在改变输入信号的频率时，应始终保持其有效值不变。

六、思考题

(1) 常用的有源滤波电路有哪几种？简述各自的特点。

(2) 如何根据滤波器的幅频特性曲线得到截止频率、中心频率和带宽？

七、实验报告要求

(1) 明确实验目的、实验仪器、实验原理。

(2) 整理各项实验内容，记录或计算出相应的测量结果，按要求画出低通滤波器、高通滤波器、带通滤波器的幅频响应。

(3) 解答思考题。

(4) 写出实验心得体会。

实验十四　整流滤波与并联稳压电路

一、实验目的

(1) 掌握直流稳压电源的基本构成和整流、滤波、稳压电路的工作原理。

(2) 比较半波整流与桥式整流的特点。

(3) 掌握直流稳压电源主要技术指标的测试方法。

二、实验仪器及器件

模拟电路实验箱、函数信号发生器、双踪示波器、直流电压表、直流电流表、数字万用表、直流稳压电源。

三、实验电路及原理

大多数电子仪器都需要将电网提供的交流电（市电）转换为符合要求的直流电，直流稳压电源是一种为各种仪器和电路提供稳定直流电压的通用电源设备，当电网电压波动、负载变化及环境温度变化时，其输出电压能相对稳定。

直流稳压电源由电源变压器、整流、滤波和稳压电路四部分组成。图 2-39 为并联型直流稳压电源原理电路图。电网供给的交流电压 v_1（220V，50Hz）经电源变压器降压后，得到交流电压 v_2，然后由桥式整流电路变换成单向脉动电压 v_1，经滤波电路滤去其交流分量得到比较平滑的直流电压，最后使用稳压电路以保证输出的直流电压更加稳定。

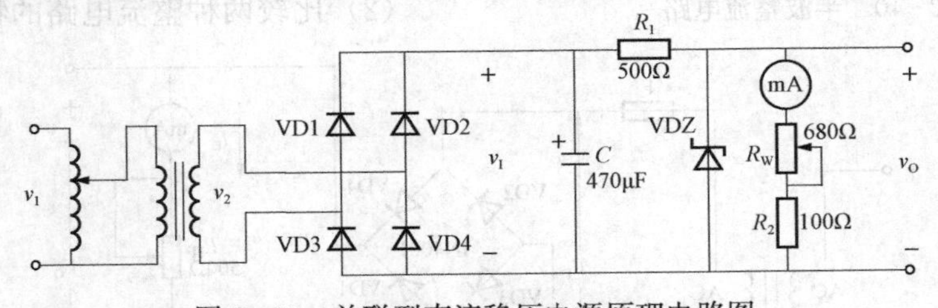

图 2-39　并联型直流稳压电源原理电路图

整流电路是利用二极管的单向导电性能，将正负交替的正弦交流电压变换成单方向脉动的直流电。在小功率直流电源中，常采用单相半波、单相全波和单相桥式整流电路。

滤波电路主要是利用电感和电容的储能作用，尽可能地将单向脉动电压中的脉动成分滤掉，使输出电压成为比较平滑的直流电压。

整流、滤波之后的直流输出电压会随交流电网电压的波动或负载的变化而变化，因此，在对直流供电要求较高的场合，还需要使用稳压二极管构成的稳压电路，以得到更加稳定的直流电源。

直流稳压电源的主要技术指标分为两大类：一类是特性指标，反映直流稳压电源的固有特性，如输入直流稳压电源电压、输出电压、输出电流、输出电压调节范围；另一类是质量指标，反映直流稳压电源的稳定程度，包括稳定系数、输出电阻（等效内阻）、纹波电压及温度系数等。

1. 稳定系数

稳压系数是当输出电流 I_o和环境温度 T（℃）保持不变时，输出电压的相对变化量与输入电压的相对变化量之比

$$\gamma = \left.\frac{\Delta V_O / V_O}{\Delta V_I / V_I}\right|_{\substack{\Delta I_O = 0 \\ \Delta T = 0}} \tag{2-80}$$

2. 输出电阻

稳压系数是当输入电压 I_O和环境温度 T（℃）保持不变时，输出电压的变化量与输出电流的变化量之比

$$R_O = \left.\frac{\Delta V_O}{\Delta I_O}\right|_{\substack{\Delta U_I = 0 \\ \Delta T = 0}} (\Omega) \tag{2-81}$$

3. 纹波电压

纹波电压是稳压电源输出电压 v_O交流分量的有效值或峰—峰值。

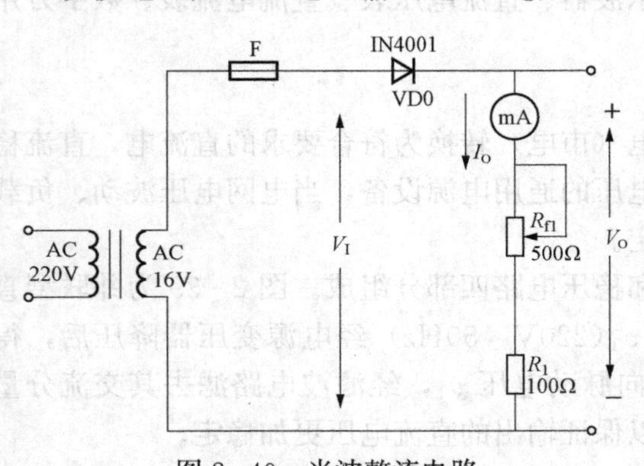

图 2-40 半波整流电路

四、实验内容及步骤

1. 整流电路

（1）分别按图 2-40 和图 2-41 连线，注意二极管的阴极和阳极不要接反。当输入接入交流 16V 电压后，调节 R_{f1}（$R_L = R_{f1} + 100\Omega$）使 $I_O = 50\text{mA}$（用直流电流表测量）时，用直流电压表测出 V_O，同时用示波器观察并绘出输出波形，注意示波器耦合方式选择 DC，将测量值记入表 2-30 中。

（2）比较两种整流电路的特点。

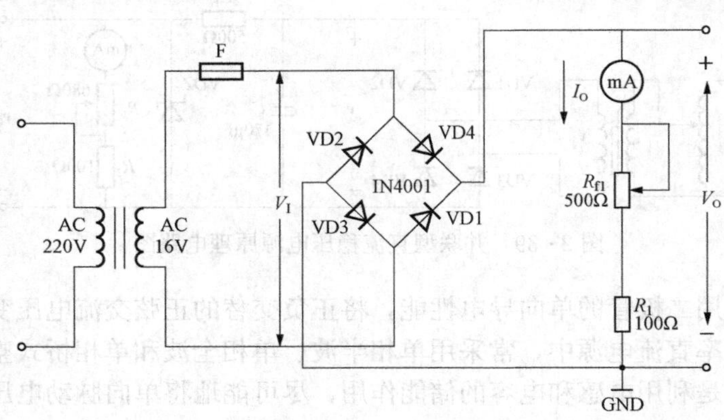

图 2-41 桥式整流电路

表 2-30 整流电路输出测量记录表

测量参数	V_I（V）	V_O（V）	I_O（mA）	输入输出波形
半波				
桥式				

2. 滤波电路

按图 2-42 连线。当 R_{f1} 不变时，测出 I_O=50mA 时的输出电压 V_O，同时用示波器观察并绘出输出波形，将测量值记入表 2-31 中。

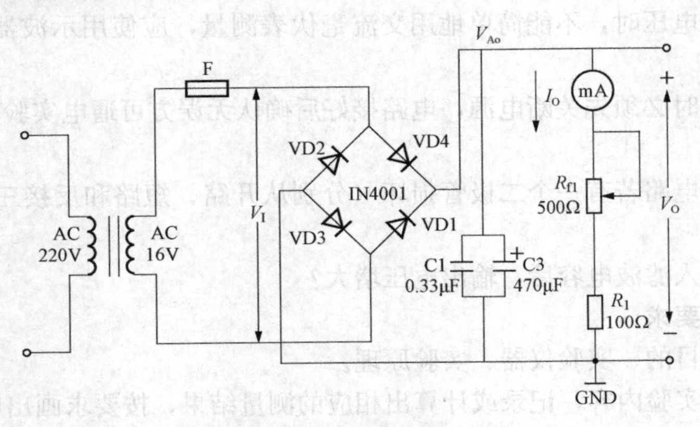

图 2-42 整流、滤波电路

表 2-31 整流、滤波电路输出测量记录表

测量参数	V_I（V）	V_O（V）	I_O（mA）	输入输出波形
有 C				
无 C				

3. 稳压电路

按图 2-43 连线，将稳压管 D5 并联在输出端。当输入接入交流 16V 电压后，调节 R_{f1} 使 I_O=14、18、22mA 时，测出 V_{Ao}、V_O，同时用示波器观察并绘出输出波形，将测量值记入表 2-32 中。

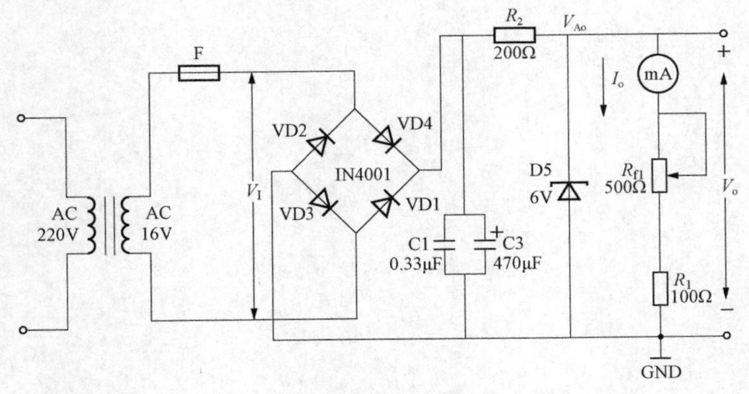

图 2-43 整流、滤波、稳压电路

表 2-32 稳压电路输出测量记录表

I_O(mA)	V_I（V）	V_{Ao}（V）	V_O(V)	输入输出波形
14				
18				
22				

五、实验注意事项

（1）用示波器观察整流滤波电路输出波形时，应使用示波器的直流（DC）耦合方式。

（2）测量纹波电压时，不能简单地用交流毫伏表测量，应使用示波器的交流（AC）耦合方式。

（3）改接电路时必须先关断电源，电路接好后确认无误方可通电实验。

六、思考题

（1）桥式整流电路若有一个二极管损坏（分别从开路、短路和反接三种情况讨论），将会出现什么情况？

（2）为什么加入滤波电容后，输出电压增大？

七、实验报告要求

（1）明确实验目的、实验仪器、实验原理。

（2）整理各项实验内容，记录或计算出相应的测量结果，按要求画出所测波形。总结电路的稳压原理，根据实验过程说明输入电压和负载变化对输出电压的影响。

（3）解答思考题。

（4）写出实验心得体会。

第三部分　数字电子技术实物操作实验

实验一　与非门逻辑功能及参数测试

一、实验目的

(1) 熟悉 TTL（晶体管—晶体管逻辑电平）与非门（74LS00 芯片及 74LS20 芯片）主要技术指标的实际测量方法。

(2) 掌握各种 TTL 与非门的逻辑功能。

(3) 掌握验证逻辑门电路功能的测试方法。

(4) 掌握门电路闲置输入端的处理方法。

二、实验仪器及器件

数字逻辑实验箱、数字万用表、双踪示波器、74LS00 芯片、74LS20 芯片。

三、实验内容

1. 认识元件及管脚

观察芯片的外形、引脚排列及各引脚的位置和功能。

芯片管脚号码排列：芯片型号上的字头朝上，一般左边有个半圆形的缺口，缺口下面的管脚为 1 号管脚，沿着逆时针方向，依次为 2、3、4…。如果是 14 管脚的芯片，下面一排管脚依次为 1～7 号（从左到右），上面一排依次为 8～14 号（从右往左），如图 3-1 所示。

实验提供 TTL 集成与非门 74LS00 芯片、74LS20 芯片两种集成与非门，其引脚分配及内部电路如图 3-1 所示。

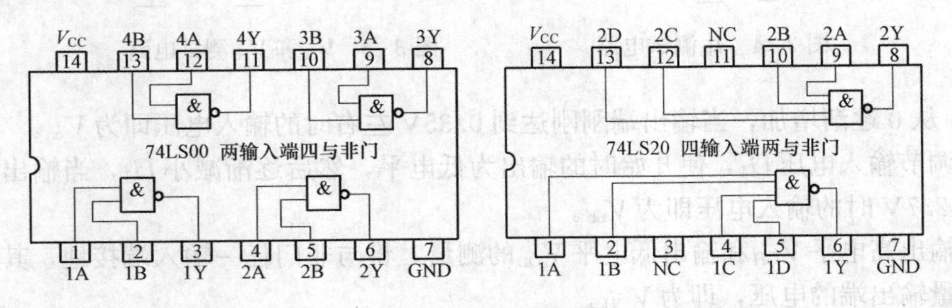

图 3-1　74LS00、74LS20 芯片引脚分配及内部电路图

2. 主要指标的测量

(1) 空载导通功耗 P_{on}。空载导通功耗 P_{on} 是指当与非门空载（输入端悬空）并且输出为低电平时，产生的功耗，即

$$P_{on}=V_{CC}I_{CC1}<20\text{mW} \tag{3-1}$$

式中：I_{CC1} 为空载导通电流。

P_{on} 测试电路如图 3-2 所示。

(2) 空载截止电源电流 I_{CC2} 及空载截止功耗 P_{off}。空载截止电源电流 I_{CC2} 是指与非门至少有一个输入端接低电平，输出端开路时电源提供的电流。空载截止功耗 P_{off} 为空载截止电源电流 I_{CC2} 与电源电压的乘积，即

$$P_{off}=V_{CC}I_{CC2}<P_{on} \tag{3-2}$$

P_{off} 测试电路如图 3-3 所示。

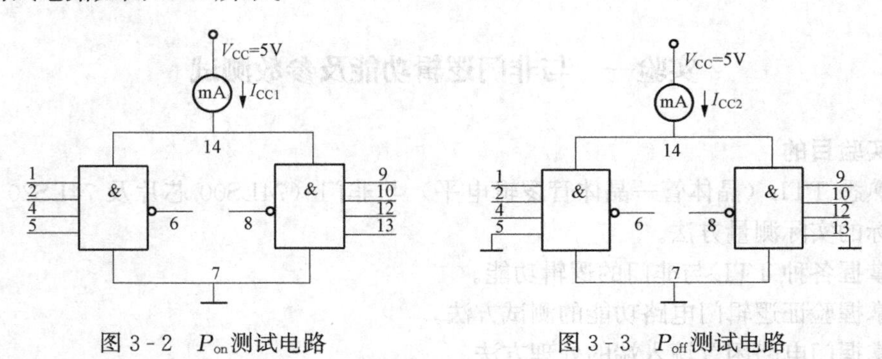

图 3-2 P_{on} 测试电路　　图 3-3 P_{off} 测试电路

(3) 输入短路电流 I_{IS}。输入短路电流指与非门任一输入端经毫安表接地，其余输入端和输出端均开路时，该毫安表的显示值，此值应小于 0.4mA。I_{IS} 测试电路如图 3-4 所示。

(4) 开门电平 V_{on} 和关门电平 V_{off} 的测量。如图 3-5 所示接线，将与非门任一输入端接最大输出为 5V 的直流信号源 U_I，其余各输入端悬空。

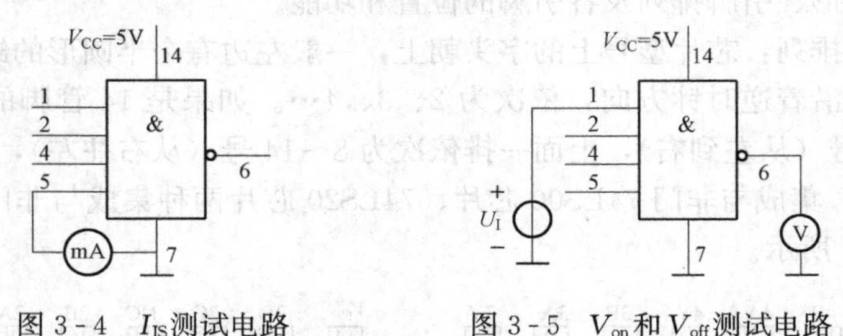

图 3-4 I_{IS} 测试电路　　图 3-5 V_{on} 和 V_{off} 测试电路

将 U_I 从 0 逐渐增加，当输出端刚刚达到 0.35V 左右时的输入电压即为 V_{on}。

再次调节输入电压 U_I，使开始时的输出为低电平，然后逐渐减小 U_I，当输出端刚刚达到高电平 2.7V 时的输入电压即为 V_{off}。

(5) 输出高电平 V_{OH} 和输出低电平 V_{OL} 的测量。将与非门任一输入端接地，其他输入端悬空，测量输出端的电压，即为 V_{OH}。

将图 3-5 中 U_I 调至输入高电平 3.6V，此时测得的输出电压值即为 V_{OL}。

将（1）～（5）中测得的参数，记录到表 3-1 中。

表 3-1　　芯片参数

型号	I_{CC1}(mA)	P_{on}(MW)	I_{CC2}(mA)	P_{off}(mW)	I_{IS}(mA)	V_{on}(V)	V_{off}(V)	V_{OH}(V)	V_{OL}(V)
74LS00									
74LS20									

(6) 电压传输特性。按图 3-5 所示接线，将 U_I 从 0V 向 5V 变化，逐点记录 U_I 和输出

端电压值 V_O，记录到表 3-2 中。

表 3-2　　$U_I - V_O$ 关 系

U_I (V)	0.3	0.5	1	1.2	1.3	1.35	1.4	1.45	1.5	1.6	1.7	2.4	3.6
V_O (V)													

3. 逻辑功能测试

74LS00 芯片为四个 2 输入与非门，74LS20 芯片为两个四输入与非门。实验时，可任选其中一个门（两输入与非门或四输入与非门）接成实验电路，其输入端分别接数字逻辑实验箱的逻辑电平开关（0/1 开关），输出端接发光二极管（LED　0/1指示器），LED 亮为高电平（逻辑 1），LED 熄灭为低电平（逻辑 0）。

测试 74LS00 芯片（两输入与非门）逻辑功能。将 74LS00 芯片正确接入面包板，注意识别 1 脚位置，按表 3-3 的要求输入高低电平信号，测出相应的输出逻辑电平，记录到表 3-3 中。

测试 74LS20 芯片（四输入与非门）逻辑功能。将 74LS20 芯片正确接入面包板，注意识别 1 脚位置，按表 3-4 的要求输入高低电平信号，测出相应的输出逻辑电平，记录到表 3-4 中。

表 3-3　74LS00 芯片逻辑功能测试表

输入		输出
A	*B*	*Y*
0	0	
0	1	
1	0	
1	1	

表 3-4　74LS20 芯片逻辑功能测试表

输入				输出
A	*B*	*C*	*D*	*Y*
1	1	1	1	
0	1	1	1	
0	0	1	1	
0	0	0	1	
0	0	0	0	

4. 动态测试

（1）将 74LS20 芯片中一个与非门的任意一输入端输入单极性方波信号 u_i（方波信号可从数字逻辑实验系统中获得，方波信号频率以稳定观察波形为准），在其他输入端均接高电平（0/1 开关在 1 位置）或一个输入端接低电平的情况下，用双踪示波器观察输入方波电压 u_i 与输出方波电压 u_o 的波形，比较两波形的相位关系，记入表 3-5 中。

表 3-5　　**74LS20 芯片动态测试**

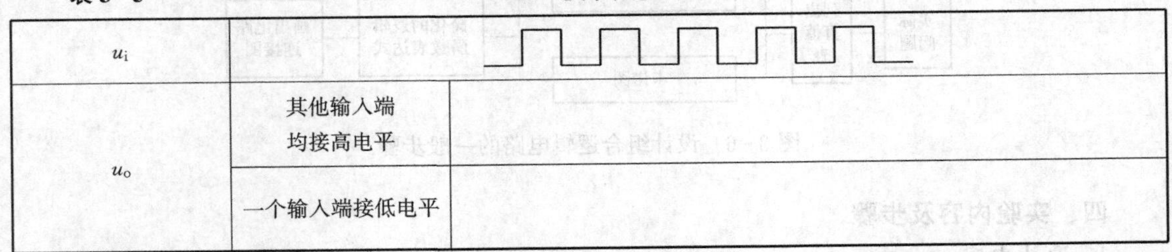

u_i		
u_o	其他输入端均接高电平	
	一个输入端接低电平	

（2）在步骤（1）中的第一种情况下，若接 0/1 开关的任意引脚悬空，输出波形如何？若三个引脚都悬空，输出波形又如何？

四、实验报告要求

(1) 整理实验数据，完成表 3-1～表 3-5 的记录。

(2) 描述 74LS00 芯片、74LS20 芯片的功能。

(3) 回答步骤 4 (2) 的问题。

(4) 说明 TTL 与非门闲置输入端的处置方法。

五、相关知识

TTL 与 CMOS（互补金属氧化物半导体）集成门电路在结构与电气特性方面有很大的差别，因此在使用时，需要注意以下几点：

(1) TTL 集成门电路的电源电压 V_{CC} 为 5V，而 CMOS 集成门电路的电源电压 V_{CC} 可为 3～18V。

(2) TTL 集成门电路输入端可以悬空，且悬空端的状态为“1”，CMOS 集成门电路输入端原则上不能悬空，且悬空端状态不定。

(3) TTL 集成门电路某输入端经电阻接地时，该端状态与所接电阻阻值有关，CMOS 集成门电路某输入端经电阻接地时，不管阻值多大，该端状态恒为“0”。

(4) TTL 集成门电路输出高电压 $V_{OH}\approx3.6V$，输出低电平 $V_{OL}\approx0.3V$。CMOS 集成门电路输出高电平 $V_{OH}\approx V_{CC}/2\sim V_{CC}$，输出低电平 $V_{OL}\approx0V$。

实验二 用 SSI 设计组合逻辑电路

一、实验目的

(1) 掌握用指定小规模集成电路（SSI）设计组合逻辑电路的方法。

(2) 掌握组合逻辑电路功能的测试方法。

(3) 学会数字电路的合理布线和简单故障检测方法。

二、实验仪器及器件

数字逻辑实验箱、数字万用表、双踪示波器、74LS00 芯片、74LS20 芯片与非门。

三、组合逻辑电路设计说明

组合逻辑电路是最常见的逻辑电路之一，其特点是在任何时刻，电路的输出仅与当前的输入有关，而与信号作用前电路原来所处的状态无关。

设计组合逻辑电路的一般步骤如图 3-6 所示。

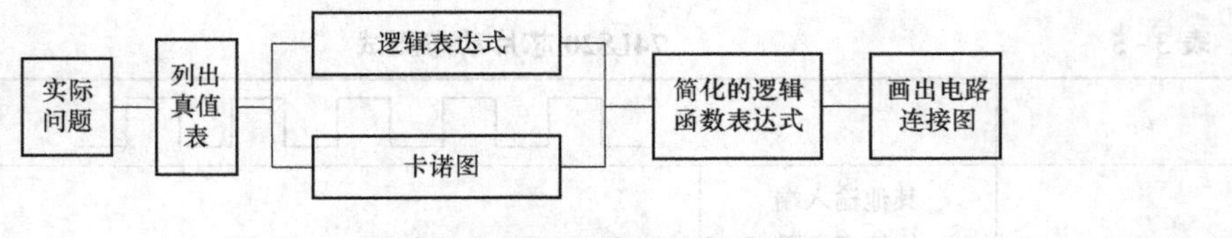

图 3-6 设计组合逻辑电路的一般步骤

四、实验内容及步骤

1. 设计内容

(1) 密码电子锁报警电路设计。用 74LS20 芯片设计一密码电子锁报警电路。该电路包括 4 个输入端 A、B、C、D，一个电路开启信号输入端 E。电路开启时（E=1），如果输入的 4 位代码不是预先设定的密码（自定义，如 1011）时，电路将发出报警信号（Z=1）。

（2）四人无弃权表决电路。用 74LS20 芯片设计四人无弃权表决电路，原则是多数赞成则提案通过。

（3）全加器。采用 74LS86 芯片和 74LS00 芯片设计。按照上述要求设计电路，画出电路连接图，并根据设计图进行电路连线。其中，74LS86 芯片为 2 输入四异或门，其引脚排列如图 3-7 所示。

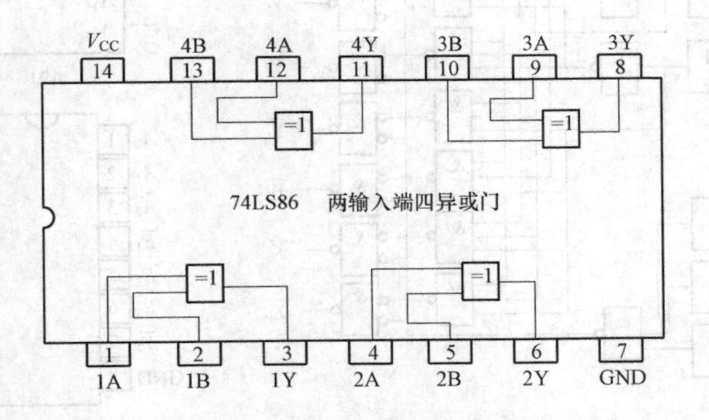

图 3-7　74LS86 芯片内部结构及引脚排列

2. 功能测试

输入变量接 0/1 开关信号，输出变量接 LED 显示器。改变输入开关量组合，观察 LED 显示结果，测试电路的逻辑功能是否与设计功能一致。记录测试结果。

五、实验报告要求

（1）记录所设计的逻辑电路的原理图、连线图和测试结果。

（2）分析测试过程中出现的问题及解决方法。

实验三　译　码　器

一、实验目的

（1）掌握中规模数字集成电路译码器的逻辑功能。

（2）利用 3 线-8 线译码器实现组合逻辑电路。

（3）利用 3 线-8 线译码器实现八路分配器。

二、实验仪器及器件

数字逻辑实验箱、双踪示波器、74LS138 译码器、74LS20 译码器。

三、实验原理

1. 介绍

译码器是一个多输入、多输出的组合逻辑电路。它的作用是把给定的代码进行“翻译”变成相应的状态，使输出通道中相应的一路有信号输出。译码器不仅用于代码的转换、终端的数字显示，还用于数据分配，存储器寻址和组合控制信号等。

译码器可分为通用译码器和显示译码器两大类。通用译码器又分为变量译码器和代码变化译码器。变量译码器表示输入变量的状态，如 2 线-4 线、3 线-8 线等译码器。本次实验提供的译码器为 3 线-8 线 74LS138 译码器，如图 3-8 所示。其中，A_2、A_1、A_0 为地址输入端，$\overline{Y_7}$、$\overline{Y_6}$、$\overline{Y_5}$、$\overline{Y_4}$、$\overline{Y_3}$、$\overline{Y_2}$、$\overline{Y_1}$、$\overline{Y_0}$ 为译码器的输出端，E_3、$\overline{E_2}$、$\overline{E_1}$ 为使能端。

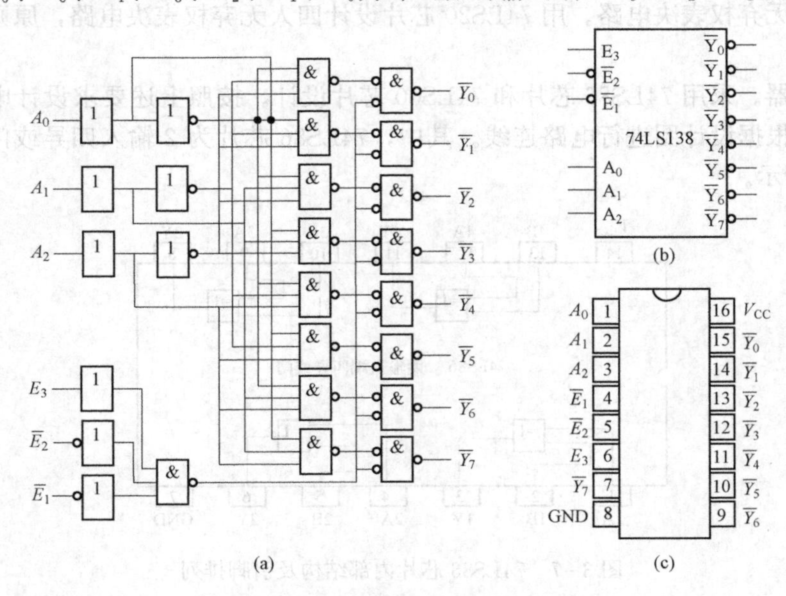

图 3-8　3 线-8 线 74LS138 译码器

(a) 逻辑图；(b) 方框图；(c) 引脚图

2. 用译码器和门电路实现组合逻辑电路

对于译码器，若有 n 个输入变量，则有 2^n 个不同的组合状态，对应 n 个输入变量的全部最小项。而对于给定逻辑函数，可写成最小项之和的标准式，对标准式两次取非即为最小项非的与非，即

$$L = \overline{\prod_i \overline{m_i}} = \overline{\prod_i \overline{y_i}} \tag{3-3}$$

一个 3 线-8 线译码器有 3 个选择输入端，一般可实现最多三个输入变量的逻辑函数。

3. 用译码器实现数据分配

变量译码器实际上是负脉冲输出的脉冲分配器。它将需要传输的数据作为译码器的使能信号，地址码 $A_2A_1A_0$ 作为数据输出通道的选择信号，译码器就成为一个数据分配器。若在使能 E_3 端输入数据信息，则地址码 $A_2A_1A_0$ 所对应的输出是 E_3 数据信息的反码；若在$\overline{E_2}$或$\overline{E_1}$端输入数据信息，地址码 $A_2A_1A_0$ 所对应的输出就是该端数据信息的原码。若数据信息是时钟脉冲，则数据分配器便成为时钟脉冲分配器。

四、实验内容

1. 74LS138 译码器逻辑功能测试

74LS138 将译码器使能端 E_3 $\overline{E_2}$ $\overline{E_1}$ 接固定电平（U_{CC}或地），地址端 $A_2A_1A_0$ 分别接至逻辑电平开关（0/1 开关），八个输出端 $\overline{Y_7}$ $\overline{Y_6}$ $\overline{Y_5}$ $\overline{Y_4}$ $\overline{Y_3}$ $\overline{Y_2}$ $\overline{Y_1}$ $\overline{Y_0}$ 依次接在发光二极管（LED0/1 指示器），按照表 3-6 逐项测试 74LS138 译码器逻辑功能，观察输出 LED 显示状态，并将结果填入表 3-6 中。

表 3-6 74LS138 译码器逻辑功能测试结果

输入						输出
E_3	$\overline{E_2}$	$\overline{E_1}$	A_2	A_1	A_0	$\overline{Y_7}\ \overline{Y_6}\ \overline{Y_5}\ \overline{Y_4}\ \overline{Y_3}\ \overline{Y_2}\ \overline{Y_1}\ \overline{Y_0}$
0	×	×	×	×	×	
×	1	×	×	×	×	
×	×	1	×	×	×	
1	0	0	0	0	0	
			0	0	1	
			0	1	0	
			0	1	1	
			1	0	0	
			1	0	1	
			1	1	0	
			1	1	1	

2. 用译码器和门电路实现组合逻辑电路

按图 3-9 所示连接电路，并按表 3-7 改变地址端 $A_2A_1A_0$ 的输入值，观察 LED 的显示状况，并将结果填入表 3-7 中。根据表 3-7 的结果，写出图 3-9 电路实现的组合逻辑函数 F 的表达式，分析并总结结果。画出实现逻辑函数 $F(A, B, C)=\overline{A}B+A\overline{B}C$ 的电路图。

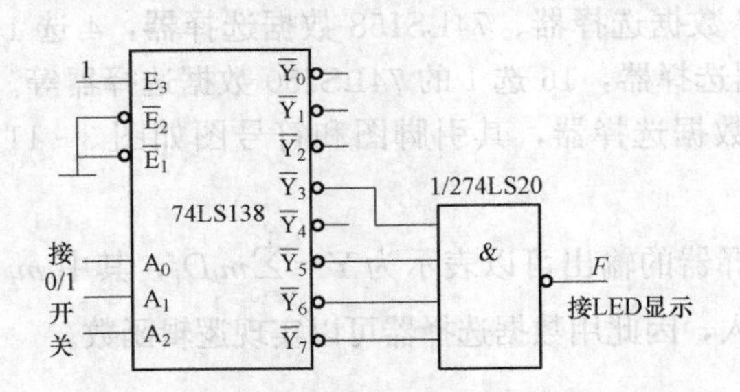

图 3-9 用 74LS138 和与非门实现组合逻辑电路

表 3-7 真 值 表

A_2	A_1	A_0	F
0	0	0	
0	0	1	
0	1	0	
0	1	1	
1	0	0	
1	0	1	
1	1	0	
1	1	1	

3. 用译码器实现数据分配

按图 3-10 所示连接电路，使地址开关量 $A_2A_1A_0=110$。

（1）使能端 E_3 接 1Hz 方波输入数据，观察 LED 闪动的位置。

（2）使能端 E_3 接 1Hz 方波输入数据，并把输入端 E_3 和输出端 $\overline{Y_6}$ 接双踪示波器，调节方波频率使示波器显示稳定，比较并记录输入输出波形。

（3）E_3 接高电平，方波输入数据改接到 $\overline{E_2}$ 或 $\overline{E_1}$，用双踪示波器比较输入输出波形的相位关系，记录输入、输出波形，并与步骤（2）进行对比。

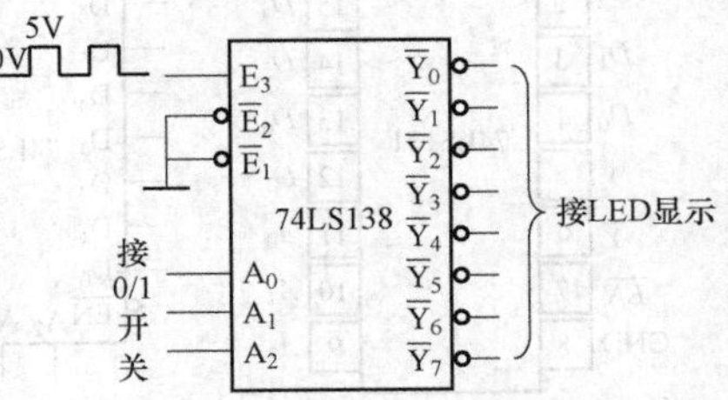

图 3-10 用 74LS138 译码器实现数据分配

五、实验报告要求

（1）根据表 3-6 的测试结果，给出 74LS138 译码器功能验证的结论。

（2）将逻辑函数 F 的真值表填入表 3-7 并给出函数 F 表达式，画出实现逻辑函数 $F(A,B,C)=\overline{A}B+A\overline{B}C$ 的电路图。

（3）总结 74LS138 译码器实现数据分配的结论：数据从不同的使能端输入时，输出与输入之间的相位关系。

实验四 数据选择器

一、实验目的

（1）掌握数据选择器的功能验证。

（2）掌握数据选择器的逻辑功能及其基本应用。

二、实验仪器及器件

数字逻辑实验箱、双踪示波器、数字万用表、74LS151 数据选择器。

三、实验原理

在多路数据传送过程中，能够根据需要将多个数据源中的任意一路信号挑选出来的电路称为数据选择器。为了能够实现对数据输入端的选择，数据选择器必须具有选择控制端（简称选择端，也称地址码输入端）。如果数据选择器有 N 个数据输入端，则有 $n=\log_2^N$ 个选择端。数据选择器有许多种，如 2 选 1 的 74LS157 数据选择器、74LS158 数据选择器，4 选 1 的 74LS153 数据选择器，8 选 1 的 74LS151 数据选择器，16 选 1 的 74LS150 数据选择器等。实验中提供的数据选择器为 8 选 1 的 74LS151 数据选择器，其引脚图和符号图如图 3-11 所示。

在使能条件（$\overline{EN}=0$）下，74LS151 数据选择器的输出可以表示为 $Y=\sum_{i=0}^{7}m_iD_i$，其中 m_i 为地址变量 A_2、A_1、A_0 的最小项，D_i 为数据输入，因此用数据选择器可以实现逻辑函数。

四、实验内容

1. *逻辑功能测试*

如图 3-12 所示连接电路，8 个数据输入中依次接一个 1Hz 的方波数据，其余接 0，扳动 0/1 开关分别使 $\overline{EN}=1$ 和 0，按二进制顺序扳动 0/1 开关改变地址输入 $A_2A_1A_0$，观察 LED 闪动的位置。将实验电路结果记录在表 3-8 中。

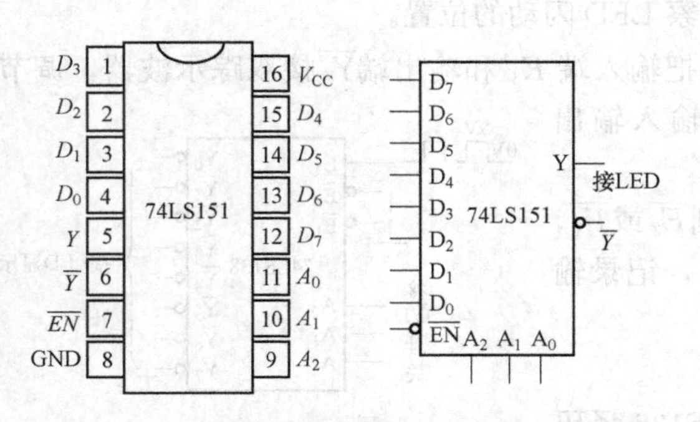

图 3-11 74LS151 数据选择器引脚排列图和符号图

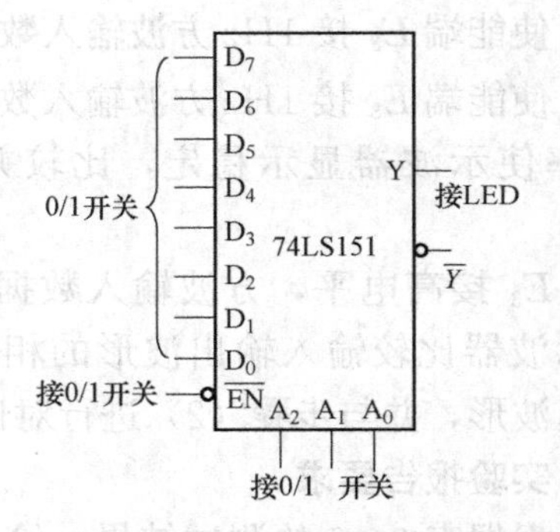

图 3-12 74LS151 数据选择器逻辑功能测试电路

表 3-8　　74LS151 数据选择器逻辑功能测试结果

选通	地址输入			数据输入								输出	
$\overline{EN}$	A_2	A_1	A_0	D_0	D_1	D_2	D_3	D_4	D_5	D_6	D_7	Y	$\overline{Y}$
1	×	×	×	×	×	×	×	×	×	×	×		
0	0	0	0	D0	×	×	×	×	×	×	×		
	0	0	1	×	D1	×	×	×	×	×	×		
	0	1	0	×	×	D2	×	×	×	×	×		
	0	1	1	×	×	×	D3	×	×	×	×		
	1	0	0	×	×	×	×	D4	×	×	×		
	1	0	1	×	×	×	×	×	D5	×	×		
	1	1	0	×	×	×	×	×	×	D6	×		
	1	1	1	×	×	×	×	×	×	×	D7		

2. 交通灯故障报警电路

交通灯红色用 R、黄色用 Y、绿色用 G 表示，亮为 1，灭为 0。只有当其中一只灯亮时为正常 $Z=0$，其余状态均为故障 $Z=1$。该交通灯故障报警电路如图 3-13 所示，按图接线，并按二进制顺序改变 R、Y、G 的值，记录输出 Z 的逻辑值于表 3-9 中，验证电路的功能。

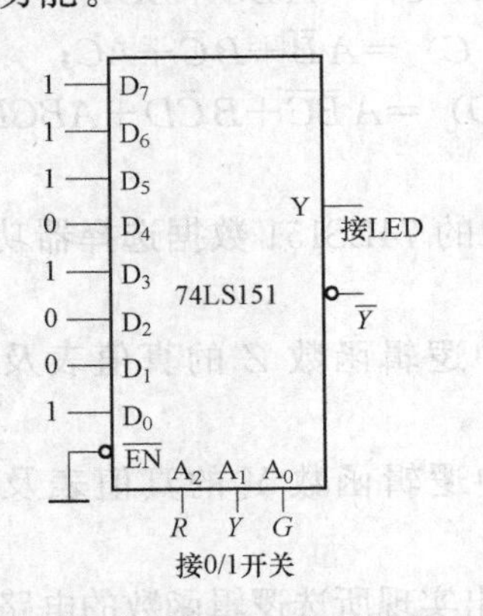

图 3-13　交通灯故障报警电路

表 3-9　　真 值 表

R (A_2)	Y (A_1)	G (A_0)	Z
0	0	0	
0	0	1	
0	1	0	
0	1	1	
1	0	0	
1	0	1	
1	1	0	
1	1	1	

3. 记录结果

如图 3-14 所示连接电路，按二进制顺序改变 $ABCD$ 的值，记录输出 Y 值于表 3-10 中。

表 3-10　　真 值 表

A	B	C	D	Y
0	0	0	0	
0	0	0	1	
0	0	1	0	
0	0	1	1	

续表

A	B	C	D	Y
0	1	0	0	
0	1	0	1	
0	1	1	0	
0	1	1	1	
1	0	0	0	
1	0	0	1	
1	0	1	0	
1	0	1	1	
1	1	0	0	
1	1	0	1	
1	1	1	0	
1	1	1	1	

4. 画图用 74LS151 数据选择器实现下述逻辑函数（任选一题），并画出实现的逻辑函数电路连接图。

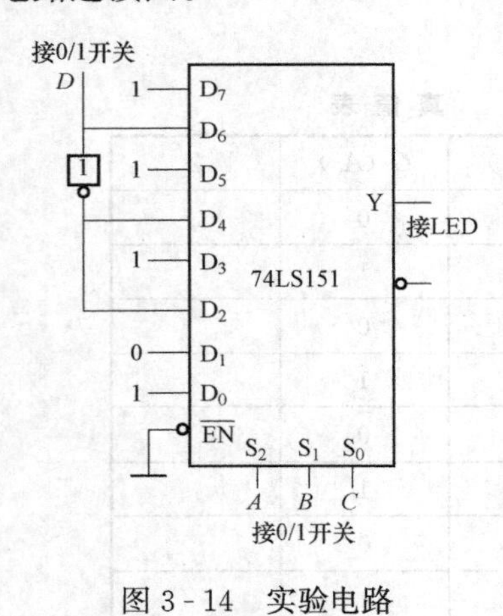

图 3-14　实验电路

$$F(A，B，C)=A\overline{BC}+BC；$$

$$F(A，B，C)=A\overline{B}+B\overline{C}+AC；$$

$$F(A，B，C，D)=A\overline{BC}+B\overline{C}D+ABCD。$$

五、实验报告要求

（1）完成步骤 1 中的 74LS151 数据选择器功能测试并给出结论。

（2）完成步骤 2 中逻辑函数 Z 的真值表及其函数表达式。

（3）完成步骤 3 中逻辑函数 Y 的真值表及其函数表达式。

（4）由步骤 4，给出实现所选逻辑函数的电路图。

（5）总结用 74LS151 数据选择器实现三变量和四变量逻辑函数的步骤。

实验五　集成触发器

一、实验目的

（1）掌握由门电路组成的基本 RS 触发器。

（2）掌握触发器的功能及特点。

（3）掌握 JK 触发器不同逻辑功能之间的相互转换。

（4）掌握分频概念并掌握使用触发器设计分频器的方法。

二、实验仪器及器件

数字逻辑实验箱、示波器、74LS20芯片、74LS113芯片、74LS74芯片。

三、实验原理

1. 基本RS触发器

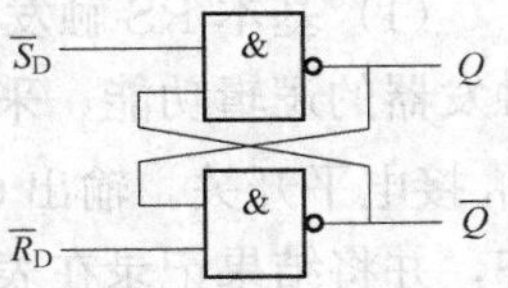

图3-15 基本RS触发器

图3-15是用两个与非门构成的基本RS触发器。其中，$\overline{S}_D$、$\overline{R}_D$为两个输入端，低电平有效，$\overline{S}_D$为置位端（也称“置1”端），使基本RS触发器的输出Q为“1”；$\overline{R}_D$为复位端（也称清零端），使基本RS触发器的输出Q为“0”。该触发器的特性方程为

$$\begin{cases} Q^{n+1}=S+\overline{R}Q^n \\ \overline{S}+\overline{R}=1\text{（约束条件）} \end{cases} \quad (3-4)$$

2. JK触发器

实验中提供的74LS113芯片为带预置功能的两组下降沿触发JK触发器，引脚排列和逻辑符号如图3-16所示。特性方程为$Q^{n+1}=J\overline{Q^n}+\overline{K}Q^n$，JK触发器的输出状态由在触发器脉冲下降沿处的$J$、$K$、$Q^n$的状态所决定。$\overline{S}_D$为低电平有效的直接置位端（即异步置位端），该引脚信号不受CP控制。

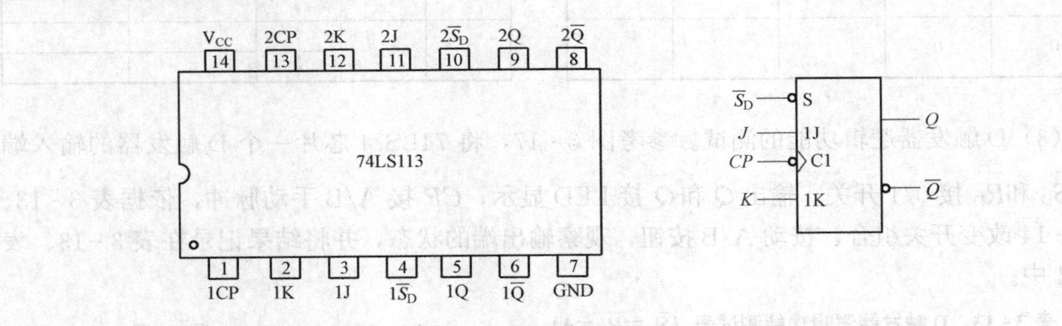

图3-16　JK触发器引脚排列和逻辑符号

3. D触发器

74LS74芯片是带预置和清零端的两组正边沿触发的D触发器，引脚排列和逻辑符号如图3-17所示。特性方程为$Q^{n+1}=D$。D触发器的输出状态由在触发器上升沿处D的状态决定。$\overline{S}_D$和$\overline{R}_D$分别为“置1”和“置0”端，均低电平有效，平时应接高电平，不允许同时为0。

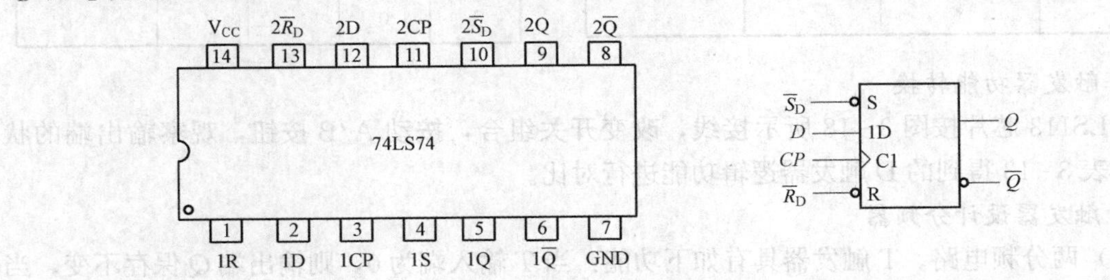

图3-17　D触发器引脚排列和逻辑符号

四、实验内容

1. 基本触发器逻辑功能测试

(1) 基本RS触发器逻辑功能测试。利用数字逻辑实验箱测试由与非门组成的基本RS触发器的逻辑功能，采用（74LS20芯片或74LS00芯片）按图3-15所示连接电路，$\overline{S}_D$和$\overline{R}_D$接电平开关，输出Q和$\overline{Q}$接LED显示。依据表3-11改变开关组合，观察输出端的状态，并将结果记录在表3-11中。

(2) JK触发器逻辑功能测试。参考图3-16，将74LS113芯片一个触发器的J、K、$\overline{S}_D$接0/1开关，输出Q和$\overline{Q}$接LED显示，CP接A/B手动脉冲，依据表3-12改变开关组合，按动A/B按钮，观察输出端的状态，并将结果记录在表3-12中。注意测试表3-12时，$\overline{S}_D$输入端信号均为高电平。

表3-11 基本RS触发器逻辑功能测试

$\overline{R}_D$	$\overline{S}_D$	Q	$\overline{Q}$	状态
1	0			
0	1			
1	1			
0	0			

表3-12 JK触发器逻辑功能测试表

J	K	CP	Q^{n+1}	
			$Q^n=0$	$Q^n=1$
0	0	↑		
		↓		
0	1	↑		
		↓		
1	0	↑		
		↓		
1	1	↑		
		↓		

(3) D触发器逻辑功能的测试。参考图3-17，将74LS74芯片一个D触发器的输入端D、$\overline{S}_D$和$\overline{R}_D$接0/1开关，输出Q和$\overline{Q}$接LED显示，CP接A/B手动脉冲，依据表3-13、表3-14改变开关组合，按动A/B按钮，观察输出端的状态，并将结果记录在表3-13、表3-14中。

表3-13 D触发器逻辑功能测试表（$\overline{S}_D=\overline{R}_D=1$）

D	CP	Q^{n+1}	
		$Q^n=0$	$Q^n=1$
0	↑		
	↑		
1	↓		
	↓		

表3-14 D触发器$\overline{S}_D$和$\overline{R}_D$功能测试表（D、CP处于任意状态）

置位端		复位端		输出状态
$\overline{S}_D$	$\overline{R}_D$	Q	$\overline{Q}$	
0	1			
1	0			

2. 触发器功能转换

74LS113芯片按图3-18所示接线，改变开关组合，按动A/B按钮，观察输出端的状态，与表3-13得到的D触发器逻辑功能进行对比。

3. 触发器设计分频器

(1) 两分频电路。T触发器具有如下功能：当T输入端为0，则输出端Q保存不变，当T输入端为1，则输出端Q计数翻转。利用JK触发器实现T触发器功能，电路如图3-19

所示。

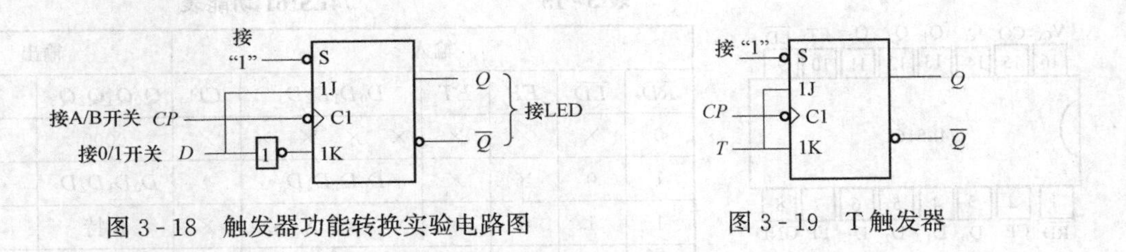

图 3-18　触发器功能转换实验电路图　　图 3-19　T 触发器

将输入端 T 连接高电平，CP 每来一个时钟信号，T 触发器输出翻转一次，从而构成两分频电路。用示波器观察比较输入 CP、输出 Q 的波形，并作记录。

（2）四分频电路。74LS113 芯片按图 3-20 所示连接，将两个 T 触发器构成异步二进制加法计数器，实现对输入时钟 CP 进行四分频的功能，即 CP 每输入 4 个时钟周期信号，Q_1输出一个周期脉冲信号。用示波器观察比较输入及输出 Q_0和 Q_1波形，并作记录。

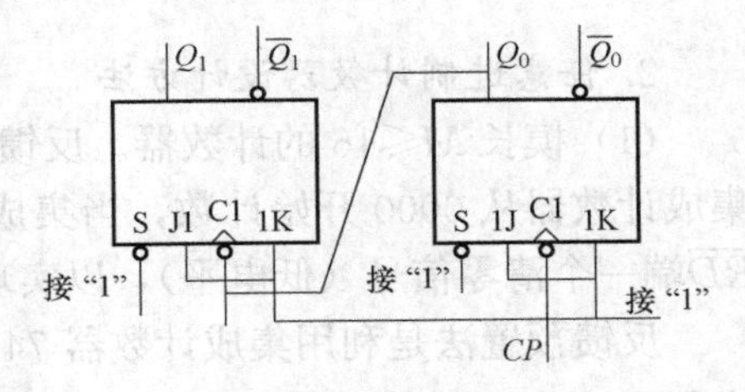

图 3-20　异步二进制加法计数器

五、实验报告要求

（1）完成基本 RS 触发器、JK 触发器、D 触发器功能测试。

（2）总结 D 触发器置位和复位端的功能及其与 CP 的关系。

（3）根据二分频和四分频电路的输入输出波形，总结计数器的分频作用，并设计 D 触发器实现四分频电路。

实验六　集 成 计 数 器

一、实验目的

（1）熟悉集成计数器的逻辑功能和使用方法。

（2）掌握由集成计数器实现任意模值计数器的方法。

（3）熟悉译码器数码显示器的译码显示功能。

二、实验仪器及器件

数字逻辑实验箱、示波器、74LS20、集成计数据 74LS161、74LS190。

三、实验原理

1. 集成计数器 74LS161 原理

集成计数器 74LS161 是 4 位二进制同步计数器，具有同步预置、异步清零的功能，外部引脚如图 3-21 所示。它的功能表见表 3-15，其中，$\overline{RD}$为异步清零端，$\overline{LD}$为同步预置端，CP 为时钟输入端，EP、ET 为使能端，$D_0D_1D_2D_3$ 为置数输入端，$Q_0Q_1Q_2Q_3$为 4 位二进制输出端，CO 为进位输出。

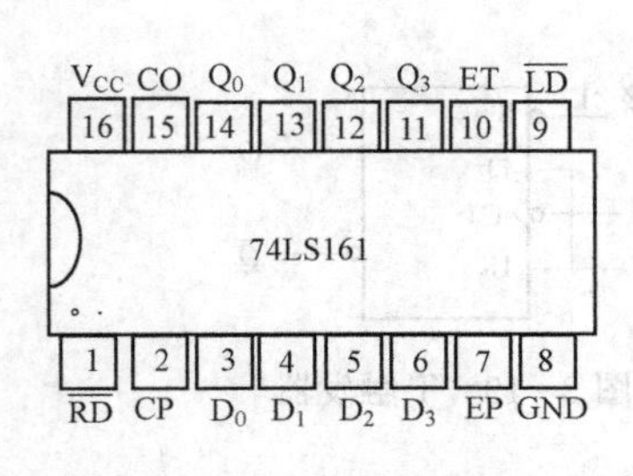

图 3-21　集成计数器 74LS161 外部引脚分布图

表 3-15　　74LS161 功能表

输入						输出	
$\overline{RD}$	$\overline{LD}$	EP	ET	$D_0D_1D_2D_3$	CP	$Q_0Q_1Q_2Q_3$	CO
0	×	×	×	× × × ×	×	0000	0
1	0	×	×	$D_0D_1D_2D_3$	↑	$D_0D_1D_2D_3$	#
1	1	0	×	× × × ×	×	保持	#
1	1	×	0	× × × ×	×	保持	0
1	1	1	1	× × × ×	↑	计数	#

注　#表示只有当 ET 为高电平且计数器状态为 1111 时输出为 1，其余为 0。

2. 任意进制计数器设计方法

（1）模长 $M \leqslant 16$ 的计数器。反馈清零法是利用集成计数器 74LS161 异步清零功能，如集成计数器从 0000 开始计数，当集成计数器输出状态为 M 时，使输出通过与非门反馈给 $\overline{RD}$ 端一个清零信号（低电平），以实现清零。

反馈预置法是利用集成计数器 74LS161 同步预置功能。如果 $D_0D_1D_2D_3$ 均为 0000，则当集成计数器输出状态为 $M-1$ 时，使输出通过与非门，反馈给 $\overline{LD}$ 端一个低电平，则第 M 个计数脉冲到来时计数器置数为 0000。

（2）模长 $M>16$ 的计数器。可将两片以上集成计数器级联后，再采用反馈清零或反馈预置实现给定模长 M 计数器。此时的 M 等于各级计数器所实现计数模数的乘积。

四、实验内容

1. 验证集成计数器 74LS161 的功能

参考图 3-21 和表 3-15 中的引脚分布和功能表，按图 3-22 所示接线。按动时钟脉冲，观察 LED 显示状态。验证集成计数器 74LS161 功能，注意从表 3-15 最后一行开始向上逐行进行验证。

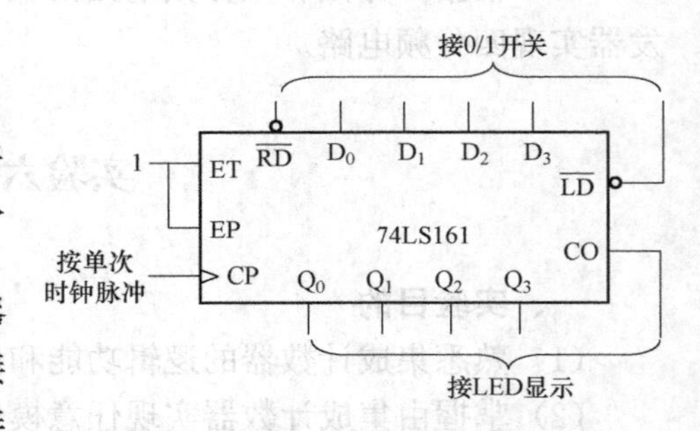

图 3-22　集成计数器 74LS161 的功能验证电路图

2. 用集成计数器 74LS161 及辅助门电路实现计数器

分别按图 3-23 所示连接电路，计数器的 CP 端接低频连续脉冲（频率低能分辨显示状态），$Q_0Q_1Q_2Q_3$ 接有译码器数码显示器（注意：Q_3 为高位），观察计数状态的变化过程，记录状态循环。

3. 六进制计数器设计

分别采用异步清零法和同步预置法设计六进制计数器，画出电路图，进行连线并验证电路功能。

五、实验报告要求

（1）完成集成计数器 74LS161 功能测试。

（2）实验内容 2 中，图 3-23 中四个电路图实现的是模为多少的计数器，采用的是何种设计方法，画出实现的计数器状态转换图。

（3）画出六进制计数器的电路设计图、连线图并写出电路验证结果。

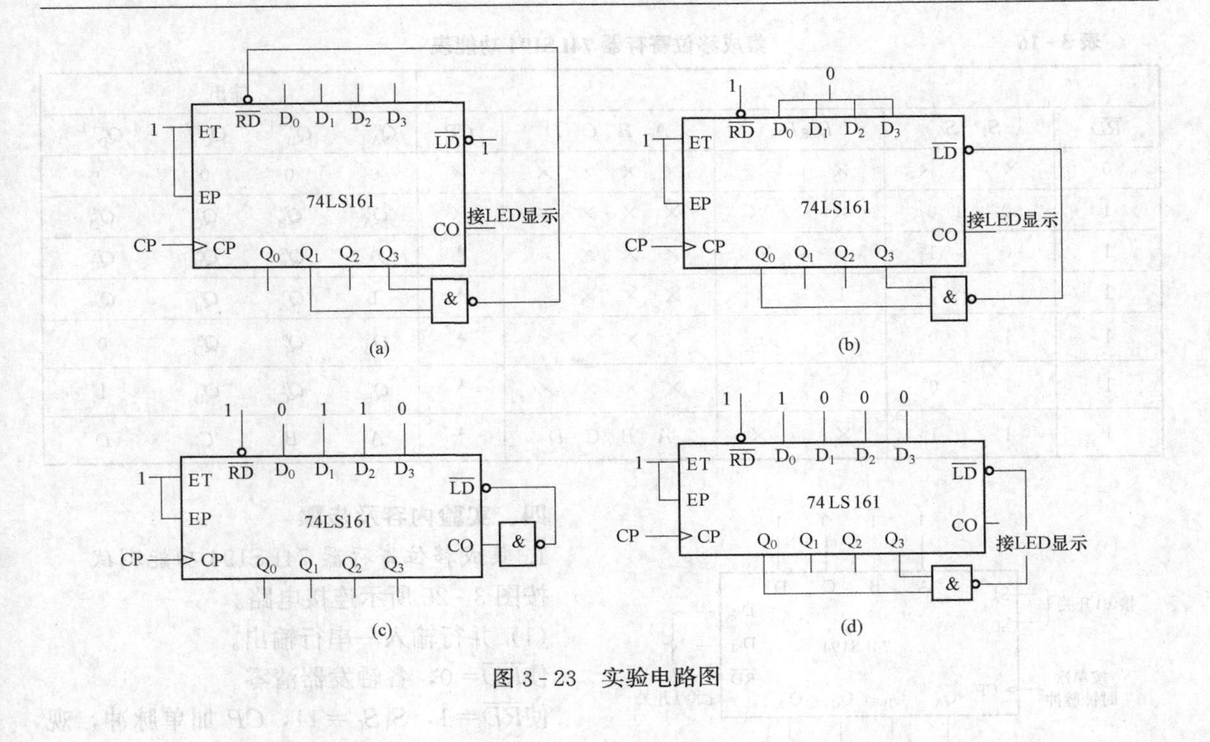

图 3-23 实验电路图

实验七 集成移位寄存器

一、实验目的

（1）掌握集成移位寄存器的逻辑功能和主要用途。

（2）掌握用集成移位寄存器设计环形计数器的方法。

二、实验仪器及器件

数字逻辑实验箱、双踪示波器、74LS20 芯片、集成移位寄存器 74LS194。

三、实验原理

集成移位寄存器 74LS194 原理：74LS194 是 4 位双向集成移位寄存器，具有异步清零的功能，外部引脚排列如图 3-24 所示。它的功能表见表 3-16，其中，$\overline{RD}$ 为异步清零端，低电平有效。该移位寄存器共有 4 种工作方式，包括保持、右移、左移、并行置入和并行输出功能。S_1S_0 为状态控制端，当 $S_1S_0=11$ 时，并行送数；$S_1S_0=00$ 时，保持；$S_1S_0=01$ 时，右移操作；$S_1S_0=10$ 时，左移操作。

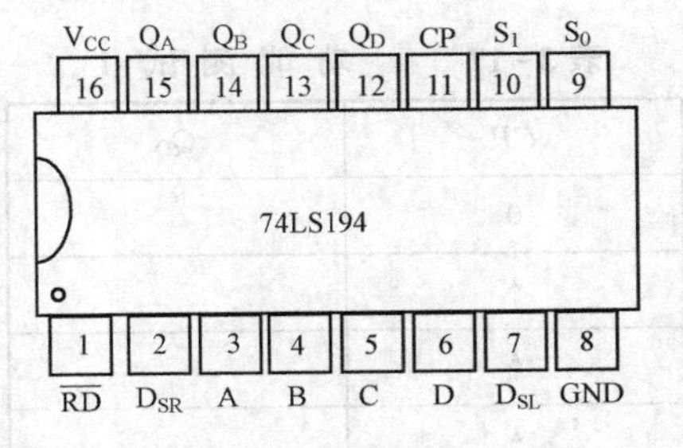

图 3-24 集成移位寄存器 74LS194 外部引脚排列图

在移位过程中，有时要求数据仍保持在寄存器中不丢失。此时，只要将集成移位寄存器最高位的输出接至最低位的输入，或将最低位的输出接至最高位的输入，便可实现这个功能，称此集成移位寄存器为环形移位寄存器。它也可作为计数器使用，称为环形计数器。

表 3-16 集成移位寄存器 74LS194 功能表

输入							输出			
$\overline{RD}$	S_1	S_0	D_{SR}	D_{SL}	$A\ B\ C\ D$	CP	Q_A^{n+1}	Q_B^{n+1}	Q_C^{n+1}	Q_D^{n+1}
0	×	×	×	×	× × × ×	×	0	0	0	0
1	0	0	×	×	× × × ×	×	Q_A^n	Q_B^n	Q_C^n	Q_D^n
1	0	1	0	×	× × × ×	↑	0	Q_A^n	Q_B^n	Q_C^n
1	0	1	1	×	× × × ×	↑	1	Q_A^n	Q_B^n	Q_C^n
1	1	0	×	0	× × × ×	↑	Q_B^n	Q_C^n	Q_D^n	0
1	1	0	×	1	× × × ×	↑	Q_B^n	Q_C^n	Q_D^n	1
1	1	1	×	×	$A\ B\ C\ D$	↑	A	B	C	D

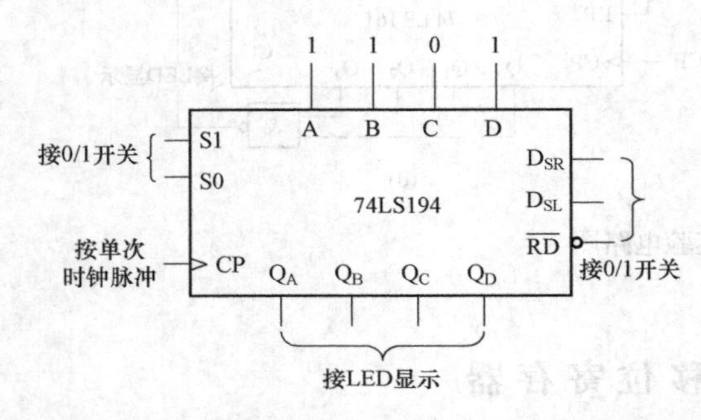

图 3-25 集成移位寄存器 74LS194 功能测试图

四、实验内容及步骤

1. 集成移位寄存器 74LS194 功能测试

按图 3-25 所示连接电路。

(1) 并行输入—串行输出。

使$\overline{RD}=0$，各触发器清零。

使$\overline{RD}=1$，$S_1S_0=11$，CP 加单脉冲，观察 $Q_AQ_BQ_CQ_D$。

使 $S_1S_0=01$，且右移输入 $D_{SR}=0$。

CP 端加 3 个单脉冲，观察 Q_D 端输出电平高低，并记录于表 3-17 中。

(2) 串行输入—并行输出。

使$\overline{RD}=0$，各触发器清零。

使$\overline{RD}=1$，$S_1S_0=01$，右移输入 D_{SR}端依次接 1101，配合 CP 单脉冲，将输入信号送入触发器，观察并行输出显示，并记录于表 3-18 中。

表 3-17 功 能 测 试 1

CP	Q_D
0	
↑	
↑	
↑	

表 3-18 功 能 测 试 2

D_{SR}	CP	Q_A	Q_B	Q_C	Q_D
	0				
1	↑				
1	↑				
0	↑				
1	↑				

使 $S_1S_0=10$，左移输入 D_{SL} 端依次接 1010，配合 CP 单脉冲，将输入信号送入触发器，观察并行输出显示，并记录于表 3-19 中。

2. 环形计数器

图 3-25 中，$\overline{RD}=1$，$ABCD=1000$，Q_A 与 D_{SL}相连。

使 $S_1S_0=11$，CP 加单脉冲，预置寄存器状态为 1000 后。

再使 $S_1S_0=10$，按动时钟脉冲，观察计数序列并记录于表 3-20 中。

3. 扭环形计数器

将 Q_A 反向后与 D_{SL} 相连，重复步骤 2。

表 3-19　功能测试 3

D_{SL}	CP	Q_A	Q_B	Q_C	Q_D
	0				
1	↑				
0	↑				
1	↑				
0	↑				

表 3-20　环形计数器与扭环形计数器状态变化

CP	Q_A 与 D_{SL} 相连	Q_A 反向后与 D_{SL} 相连
	$Q_AQ_BQ_CQ_D$	$Q_AQ_BQ_CQ_D$
	1 0 0 0	1 0 0 0
↑		
↑		
↑		
↑		
↑		

五、实验报告要求

（1）完成集成移位寄存器 74LS194 各功能测试表，并给出测试结论。

（2）完成集成移位寄存器 74LS194 实现的环形计数器和扭环形计数器的状态表。

实验八　555 集成定时器应用

一、实验目的

（1）熟悉 555 集成定时器的工作原理及其应用。

（2）掌握 555 集成定时器设计施密特触发器、单稳态触发器、多谐振荡电路。

二、实验仪器及器件

数字逻辑实验箱、双踪示波器、555 集成定时器、可变电阻、电容、电阻。

三、实验原理

1. 555 集成定时器

555 集成定时器是一种中规模器件，利用它可以很容易地组成施密特触发器、单稳态触发器、多谐振荡器等脉冲产生和整形电路。它内部电路结构和引脚排列分别如图 3-26、图 3-27 所示。$\overline{R}_D$ 为复位端，v_{IC} 为控制电压端，v_{I1} 为阈值端，v_{I2} 为触发端，DIS 为放电端。

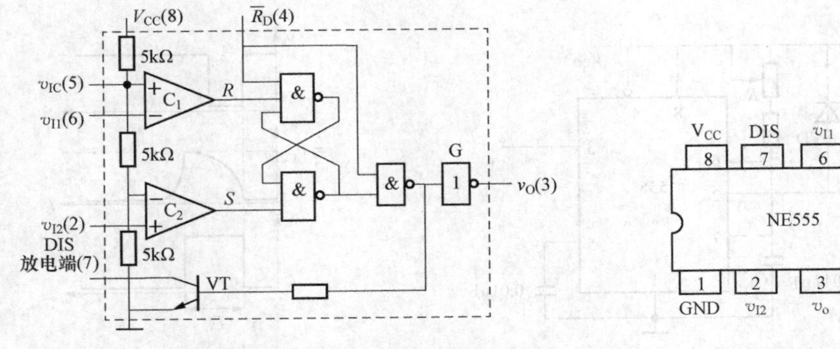

图 3-26　555 集成定时器内部电路结构图　　　图 3-27　555 集成定时器引脚排列图

2. 用 555 集成定时器组成施密特触发器

将引脚 2、6 连接在一起作为信号的输入端，即可得到施密特触发器，电路如图 3-28 所示。设 v_s为正弦波，通过二极管 VD 整流后得到半波整流波形 v_i，同时加到 555 集成定时器的引脚 2 和引脚 6。当 v_i上升到$\frac{2}{3}V_{CC}$时，v_o 从高电平翻转为低电平；当 v_i 下降到$\frac{1}{3}V_{CC}$时，v_o 从低电平翻转为高电平。v_s、v_i、v_o 的波形以及电路的电压传输特性曲线如图 3-29 所示。

回差电压为
$$\Delta V=\frac{2}{3}V_{CC}-\frac{1}{3}V_{CC}=\frac{1}{3}V_{CC}$$

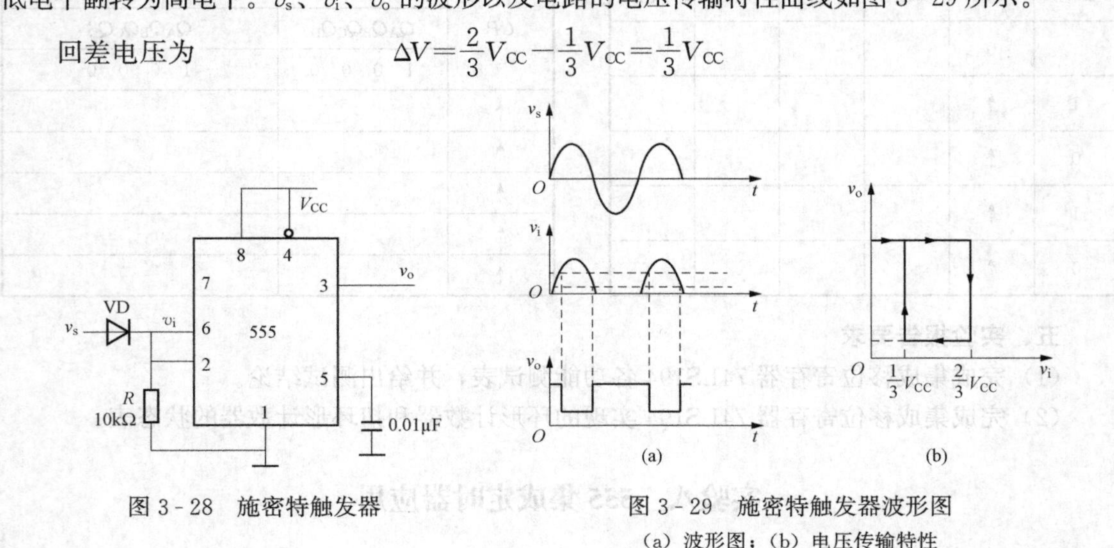

图 3-28　施密特触发器　　图 3-29　施密特触发器波形图

（a）波形图；（b）电压传输特性

3. 用 555 集成定时器构成单稳态触发器

图 3-30 所示为由 555 集成定时器和外接 R_W、R_1、C_1 构成的单稳态触发器。电源接通后，V_{CC}通过 R_W、R_1 向 C_1 充电，当 v_c 上升到$\frac{2}{3}V_{CC}$时，$R=0$、$S=1$，锁存器置 0，v_o 为低电平。此时，放电三极管 VT 导通，电容 C_1 放电，v_o 保持低电平不变，因此，电路通电后没有触发信号时，电路只有一种稳定状态 $v_o=0$。若有一个外部负脉冲信号经 C_2 加到 2 端时，电路的输出状态由低电平跳变到高电平，电路进入暂稳态，放电三极管 VT 截止。此后电容 C_1 充电，当充电至$\frac{2}{3}V_{CC}$时，电路的输出电压 v_o 由高电平翻转到低电平，同时 VT 导通，于是电容 C_1 放电，电路返回到稳定状态。电路的工作波形如图 3-31 所示。

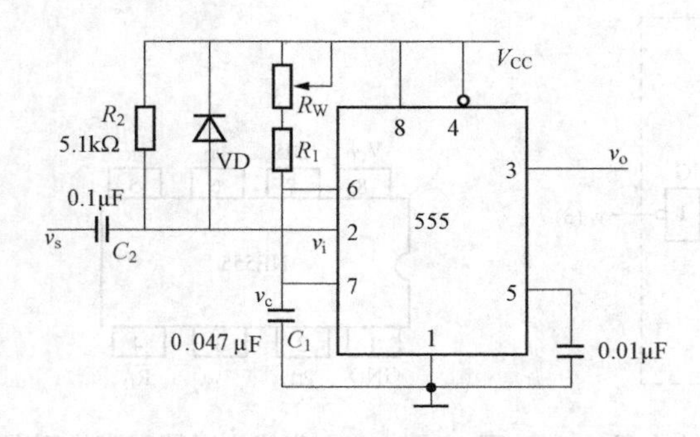

图 3-30　单稳态触发器

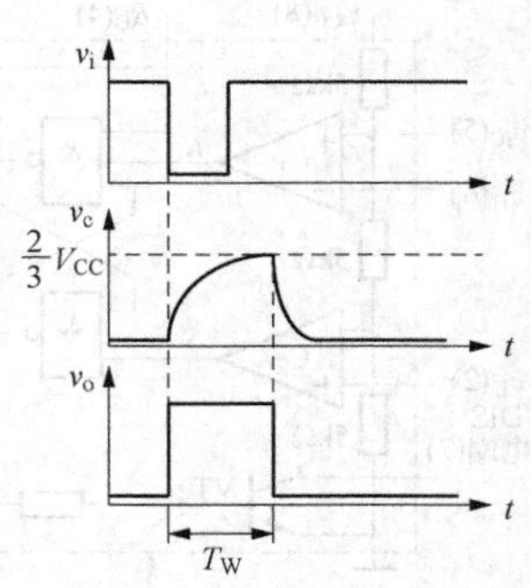

图 3-31　工作波形

暂态持续时间 T_W 值的大小为

$$T_W = 1.1(R_1 + R_W)C_1 \tag{3-5}$$

4. 用 555 集成定时器构成多谐振荡器

图 3-32 为 555 集成定时器和外接元件 R_1、R_2、C 构成的多谐振荡器。多谐振荡器接通电源后，由于电容被充电，当 v_c 上升到 $\frac{2}{3}V_{CC}$ 时，使 v_o 为低电平，同时放电三极管 VT 导通，此时电容通过 R_2 和 VT 放电，v_c 下降。当 v_c 下降到 $\frac{1}{3}V_{CC}$ 时，v_o 翻转为高电平。它的波形如图 3-33 所示。输出信号的时间参数为

$$T = T_{W1} + T_{W2}$$
$$T_{W1} = (R_1 + R_2)C\ln 2$$
$$T_{W2} = R_2 C\ln 2 \tag{3-6}$$

占空比为

$$q = \frac{T_{W1}}{T_{W1}+T_{W2}} = \frac{R_1+R_2}{R_1+2R_2} \tag{3-7}$$

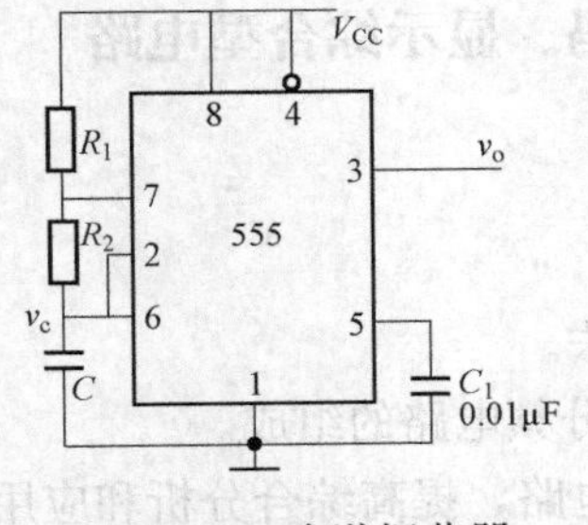

图 3-32 多谐振荡器

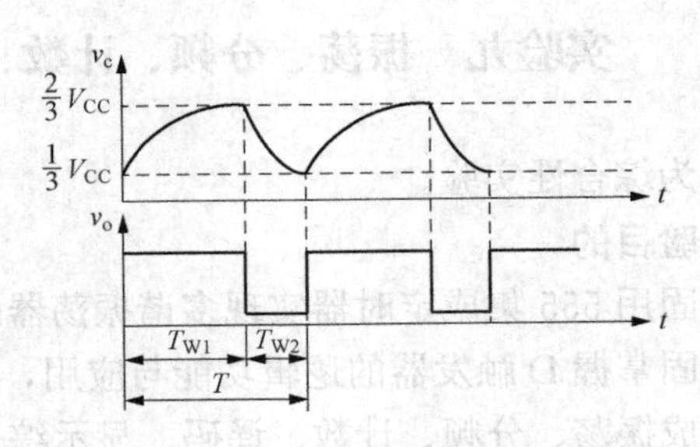

图 3-33 工作波形

四、实验内容

1. 设计施密特触发器

参考图 3-28，设计一个施密特触发器。

v_s 接正弦波，调节频率，使输出频率显示为 1000Hz；调节幅度使正弦波的幅值从 0V 开始逐步增大，当输出信号产生整形波形后，用双踪示波器观察并记录 v_i、v_o 波形。测量上门限电压 U_{T+} 和下门限电压 U_{T-}，用双踪示波器观察电压传输特性。

2. 设计单稳态触发器

1）参考图 3-30，用 555 集成定时器构成单稳态触发器，$R_1 = 4.7\text{k}\Omega$，$R_W = 10\text{k}\Omega$。输入端加入 $v_s = 5\text{V}$，$f = 500\text{Hz}$ 的方波，用双踪示波器观察输出电压波形。

2）改变 R_W，观察输出波形脉冲宽度的变化情况，测出 $R_W = 0\text{k}\Omega$ 及 $R_W = 10\text{k}\Omega$ 时输出脉冲宽度，并与计算值进行比较。

3）记录 v_s、v_i、v_c、v_o 的波形。

3. 设计多谐振荡器

参考图 3-32，设计一个多谐振荡器。

1）要求振荡频率 $f = 1\text{kHz}$，占空比 $q = 0.25$，$C = 0.1\mu\text{F}$，求 R_1、R_2 的值。

2）按图 3 - 32 所示连接电路，用双踪示波器同时测量 v_c、v_o的波形，并记录波形，要求对准时间关系。

五、实验报告要求

（1）画出施密特触发器电压传输特性，标明门限电压 U_{T+}和下门限电压 U_{T-}。

（2）画出单稳态触发器 v_s、v_i、v_c、v_o 的波形，列出测量的数据，记录到表 3 - 21 中，与计算值进行比较，分析数据的正确性。

（3）求出多谐振荡器中参数 R_1、R_2 的值，画出 v_c、v_o的波形，记录相关的测量参数到表 3 - 22 中，分析所测数据是否与理论计算值一致。

表 3 - 21　单稳态触发器参数记录

被测值	$R_W=0k\Omega$	$R_W=10k\Omega$
T_W 计算值		
T_W 测量值		

表 3 - 22　多谐振荡器参数记录

T		T_{W1}		q	
计算值	测量值	计算值	测量值	计算值	测量值

实验九　振荡、分频、计数、译码、显示综合型电路

本实验为综合性实验。

一、实验目的

（1）巩固用 555 集成定时器实现多谐振荡器的方法。

（2）巩固掌握 D 触发器的逻辑功能与应用，以及分频电路的组成。

（3）组成振荡、分频、计数、译码、显示综合型电路，提高综合分析和应用能力。

二、实验仪器及器件

数字逻辑实验箱、双踪示波器、555 集成定时器、可变电阻、电容、电阻、74LS161 芯片 2 片、74LS48 芯片 2 片、共阴极 LED 七段显示器 2 片、74LS20 芯片 1 片、555 芯片 1 片，74LS74 芯片 1 片。

三、实验原理

本实验电路分别由多谐振荡器、分频器、计数器、译码器和数字显示器等五部分组成，电路原理图如图 3 - 34 所示。

（1）多谐振荡器。多谐波振荡器由 555 集成定时器构成，其波形主要参数估算式为：

正脉冲宽度　$t_{PH}=0.69(R_1+R_2)C$

负脉冲宽度　$t_{PL}=0.69R_2C$

重复周期　$T=t_{PH}+t_{PL}=0.69(R_1+2R_2)C$

重复频率　$f_0=1/T=1.44/[(R_1+2R_2)C]$

占空比　$q=(R_1+R_2)/(R_1+2R_2)$

注意：做计算机仿真实验时，555 集成定时器必须接复位开关，每启动一次，先将复位开关接到地端，然后，再接高电位端。

（2）分频器、计数器。图 3 - 34 中 74LS74 为 2D 触发器，组成四分频电路，其输出频率

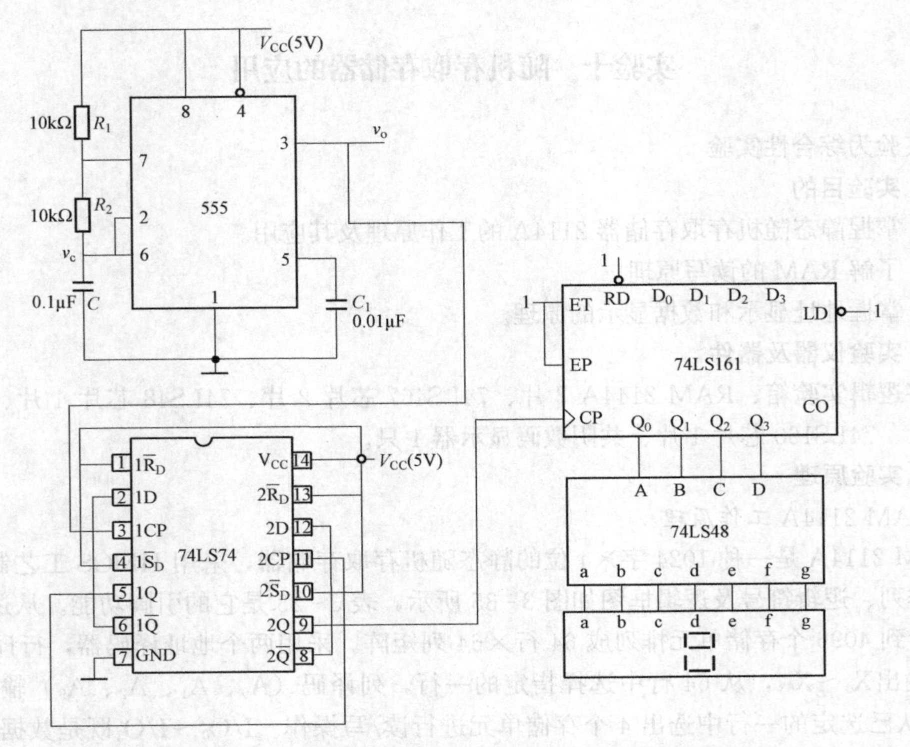

图 3-34　振荡、分频、计数、译码、显示综合型原理图

为 $f=\frac{f_0}{4}$。74LS74 芯片的引脚图参考图 3-17，74LS161 芯片的引脚图参考图 3-21。

（3）译码器。译码器就是把输入代码译成相应的输出状态，74LS48 芯片是把四位二进制码经内部组合电路“翻译”成七段（a、b、c、d、e、f、g）输出，然后直接推动 LED，显示 0～15 等 16 个数字。

（4）数字显示器。数字显示部分是把译码器的输出以数字形式直观显示出来。实验采用共阴极 LED 七段显示器。使用时可把 74LS48 芯片输出端 a、b、c、d、e、f、g 接到对应的引脚即可。

四、实验内容

（1）按图 3-34 所示连接并测试实验电路。

（2）参照图 3-34 设计三十六进制计数器，并通过显示器显示 1～36。连接并测试实验电路。（提示：需用 2 片 74LS161 芯片、2 片 74LS48 芯片及 2 片显示器。）

（3）用双踪示波器同时观察多谐振荡器的输出波形与分频器的输出波形，分析是否起到四分频作用。

（4）观察显示器的计数结果。

五、实验报告

（1）画出详细的实验电路，叙述设计思想及设计过程。

（2）估算多谐振荡器的振荡频率。

（3）记录多谐振荡器的输出波形与分频器的输出波形。

（4）记录数字显示器的计数状态。

实验十　随机存取存储器的应用

本实验为综合性实验

一、实验目的

（1）掌握静态随机存取存储器 2114A 的工作原理及其应用。

（2）了解 RAM 的读写原理。

（3）掌握地址显示和数据显示的原理。

二、实验仪器及器件

数字逻辑实验箱、RAM 2144A 2 片、74LS467 芯片 2 片、74LS48 芯片 1 片、74LS00 芯片 1 片、74LS160 芯片 1 片、共阴数码显示器 1 只。

三、实验原理

1. RAM 2114A 工作原理

RAM 2114A 是一种 1024 字×4 位的静态随机存取存储器，采用 HMOS 工艺制作，它的引脚排列、逻辑符号及逻辑框图如图 3-35 所示，表 3-23 是它的引脚功能。从逻辑框图中可以看到 4096 个存储单元排列成 64 行×64 列矩阵。采用两个地址译码器，行译码（A_3～A_8）输出X_0～X_{63}，从 64 行中选择指定的一行，列译码（A_0、A_1、A_2、A_9）输出 Y_0～Y_{15}，再从已选定的一行中选出 4 个存储单元进行读/写操作。I/O_0～I/O_3既是数据输入端，又是数据输出端，$\overline{CS}$为片选信号，$\overline{WE}$是读/写使能，控制器件的读写操作，表 3-24 为 RAM 2114A 功能表。

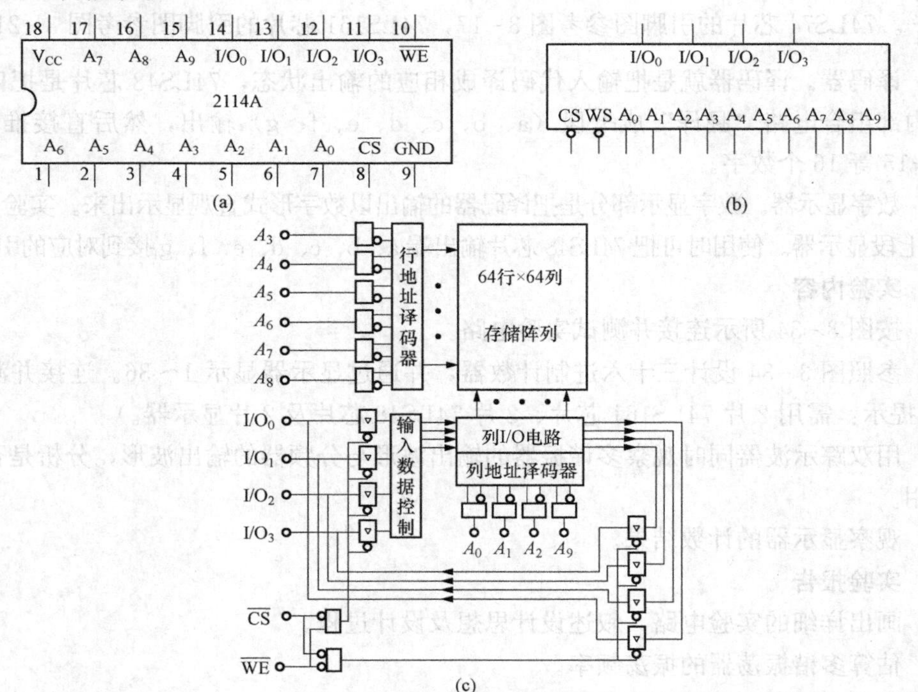

图 3-35　2114A 随机存取存储器

（a）引脚排列；（b）逻辑符号；（c）逻辑框图

表 3-23 RAM 2114A 引脚功能

端　名	功　能
$A_0 \sim A_9$	地址输入端
$\overline{WE}$	写选通
$\overline{CS}$	芯片选择
$I/O_0 \sim I/O_3$	数据输入/输出端
V_{CC}	+5V

表 3-24 RAM 2114A 功能表

地址	$\overline{CS}$	$\overline{WE}$	$I/O_0 \sim I/O_3$
有效	1	×	高阻态
有效	0	1	读出数据
有效	0	0	写入数据

2. 数据输入输出电路

图 3-36 所示为 RAM 2114A 输入、输出数据的电路连接图，当 RAM 要进行读操作时，首先输入要读出单元的地址码（$A_0 \sim A_9$），并使$\overline{WE}=1$，给定地址的存储单元内容（4 位）经读写控制传送到三态输出缓冲器，再到输出数据寄存器中。输入数据的时候，RAM 的工作需要一个输入数据寄存器，以便向 RAM 送入输入数据。输入、输出两个寄存器均不能直接与 RAM 相连，而是要用三态缓冲器与 RAM 相联系。实验中输入数据寄存器采用 4 位数据开关代替，向 RAM 2114A 送入 BCD 码。输出数据寄存器实际上是用 BCD 码显示译码器和数码显示器代替，直接显示 RAM 2114 输出的某个存储单元数据。

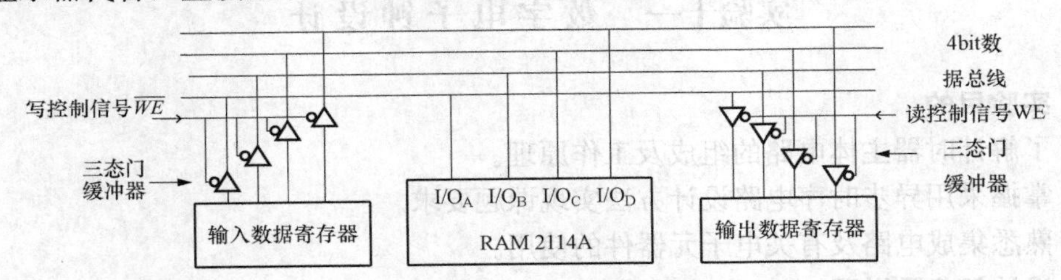

图 3-36 RAM 2114A 输入、输出数据的电路连接图

3. 数字循环显示电路原理

本实验将 123456789 依次存入 RAM 2114A 中，并自动逐个循环显示在一个数码显示器上，构成数字循环显示电路。电路原理示意图如图 3-37 所示，具体电路功能为电路先进入写入工作状态，按 RAM 地址顺序，用数据开关向 RAM 2114A 存储单元内写入 9 个 BCD 数据。写完 9 个数据后，电路进入第二个工作状态，逐个自动循环显示 RAM 2114A 内存入的数据。

本电路由 RAM 2114A、地址发生器、三态缓冲器、数据开关阵列、BCD 码七段译码器、数码显示器等 6 个部分组成。该电路以 RAM 2114A 为核心，通过三态缓冲器将来自数据开关阵列的 BCD 码送入 RAM，也可以通过三态缓冲器将 RAM 内的数据送到 BCD 码译码器；地址发生器是一个模为 9 的计数器，对存取的 9 个数据进行选址。若 CP 信号用连续信号，数码

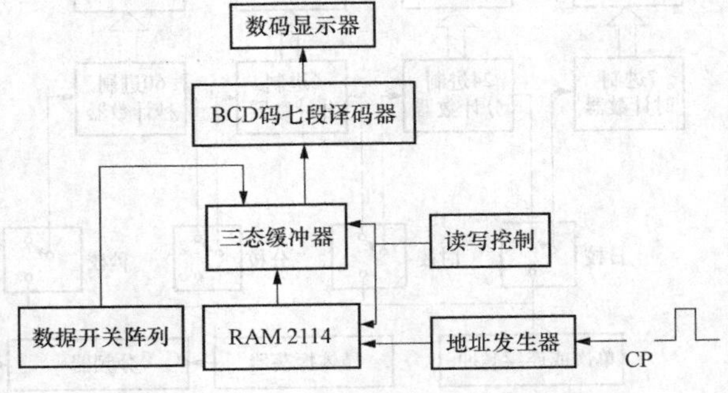

图 3-37 数字循环显示电路原理示意图

显示器就能实现连续自动循环显示。

四、实验内容

按数字循环显示电路原理设计并搭接实验电路。具体要求如下：

（1）将 123456789（9 位数码）写入 RAM 2114A 内。

（2）循环显示 RAM 2114A 存储单元中的 123456789。

（3）将 RAM 地址码接上 LED，监视地址码。

五、实验报告要求

（1）绘出详细的实验线路图。

（2）记录实验结果，并对实验结果进行分析。

（3）列出存入数据与地址码、显示字码、数码关系表。

（4）画出读、写时序波形图。

（5）叙述读、写操作步骤。

六、思考题

RAM 2114A 有 10 个地址输入端，实验时仅变化其中一部分，对于其他不变化的地址码输入端应做如何处理？

实验十一　数字电子钟设计

一、实验目的

（1）了解计时器主体电路的组成及工作原理。

（2）掌握采用异步时序电路设计方法实现课题要求。

（3）熟悉集成电路及有关电子元器件的使用。

二、设计任务及说明

数字电子钟由石英晶体振荡器和分频器组成的秒脉冲发生器、校时电路、60 进制计数器、24 进制计数器、7 进制计数器，以及秒、分、时的译码显示部分等组成。具有定时、报警等多种功能，被广泛应用于自动化控制、智能化仪表等领域。数字电子钟的电路结构图如图 3-38 所示。

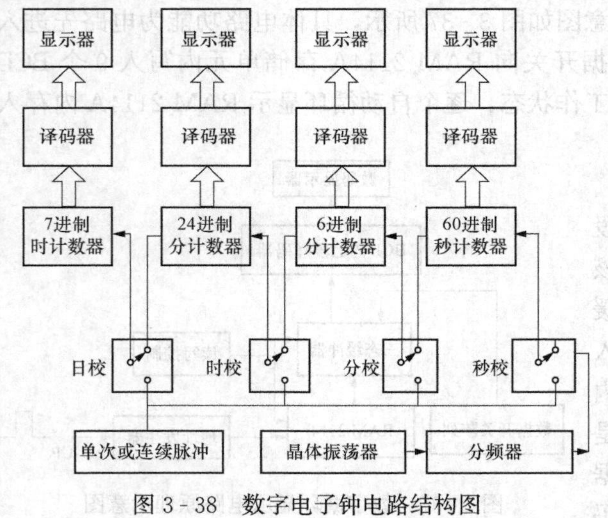

图 3-38　数字电子钟电路结构图

三、设计任务及要求

（1）设计一台能显示“日”“时”“分”“秒”十进制数字的电子钟。“分”“秒”显示为 00～59（即 60 进制计数器），“时”显示 00～23（即 24 进制计数器）。“日”显示“日、1、2、3、4、5、6”（即 7 进制计数器），当时钟运行到 23 时 59 分 59 秒时，秒个位计数器再接收一个秒脉冲信号后，时钟自动显示为 00 时 00 分 00 秒。

（2）精度要求：要求每天误差小于 1s，任何时候可对数字钟进行校准。

（3）根据数字电子钟的电路组成方框图和指定器件，完成数字电子钟的电路设计及调试。

（4）画出逻辑电路图、时序图，并写出设计报告。

四、数字电子钟的基本原理

对照图 3-38 所示的数字电子钟电路结构图，根据设计任务和要求，完成部分模块化设计。

1. 秒脉冲发生器设计

石英晶体振荡器的作用是产生一个标准频率信号，然后再由分频器分成时间秒脉冲，振荡器振荡的精度与稳定度，决定了计时器的精度和质量。振荡电路由石英晶体、微调电容、反相器构成。如图 3-39 所示。图中 R_f 为反馈电阻（10～100mΩ），目的是为 CMOS 反相器提供偏置，使其工作在放大状态（而不是作反相器用）。C_1 是频率微调电容取 3/25pF，C_2 是温度特性校正用电容，一般取 20～50pF。晶体振荡器用石英电子手表用晶振 32768Hz，32 768 是 2 的 15 次方，经过 15 级二分频即可得到 1Hz（信号）。从时钟精度考虑，晶振频率愈高，计时精度就愈高。采用 32768Hz 晶振，用 n 位二进制计数器进行分频，要得到 1s 信号，则 $n=15$。用 CD4060 十四位串行计数器/振荡器来实现分频和振荡。在 CD4060 之前可加上非门起整形作用如图 3-39 所示，CD4060 实现 14 级分频，外加一级分频，可用 CD4013 双 D 触发器来实现。

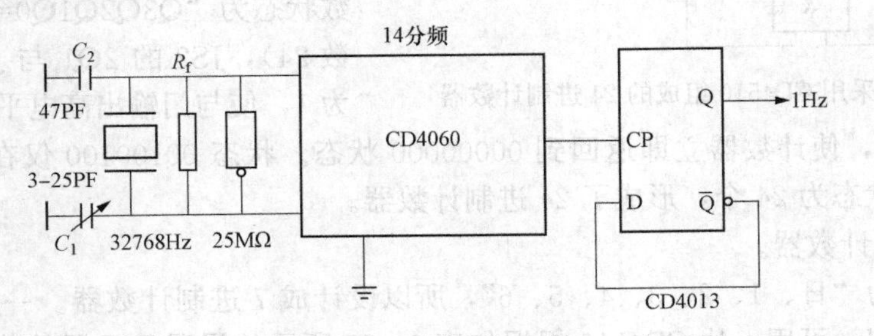

图 3-39　秒脉冲发生器

2. 计数器设计

根据设计要求，需要设计两个 60 进制计数器、一个 24 进制计数器和一个 7 进制计数器。60 和 24 进制计数器的设计可采用异步反馈置零法，先按二进制计数级联起来构成计数器，当计数状态达到所需的模值后，经门电路译码、反馈，产生“复位”脉冲将计数器清零，然后重新开始进行下一循环。

（1）60 进制计数器。

秒、分均为 60 进制，即显示 00～59，它们的个位为十进制，十位为六进制。采用两个四位十进制计数器芯片 CD4510 级联，接成模 100 计数器，电路结构如图 3-40 所示，JS1 代表个位计数器，JS2 代表十位计数器。在此基础上，借助与门译码和计数器异步清零功能实现 60 进制计数器。工作时，在第 60 个计数脉冲作用后，个位计数器输出为 0000，十位计数器 JS2 输出状态“Q3Q2Q1Q0＝0110”，与门输出为高电平，送到计数器高电平清零端 CR，使计数器立即返回到 00000000 状态，计数器的有效状态为 60 个，形成了模 60 计数器。

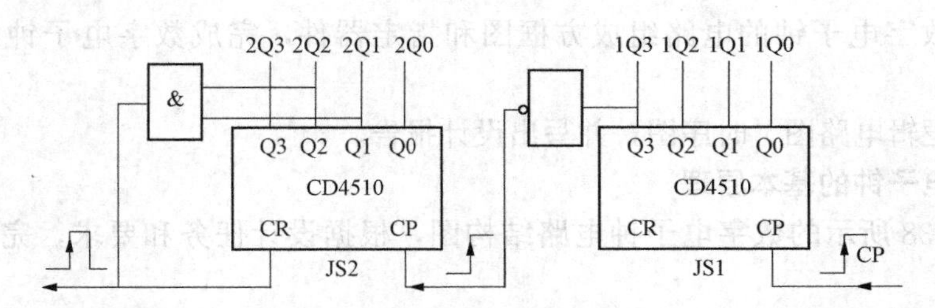

图 3-40 采用CD4510组成的60进制计数器

如果采用74LS161（四位二进制加法计数器）来设计60进制计数器，那么必须考虑个位十进制计数的清零，请同学们自己考虑。

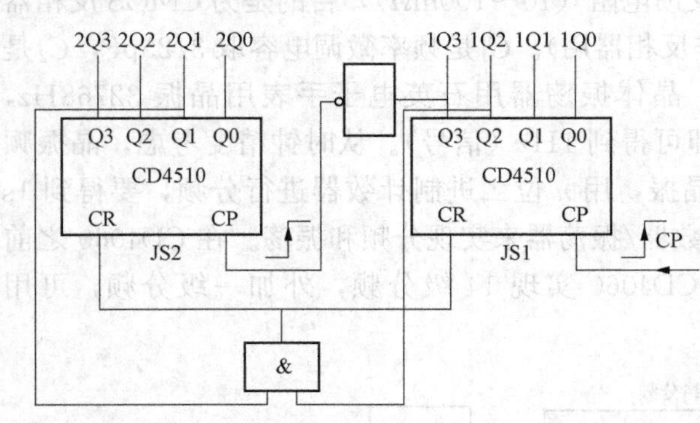

图 3-41 采用CD4510组成的24进制计数器

（2）24进制计数器。

"时"为24进制计数器，显示为00～23，个位仍为十进制，但当十位计到2，而个位计到4时清零，就为24进制了。电路结构如图3-41所示。工作时，在第24个计数脉冲作用后，个位计数状态为"Q3Q2Q1Q0=0100"，十位计数状态为"Q3Q2Q1Q0=0010"（十进制数24），JS2的2Q1与JS1的1Q2同时为1，使与门输出高电平，送到计数器高电平清零端CR，使计数器立即返回到00000000状态。状态00100100仅在瞬间出现一下。计数器的有效状态为24个，形成了24进制计数器。

（3）7进制计数器。

周的显示为"日、1、2、3、4、5、6"，所以设计成7进制计数器。一周为7天，设计思路同上面类似，可用一片CD4510根据如表3-25所示的译码显示器的状态表和表3-26所示的CD4511真值表设计电路，电路图略。

表3-25 周状态表

Q1	Q2	Q3	Q4	显示
1	0	0	0	日
0	0	0	1	1
0	0	1	0	2
0	0	1	1	3
0	1	0	0	4
0	1	0	1	5
0	1	1	0	6

表 3 - 26　　　　CD4511 真 值 表

输入							输出							显示
ST	BI	LT	A3	A2	A1	A0	Ya	Yb	Yc	Yd	Ye	Yf	Yg	
×	×	0	×	×	×	×	1	1	1	1	1	1	1	B
×	0	1	×	×	×	×	0	0	0	0	0	0	0	
0	1	1	0	0	0	0	1	1	1	1	1	1	0	0
0	1	1	0	0	0	1	0	1	1	0	0	0	0	1
0	1	1	0	0	1	0	1	1	0	1	1	0	1	2
0	1	1	0	0	1	1	1	1	1	1	0	0	1	3
0	1	1	0	1	0	0	0	1	1	0	0	1	1	4
0	1	1	0	1	0	1	1	0	1	1	0	1	1	5
0	1	1	0	1	1	0	0	0	1	1	1	1	1	6
0	1	1	0	1	1	1	1	1	1	0	0	0	0	7
0	1	1	1	0	0	0	1	1	1	1	1	1	1	8
0	1	1	1	0	0	1	1	1	1	0	0	1	1	9
0	1	1	1	×	1	×	0	0	0	0	0	0	0	
0	1	1	1	1	×	×	0	0	0	0	0	0	0	
1	1	1	×	×	×	×	保持 ST=0 时的状态							

3. 译码和显示电路

数字显示电路通常由译码驱动器和显示器等部分组成。译码是把给定的二进制码转换成相应的状态，从而驱动 LED 七段数码管，将数字量直观地显示出来。本实验采用的 CD4511 是一个用于驱动共阴极 LED（数码管）显示器的 BCD 码——七段码译码器。CD4511 管脚图查有关资料。图 3 - 42 所示为一位 BCD 码显示电路和 LED 七段码的管脚图。

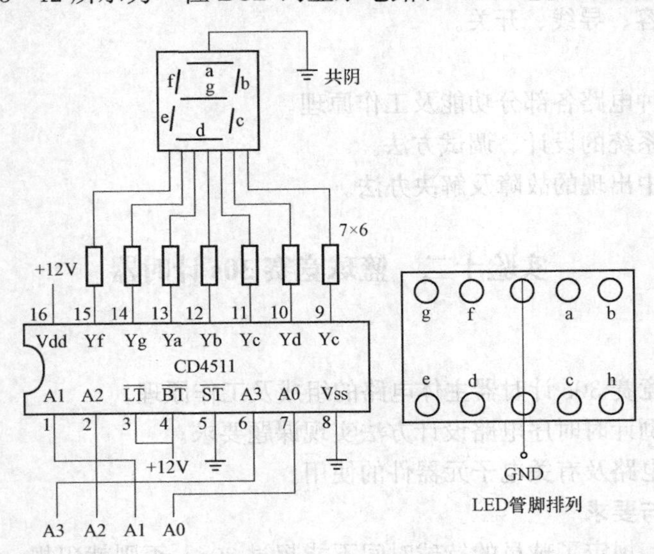

图 3 - 42　一位 BCD 码显示电路和 LED 七段码的管脚图

4. 校正电路

图 3-43 所示的校正电路由与非门电路（74LS00）和四只开关（S1～S4）组成，分别实现对日、时、分、秒的校准。开关选择有“正常”和“校时”两挡。校“日”“时”“分”的原理比较简单，当开关打在“校时”状态，秒脉冲时进入个位计数器，实现校对功能。校“秒”时，送入 2Hz（0.5s）信号，可方便快速校对。

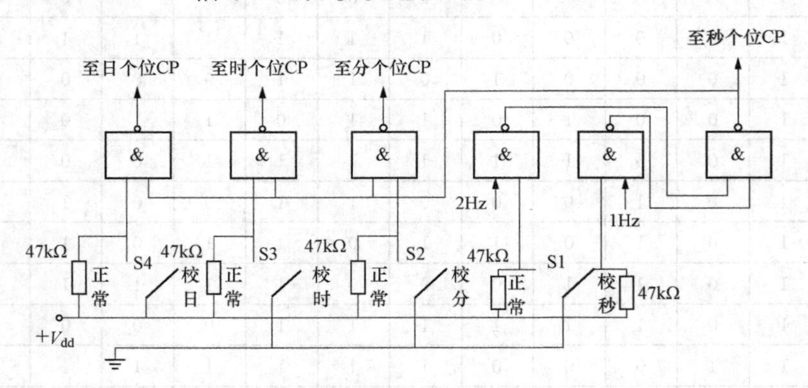

图 3-43　校正电路

五、元器件选择

（1）CD4510 四位十进制同步加/减计数器。

（2）CD4511 四位锁存/七段译码器/驱动器。

（3）CD4060 十四位串行计数/振荡器。

（4）74LS74 D 触发器。

（5）七段 LED 共阴数码管。

（6）74LS00 二输入四与非门。

（7）晶振 32768Hz。

（8）电阻、电容、导线、开关。

六、实验报告

（1）分析数字种电路各部分功能及工作原理。

（2）总结数字系统的设计、调试方法。

（3）分析设计中出现的故障及解决办法。

实验十二　篮球竞赛 30s 计时器

一、实验目的

（1）了解篮球竞赛 30s 计时器主体电路的组成及工作原理。

（2）掌握采用倒计时时序电路设计方法实现课题要求。

（3）熟悉集成电路及有关电子元器件的使用。

二、设计任务与要求

在篮球比赛中，规定了球员的持球时间不能超过 30s，否则就犯规。本项目要求设计的篮球竞赛 30s 计时器可用于篮球比赛中，一旦球员的持球时间超过 30s，系统自动报警从而判断此球员犯规。系统设计需满足以下具体要求。

（1）采用七段数码管显示 30s 倒计时。

（2）设置外部操作开关，控制计时器的直接清零、启动和暂停和连续功能以及具有光电报警功能。

（3）计时器间隔时间为 1s，完成 30s 递减计时。

（4）计时器递减计时到零时，数码显示器不能灭灯，应发出光电报警信号。

（5）启动前数码管显示“30”。

三、30s 计时器基本原理

根据系统功能分析，该系统包括 6 个电路模块：秒脉冲发生器、计数器、辅助时序控制电路（简称控制电路）、报警电路、译码器和显示器（见图 3-44）。其中，控制电路模块具有直接控制计数器的启动计数、暂停/连续计数、译码显示电路的显示和灭灯等功能，是系统的主要部分。当启动开关闭合时，控制电路应封锁时钟信号 CP（秒脉冲信号），同时计数器完成置数功能，译码显示电路显示 30；当启动开关断开时，计数器开始计数；当暂停/连续开关拨在暂停位置上时，计数器停止计数，处于保持状态；当暂停/连续开关拨在连续时，计数器继续递减计数，计数器模块完成 30s 倒计时功能。在操作直接清零开关时，要求计数器清零，数码显示器灭灯。另外，外部操作开关都应采取去抖动措施，以防止机械抖动造成电路工作不稳定。

1. 多谐振荡器产生秒脉冲信号电路

选用 555 定时器构成多谐振荡器，如图 3-45 所示。

LM555 秒脉冲发生器的振荡周期 $T=0.7(R_1+2R_2)C_1$，振荡频率 $f=1/T=1/0.7(R_1+2R_2)C_1\approx1.43/(R_1+2R_2)C_1$。取 $R_1=5.1\text{k}\Omega$，$R_2=4.7\text{k}\Omega$，$C_1=10\mu\text{F}$，$C_2=0.1\mu\text{F}$。得到频率为 10Hz，然后通过 74LS161 反馈置数法（置数值为 0110）十分频，这样 74LS161 输出的脉冲频率为 1Hz，周期为 1s。

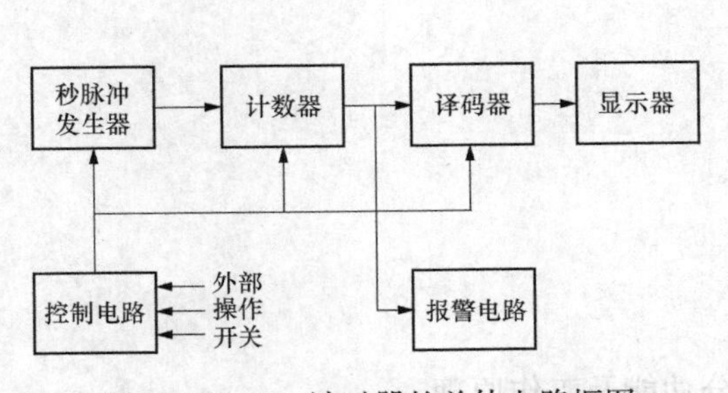

图 3-44　30s 计时器的总体电路框图

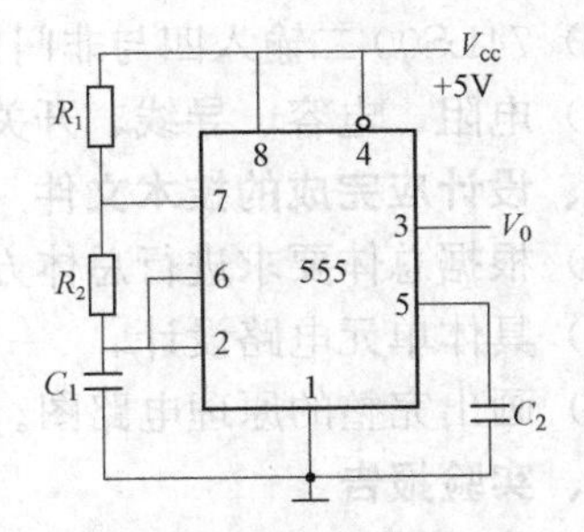

图 3-45　秒脉冲信号电路

2. 30 进制减法计数器

本实验中计数器选用中规模集成电路 74LS192 进行设计，74LS192 是十进制同步加法/减法计数器，它采用 8421BCD 二—十进制编码。用两片 74LS192 芯片串联可作为 30 进制计数器，高位计数器的脉冲输入端由低位计数器的借位输出控制，低位计数器脉冲输入端由 74LS161 的进位输出控制，电路图如图 3-46 所示。它的计数原理是每当低位计数器的 $\overline{BO}$ 端发出负跳变借位脉冲时，高位计数器减 1 计数。当高、低位计数器处于全 0，同时在 $CP_D=0$ 期间，高位计数器 $\overline{BO}=\overline{LD}=0$ 计数器完成异步置数（置数值为 0011），之后

$\overline{BO}=LD=1$，计数器在 CP_D 时钟脉冲作用下，进入下一轮减计数。

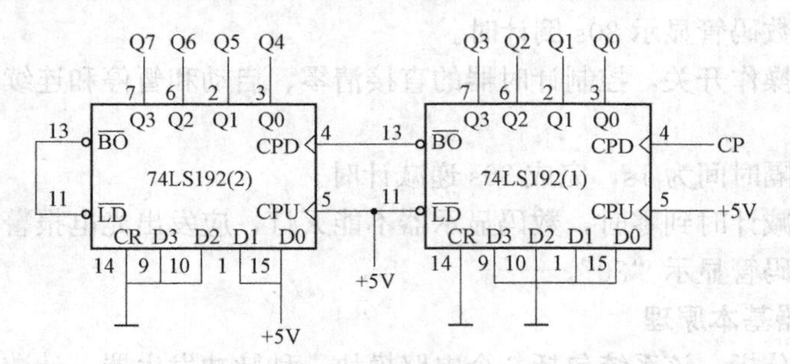

图 3-46　8421BCD码 30 进制递减计数器电路器

3. 控制电路

控制电路如图 3-47 所示。图中，与非门 G2、G4 的作用是控制时钟信号 CP 的放行与禁止，当 G4 输出为 1 时，G2 关闭，封锁 CP 信号；当 G4 输出为 0 时，G2 打开，放行 CP 信号，而 G4 的输出状态又受外部操作开关 S1、S2（即启动、暂停/连续开关）的控制。

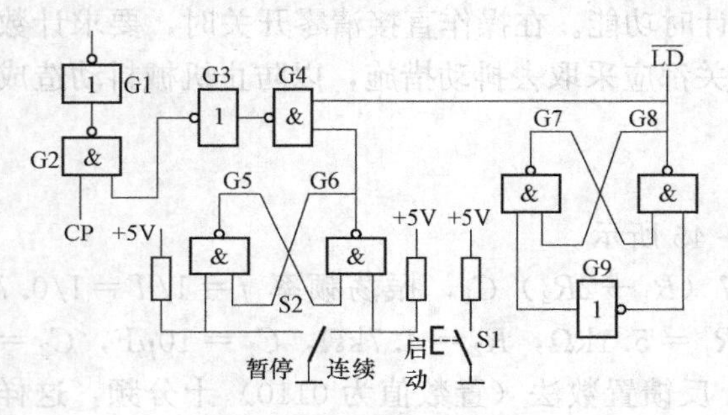

图 3-47　控制电路

四、元器件选择

(1) 74LS192 四位十进制同步加/减计数器。

(2) 74LS48 四位锁存/七段译码器/驱动器。

(3) 74LS161 四位二进制同步加法计数器。

(4) 555 定时器。

(5) 七段 LED 共阴数码管。

(6) 74LS00 二输入四与非门。

(7) 电阻、电容、导线、开关。

五、设计应完成的技术文件

(1) 根据总体要求进行总体方案设计。

(2) 具体单元电路设计。

(3) 画出完整的原理电路图。

六、实验报告

(1) 分析篮球竞赛 30s 计时电路各部分功能及工作原理。

(2) 总结数字系统的设计、调试方法。

(3) 分析设计中出现的故障及解决办法。

实验十三　交通灯控制电路

一、实验目的

(1) 巩固数字逻辑电路的理论知识。

(2) 学习将数字逻辑电路灵活运用于实际生活。

二、设计任务与要求

(1) 设计一个十字路口的交通灯控制电路，要求甲车道和乙车道两条交叉道路上的车辆交替运行，每次通行时间都设为25s。

(2) 要求黄灯先亮5s，才能变换运行车道。

(3) 黄灯亮时，要求每秒钟闪亮一次。

三、基本原理

为了确保十字路口的车辆顺利安全有序地通过，往往采用自动控制的交通信号灯来进行指挥。一般在每条道路上各安装一组红（R）、黄（Y）、绿（G）交通信号灯，其中红灯亮，表示该条道路禁止通行；黄灯亮表示该条道路上未过停车线的车辆停止通行，已过停车线的车辆继续通行；绿灯亮表示该条道路允许通行。交通灯控制电路自动控制十字路口两组红、黄、绿交通灯的状态转换，指挥各种车辆和行人安全通行，实现十字路口交通管理的自动化。

1. 系统结构框图

分析系统的逻辑功能，画出交通灯系统框图如图3-48所示。由图可知，系统主要由控制器、定时器、译码器和秒脉冲信号发生器等模块组成。秒脉冲发生器为整个系统中的定时器和控制器提供标准时钟信号源，译码器输出甲乙两车道信号灯的控制信号，经驱动电路驱动信号灯工作，控制器是系统的主要部分，由它控制定时器和译码器的正常工作。T_G、T_Y为定时器给控制器的反馈信号。由于甲乙两车道信号灯的状态是由控制器控制的，为简便起见，把灯的代号和灯的驱动信号合二为一。设控制器发出G1＝1的信号，则甲车道绿灯亮，同时甲车道绿灯也用G1代表，当G1＝1时，表示甲车道绿灯是亮的状态；Y1、R1分别代表甲车道黄灯、甲车道红灯。类似地分别以G2、Y2、R2代表乙车道绿灯、乙车道黄灯、乙车道红灯。

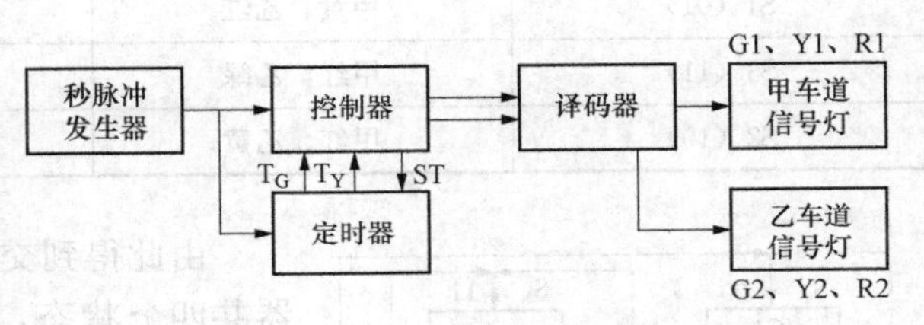

图3-48　交通灯系统框图

T_G：表示甲道或乙道绿灯亮的时间间隔为25s，即车辆正常通行的时间间隔。定时时间到，则$T_G=1$，否则，$T_G=0$。

T_Y：表示黄灯亮的时间间隔为5s。定时时间到，则$T_Y=1$，否则，$T_Y=0$。

ST：表示定时器到了规定的时间后，即$T_G=1$或者$T_Y=1$，由控制器发出状态转换信号。由它控制定时器开始下一个工作状态的定时。

2. 系统的状态转换

通常十字路口的交通灯控制系统由四个状态循环工作，S0→S1→S2→S3→S0，依次控制甲乙车道的信号灯工作状态，具体工作流程描述如下。

(1) S0：甲道绿灯亮，乙道红灯亮。表示甲道上的车辆允许通行，乙道禁止通行。当甲道绿灯亮满25s时，定时器输出$T_G=1$的信号给控制器。控制器接收到$T_G=1$的信号后，发出状态转换信号ST，转到下一工作状态S1。

(2) S1：甲道黄灯亮，乙道红灯亮。表示甲道上未过停车线的车辆停止通行，已过停车线的车辆继续通行，乙道禁止通行。甲道黄灯亮满5s时，定时器输出$T_Y=1$的信号给控制器。控制器接收到$T_Y=1$的信号后，发出状态转换信号ST，转到下一个状态S2。

（3）S2：甲道红灯亮，乙道绿灯亮。表示甲道禁止通行，乙道上的车辆允许通行。乙道绿灯亮满25s时，定时器输出 $T_G=1$ 的信号给控制器。控制器接收到 $T_G=1$ 的信号后，发出状态转换信号ST，转到下一个工作状态S3。

（4）S3：甲道红灯亮，乙道黄灯亮。表示甲道禁止通行，乙道上未过停车线的车辆停止通行，已过停车线的车辆继续通行。乙道黄灯满5s时，定时器输出 $T_Y=1$ 的信号给控制器。控制器接收到 $T_Y=1$ 的信号时，发出状态转换信号ST，系统又转到工作状态S0。

交通灯以上四种工作状态的转换是由控制器进行控制的，设控制器的四种状态S0、S1、S2、S3分别编码为00、01、10、11，则控制器的工作状态及其功能见表3-27。

表3-27　控制器的工作状态及其功能

控制器状态	信号灯状态	车道允许状态
S0（00）	甲绿，乙红	甲道通行，乙道禁止通行
S1（01）	甲黄，乙红	甲道缓行，乙道禁止通行
S3（11）	甲红，乙绿	甲道禁止通行，乙道通行
S2（10）	甲红，乙黄	甲道禁止通行，乙道缓行

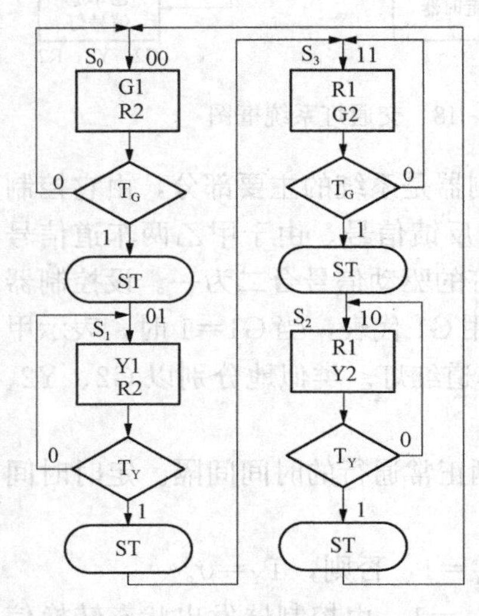

图3-49　交通灯的ASM图

由此得到交通灯的ASM图，如图3-49所示。控制器共四个状态，假设其初始状态为S0（用状态框表示S0），当S0状态持续时间小于25s时，$T_G=0$（用判断框表示 T_G），控制器保持S0不变。只有当S0的持续时间等于25s时，$T_G=1$，控制器发出控制状态转换信号ST（用条件输出框表示ST），并转换到下一个状态。依次类推可以理解ASM图所表达的含义。

3. 电路主要模块的设计

（1）定时器。由系统原理分析可知，定时器是由与系统秒脉冲（由时钟脉冲产生器提供）同步的计数器构成，要求计数器在状态转换信号ST作用下，首先清零。然后在时钟脉冲上升沿作用下，计数器开始计数。整个系统的计数器有两个，模值分别为5和25。当定时器时间到，会向控制器发出反馈信号 $T_Y=1$ 或 $T_G=1$。

实验中，计数器采用集成电路74LS163芯片进行设计，其功能表见表3-28。74LS163是4位二进制同步计数器，它具有异步清零、同步置数的功能。异步清零信号为低电平有效的 $\overline{CR}$ 输入端，同步并行置数控制端是低电平有效的 $\overline{LD}$ 端，CT_p、CT_T 是计数控制端，co是进位输出端，D0～D3是并行数据输入端，Q0～Q3是数据输出端。由两片74LS163级联组成的定时器电路如图3-50所示。当ST=1时，两个74LS163输出清零。当计数器从00000000计数到000001000时（模为5），T_Y 输出1；当计数器从00000000计数到00011000时（模为25），TG输出1。

表 3-28　**74LS163 功能表**

输入									输出			
$\overline{CR}$	$\overline{LD}$	CT_P	CT_T	CP	D0	D1	D2	D3	Q0	Q1	Q2	Q3
0	×	×	×	×	×	×	×	×	0	0	0	0
1	0	×	×	↑	d0	d1	d2	d3	d0	d1	d2	d3
1	1	1	1	↑	×	×	×	×	计数			
1	1	0	×	↑	×	×	×	×	保持			
1	1	×	0	×	×	×	×	×	保持			

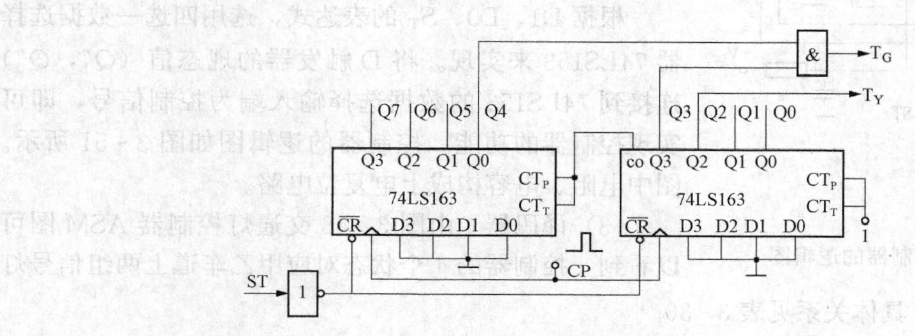

图 3-50　定时器电路图

(2) 控制器。控制器是交通管理的核心，它应该能够按照交通管理规则控制信号灯工作状态的转换。从 ASM 图可以列出控制器的状态转换表，见表 3-29。当控制器处于 $Q_1^nQ_0^n=00$ 状态时，如果控制器检测到 $T_G=0$，则控制器保持在 00 状态；如果控制器检测到 $T_G=1$，则控制器转换到 $Q_1^nQ_0^n=01$ 状态。这两种情况与条件 T_Y 无关，所以用无关项“×”表示，其余情况依次类推，同时表中还列出了状态转换信号 ST。

表 3-29　**控制器的状态转换表**

输入				输出		
现态		状态转换条件		次态		状态转换信号
Q_1^n	Q_0^n	T_G	T_Y	Q_1^{n+1}	Q_0^{n+1}	ST
0	0	0	×	0	0	0
0	0	1	×	0	1	1
0	1	×	0	0	1	0
0	1	×	1	1	1	1
1	1	0	×	1	1	0
1	1	1	×	1	0	1
1	0	×	0	1	0	0
1	0	×	1	0	0	1

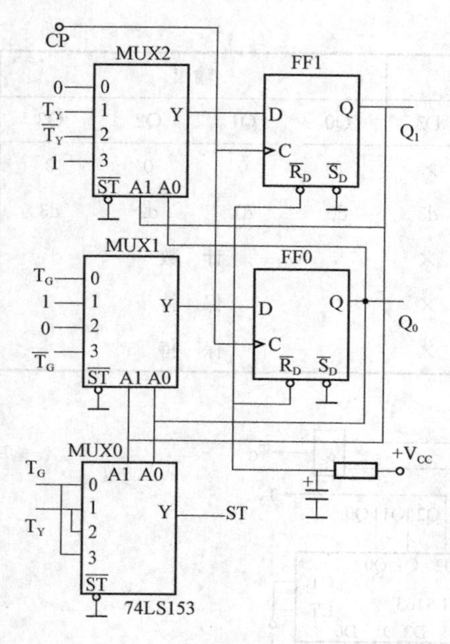

图 3-51　控制器的逻辑图

根据表 3-29，经过简单的化简，可以推出状态方程和转换信号输出方程

$$Q_1^{n+1}=\overline{Q}_1^nQ_0^nT_Y+Q_1^nQ_0^n+Q_1^n\overline{Q}_0^n\,\overline{T_Y}$$

$$Q_0^{n+1}=\overline{Q}_1^n\,\overline{Q}_0^nT_G+\overline{Q}_1^nQ_0^n+Q_1^nQ_0^n\overline{T_G}$$

$$S_T=\overline{Q}_1^n\,\overline{Q}_0^nT_G+\overline{Q}_1^nQ_0^nT_Y+Q_1^nQ_0^nT_G+Q_1^n\overline{Q}_0^nT_Y$$

选用两个 D 触发器 FF1、FF0 作为时序寄存器产生 4 种状态。

$$D1=Q_1^{n+1}=\overline{Q}_1^nQ_0^nT_Y+Q_1^nQ_0^n+Q_1^n\overline{Q}_0^n\,\overline{T_Y}$$

$$D0=Q_0^{n+1}=\overline{Q}_1^n\,\overline{Q}_0^nT_G+\overline{Q}_1^nQ_0^n+Q_1^nQ_0^n\overline{T_G}$$

根据 D1、D0、S_T 的表达式，选用四选一数据选择器 74LS153 来实现。将 D 触发器的现态值（Q_1^n，Q_0^n）连接到 74LS153 的数据选择输入端为控制信号，即可实现控制器的功能。控制器的逻辑图如图 3-51 所示。图中电阻、电容构成上电复位电路。

（3）译码器。由图 3-48 交通灯控制器 ASM 图可以看到，控制器的 4 个状态对应甲乙车道上两组信号灯不同的工作状态，具体关系见表 3-30。

表 3-30　　控制器状态与信号灯关系表

输入	输出					
状态	G1	Y1	R1	G2	Y2	R2
00	1	0	0	0	0	1
01	0	1	0	0	0	1
11	0	0	1	1	0	0
10	0	0	1	0	1	0

根据表 3-30 可以推出输出方程

$$G1=\overline{Q}_1^n\,\overline{Q}_0^n,\quad Y1=\overline{Q}_1^nQ_0^n,\quad R1=Q_1^nQ_0^n+Q_1^n\overline{Q}_0^n;$$

$$G2=Q_1^nQ_0^n,\quad Y2=Q_1^n\overline{Q}_0^n,\quad R2=\overline{Q}_1^n\,\overline{Q}_0^n+\overline{Q}_1^nQ_0^n$$

显然，可以采用译码器来实现该组合逻辑电路。该译码器的输入信号为控制器的输出 Q_1、Q_0，通过译码器翻译成甲乙车道上两组共 6 个信号灯的工作状态。实现上述关系的译码电路读者自行设计。

四、设计应完成的技术文件

（1）根据总体要求进行总体方案设计。

（2）具体单元电路设计。

（3）计算元件参数，并选择相应的元器件型号，列出元器件清单。

（4）画出完整的原理电路图。

五、设计报告

（1）分析交通信号灯电路各部分功能及工作原理。

（2）总结数字系统的设计、调试方法。

（3）分析设计中出现的故障及解决办法。

六、思考题

如果十字路口交通灯逻辑控制电路增加允许左转弯与右转弯的功能，请设计并画出信号灯工作流程图。

第四部分　数字电子技术仿真实验

实验一　Quartus Ⅱ软件操作（一）

一、实验目的

（1）了解并掌握 Quartus Ⅱ软件图形输入的使用方法。

（2）了解并掌握仿真（功能仿真及时序仿真）方法及验证设计正确性。

二、实验内容及步骤

1. 实验内容

本实验通过简单的例子，介绍 FPGA 开发软件 Quartus Ⅱ的使用流程，包括图形输入法的设计步骤和仿真验证的使用以及最后的编程下载。

图形编辑输入法也称原理图输入设计法。用 Quartus Ⅱ的原理图输入设计法进行数字系统设计时，不需要了解任何硬件描述语言知识，只要掌握数字逻辑电路基本知识，就能使用 Quartus Ⅱ提供的 EDA 平台设计数字电路或系统。

Quartus Ⅱ的原理图输入设计法可以与传统的数字电路设计法接轨，即把传统方法得到的设计电路的原理图，用 EDA 平台完成设计电路的输入、仿真验证和综合，最后编程下载到可编程逻辑器件（CPLD/FPGA）中进行硬件验证。

2. 实验步骤

在 Quartus Ⅱ中通过原理图的方法，使用与门和异或门实现半加器。

第 1 步：打开 Quartus Ⅱ软件。

第 2 步：新建一个空项目。

选择菜单 File->New Project Wizard，进入新建项目向导，如图 4 - 1 所示，填入项目的名称“hadder”，默认项目保存路径在 Quartus 安装下，也可修改为其他地址，视具体情况而定。

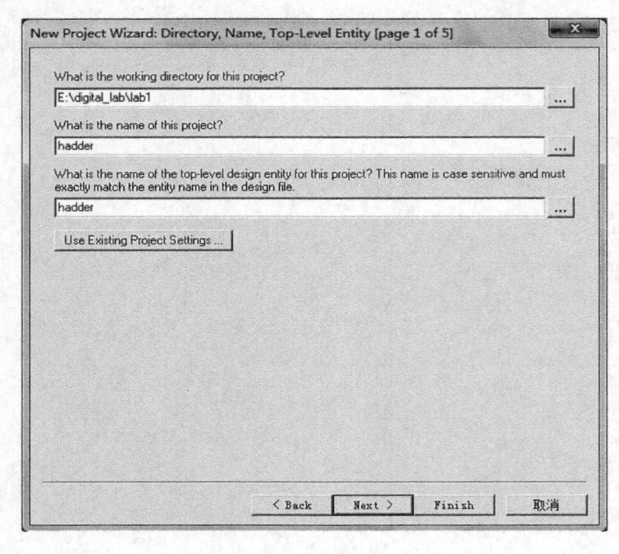

图 4 - 1　新建项目向导

第 3 步：单击 Next 按钮，进入向导的下一页进行项目内文件的添加操作，如果没有文件需要加进项目，则直接点击 Next 按钮即可。

第 4 步：选择 CPLD/FPGA 器件，如图 4 - 2 所示，选择芯片系列为“MAX Ⅱ”，型号为“EPM240T100C5”。

第 5 步：向导的后面几步不做更改，直接点击 Next 即可，最后点击 Finish 结束向导。到此即完成了一个项目的新建工作。

第 6 步：新建一个图形文件。选择 File->New 命令，选择“Diagram/Schematic File”，

点击 OK 按钮完成。将该图形文件另存为 hadder. bdf。图形编辑窗口如图 4-3 所示，窗口左边是图形编辑工具条。

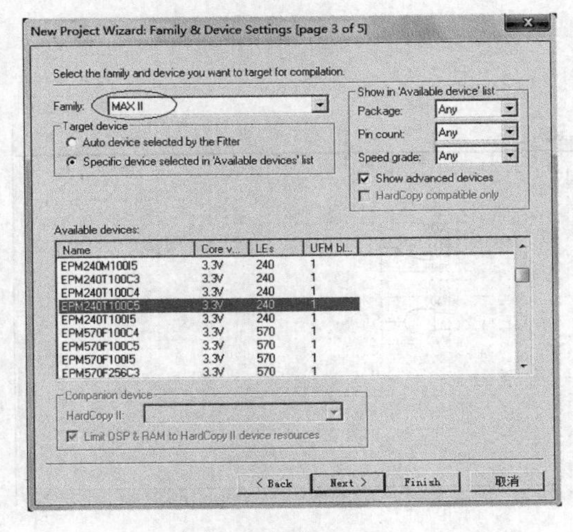

图 4-2　器件选择

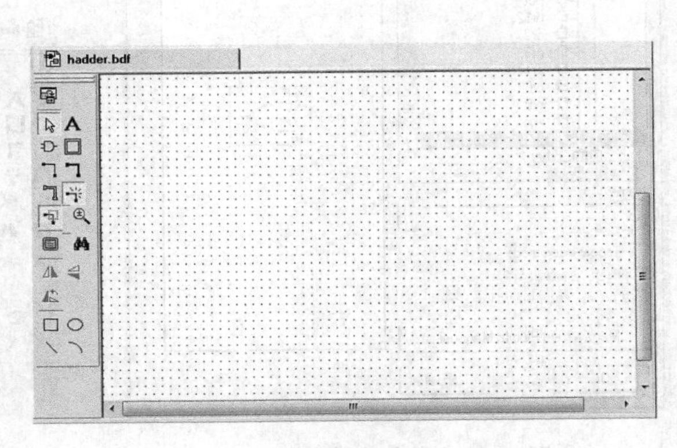

图 4-3　图形编辑窗口

第 7 步：在图形编辑窗口的空白处双击，打开符号库窗口，如图 4-4 所示。展开符号库“c：//.../libraries/”，可以看到有三个类别，分别是“megafunctions”表示具有宏功能的符号，“others”主要是一些常用的集成电路符号，“primitives”主要是一些基本门电路符号、引脚和接地、电源符号等。窗口中的“Name”框可快速检索到需要的符号，例如当输入型号“7408”，符号库立刻找到相应集成电路的符号，如图 4-5 所示。

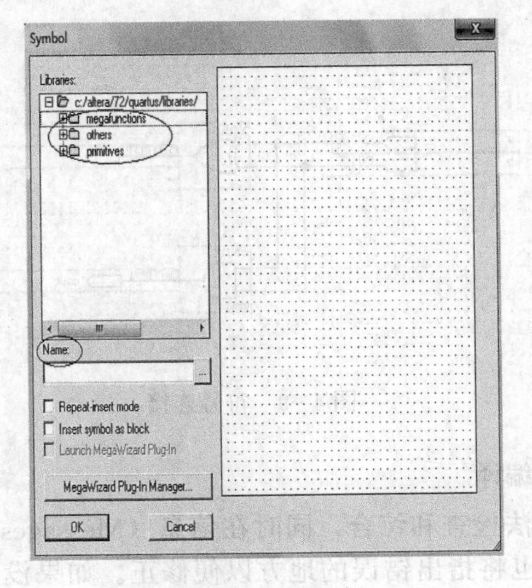

图 4-4　符号库

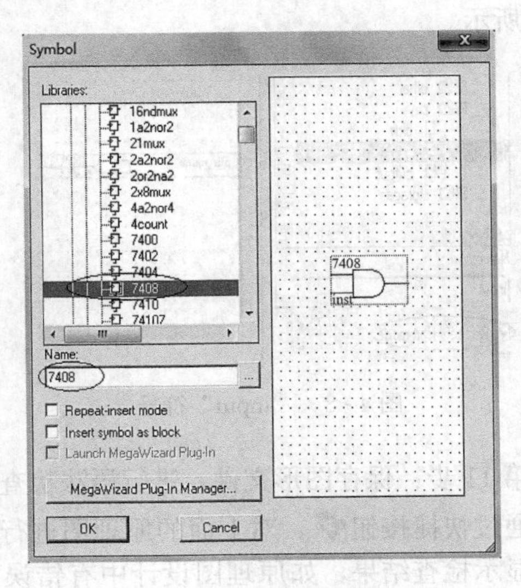

图 4-5　选中符号方法一

第 8 步：选择好需要的符号后，单击 OK 按钮，界面将回到原理图编辑界面，然后单击左键即在窗口内放置该符号。再用同样的方法，在“Name”框中输入“xor”即可找到异或门的符号，如图 4-6 所示。

第 9 步：在图形编辑窗口中分别放置与门“7408”和异或门“xor”，如图 4-7 所示。

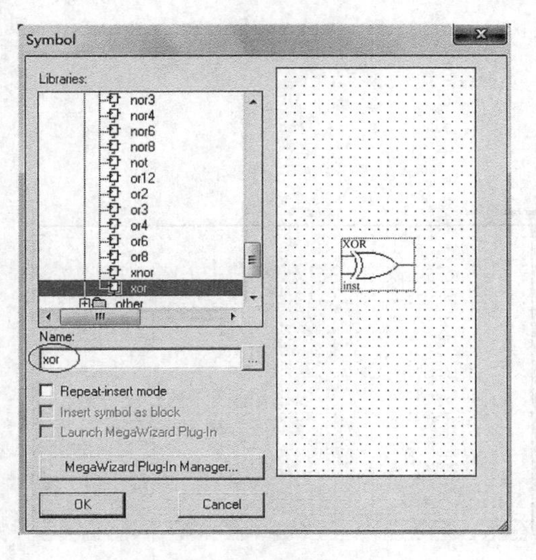

图 4-6 选中符号方法二

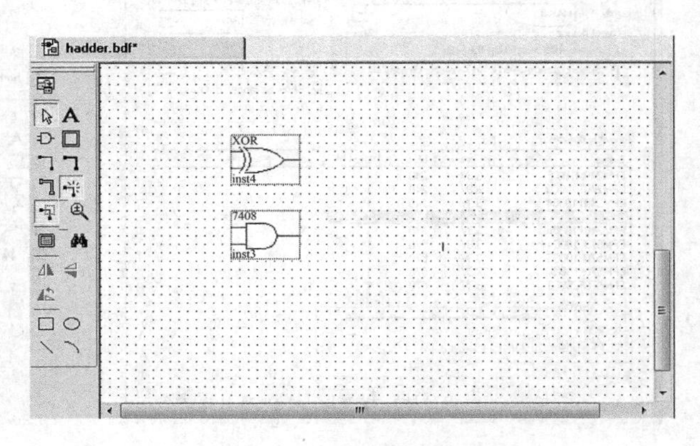

图 4-7 图形编辑窗口

第 10 步：再次打开符号，在“Name”栏中输入“input”，符号库自动在库中找到输入“input”符号（如图 4-8 所示），并选中“Repeat-insert mode”点击 OK 按钮，可反复在编辑窗口中放入输入符号，直到单击右键取消放置为止。由于输入信号一共有 2 个，所以需要放入 2 个输入符号，并将 2 个输入符号命名为 a 和 b。用同样的方法放置 2 个输出“output”符号，并分别命名为 s、cout。再选择工具栏中的按钮，将各符号连接起来，结果如图 4-9 所示。

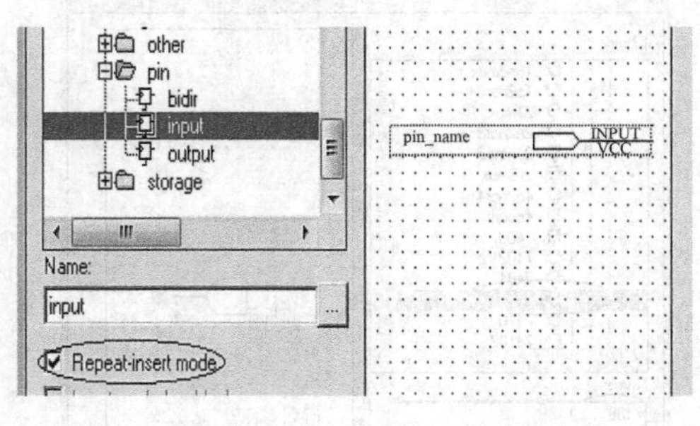

图 4-8 “input”符号

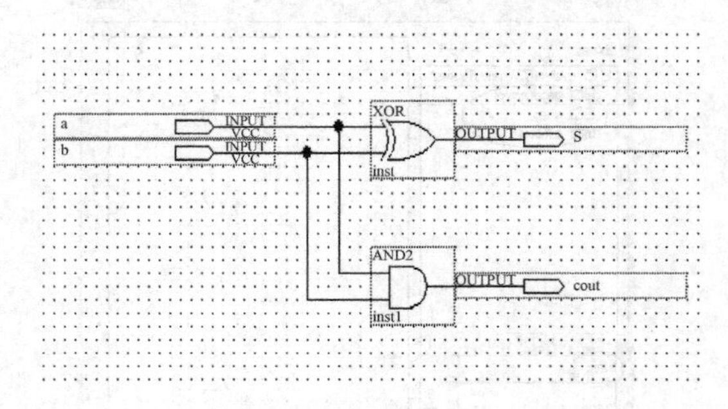

图 4-9 符号连接

第 11 步：保存图形文件，进行语法检查和编译。

通过快捷按钮，对上面的原理图进行语法检查和综合，同时在信息（Messages）窗口中显示检查结果，如原理图设计中有错误，也将指出错误的地方以便修正。如果没有错误，则使用快捷按钮进行编译。编译结束后会自动打开一个编译报告（Compilation Report）窗口，如图 4-10 所示。

第 12 步：仿真。在开发板上实现该电路之前，可以先在 Quartus Ⅱ软件中对电路进行功能仿真，以测试电路逻辑的正确性。在仿真之前，先要建立一个矢量波形文件，包含输入信号的波形，并指定需要观察的输出信号。执行 File->New 命令，选择“Other Files”选项页中 Vector Waveform File，并单击 OK 按钮，打开矢量波形编辑器窗口，如图 4 - 11 所示。

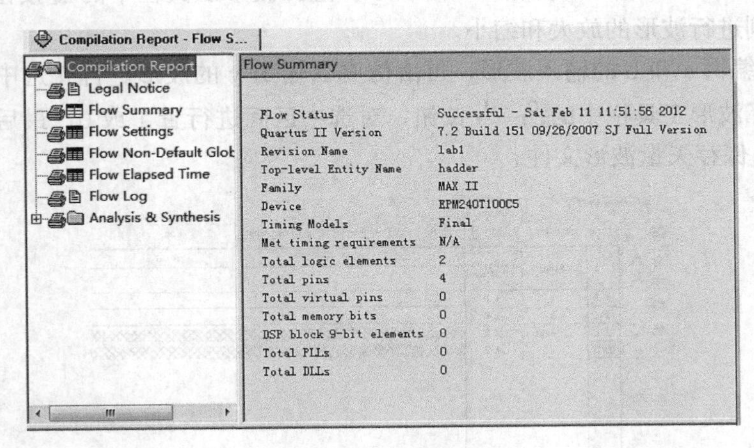

图 4 - 10　编译报告

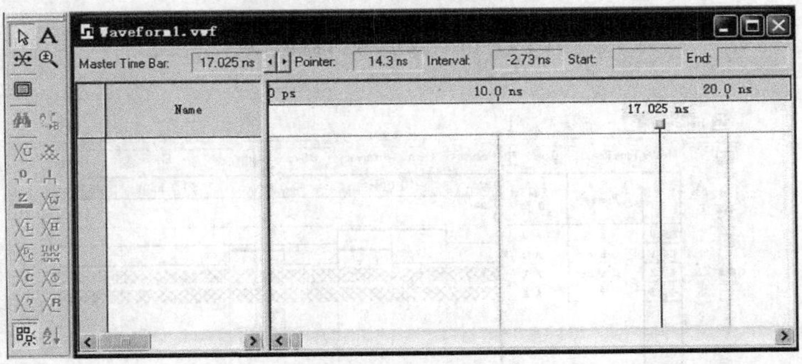

图 4 - 11　矢量波形编辑器窗口

第 13 步：另存矢量波形文件为 hadder. vwf。执行 Edit->Insert Node or Bus 命令，将需要仿真的输入和输出节点加入到波形中来，其窗口如图 4 - 12 所示。可以在 Name 框中直接输入节点的名称，也可点击 Node Finder 按钮，打开节点搜索窗口，如图 4 - 13 所示。在 Filter 下拉框中选择所要寻找的节点类型，这里选择“Pins：all”，点击 List 按钮，在 Nodes Found 框中列出所有的引脚。

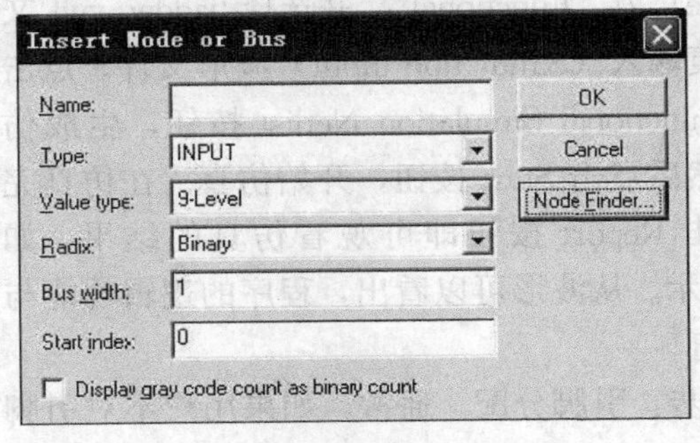

图 4 - 12　加入要仿真的输入输出节点

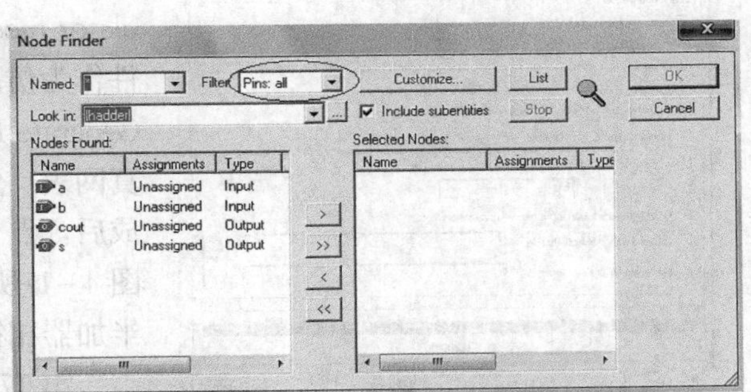

图 4 - 13　节点搜索窗口

第 14 步：选择所有引脚，单击 ≥ 按钮，将所有引脚添加到 Selected Nodes 框中，再按 OK 按钮返回波形编辑器窗口，如图 4-14 所示。选择波形工具栏中的 按钮，在波形图上左击或右击分别进行波形的放大和缩小。

第 15 步：编辑 a 和 b 的输入波形，再由仿真器输出 y 的波形。首先选中需要编辑的波形区间，再选择波形工具栏中的 按钮，对选中区间进行置 1 或 0。最后的输入波形如图 4-15 所示，保存矢量波形文件。

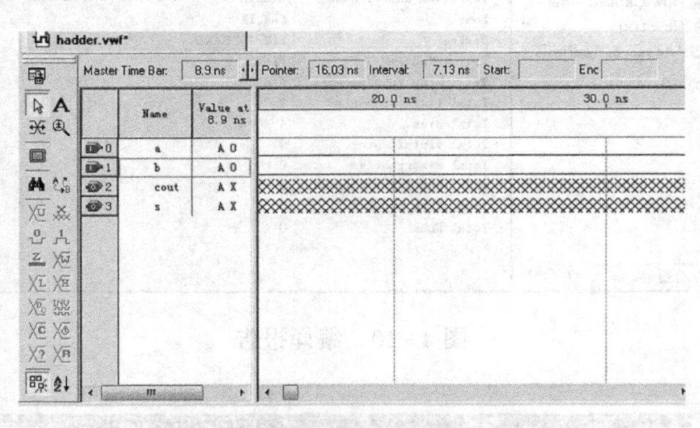

图 4-14　波形编辑器窗口

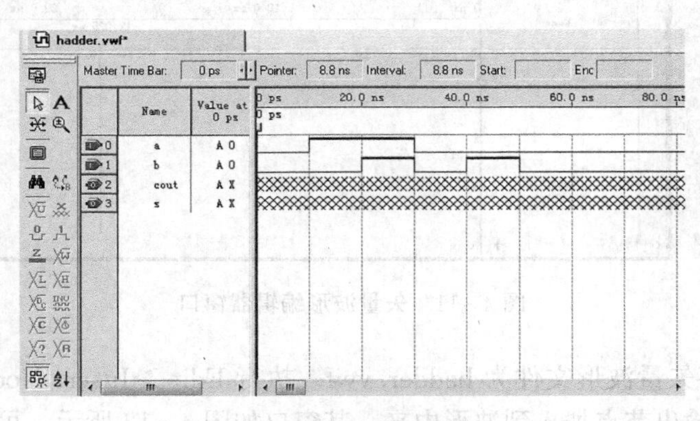

图 4-15　编辑输入波形

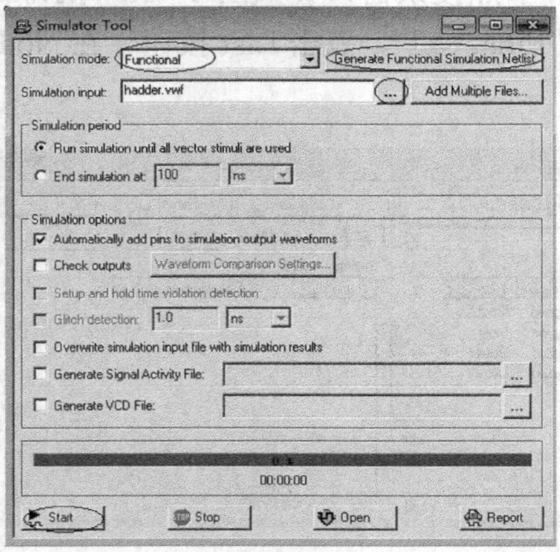

第 16 步：功能仿真。选择 Processing->Simulator Tool，窗口如图 4-16 所示。选择仿真模式（Simulator mode）为“Functional”，并选择 hadder.vwf 文件作为仿真输入（Simulation input）波形文件。点击 Generate Functional Simulation Netlist 按钮，生成仿真网表。然后点击 Start 按钮，开始仿真。在仿真完成后，点击 Report 按钮即可观看仿真的结果，如图 4-17所示。从波形可以看出，程序的逻辑功能与半加器相符。

图 4-16　仿真模式选择

第 17 步：引脚分配。通常，如果用户不对引脚进行分配，Quartus Ⅱ软件会自动随机为设计分配引脚，这一般无法满足需求。在开发板上，FPGA 与外部器件的连接是确定的，其连接关系可参看附录四。如果选择数码开关 SW0 和 SW1 分别代表输入信号 a 和 b、LED15 和 LED16 代表输出信号 s 和 cout，则通过附录四查表可知它们分别对应 FPGA 的引脚 PIN _ 39、PIN _ 38、PIN _ 15 和 PIN _ 16。

选择 Assignments—>Pins 命令，打开引脚规划器（PinPlanner），如图 4 - 18 所示。接着双击信号 a 的 Location 栏，在下拉框中选择 PIN _ 39，其他信号通过相同的办法进行分配。

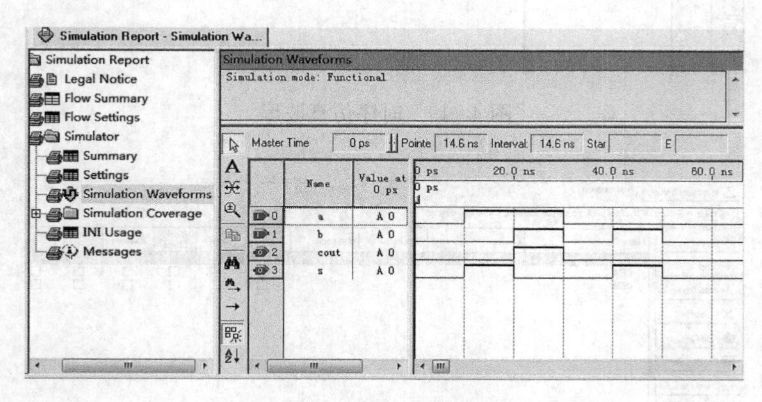

图 4 - 17 功能仿真输出波形

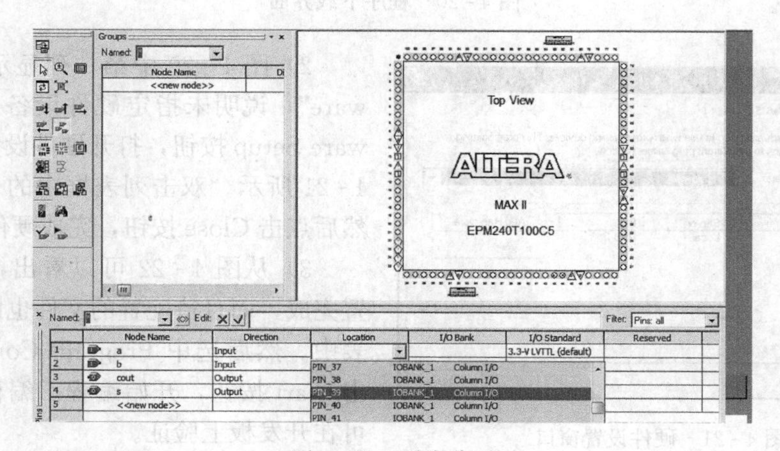

图 4 - 18 引脚分配

第 18 步：在仿真正确并锁定自定引脚后，通过按钮 ▶ 对项目再次编译。

第 19 步：时序仿真。时序仿真不仅可以仿真其逻辑功能是否正确，同时可以仿真出信号之间的时间延迟。时序仿真又称后仿真，通常是在编译完成后进行。

再次选择 Processing->Simulator Tool，并将仿真模式设为“Timing”，然后点击 Start 按钮。最后点击 Report 按钮查看仿真结果，结果如图 4 - 19 所示。与功能仿真结果图相比较，可以看出时序仿真的输出带有一定的延迟。

第 20 步：程序下载。

1）用 USB 连接线连接 DE2 开发板和电脑，选择 Tools->Programmer 命令，打开配置窗口，如图 4 - 20 所示。

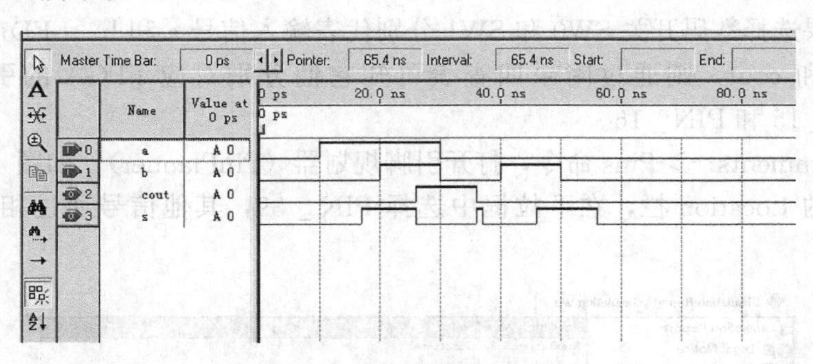

图 4 - 19　时序仿真波形

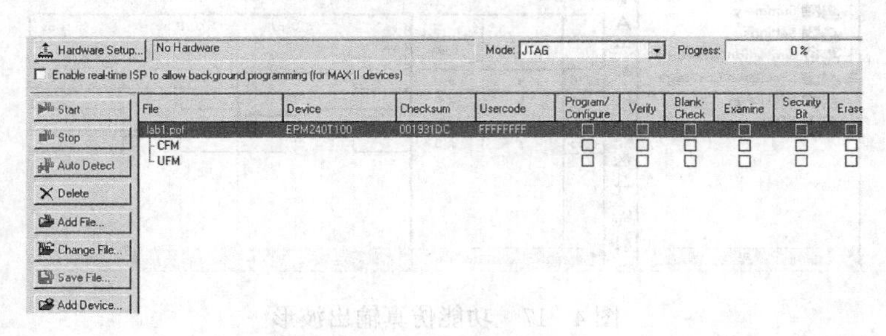

图 4 - 20　程序下载界面

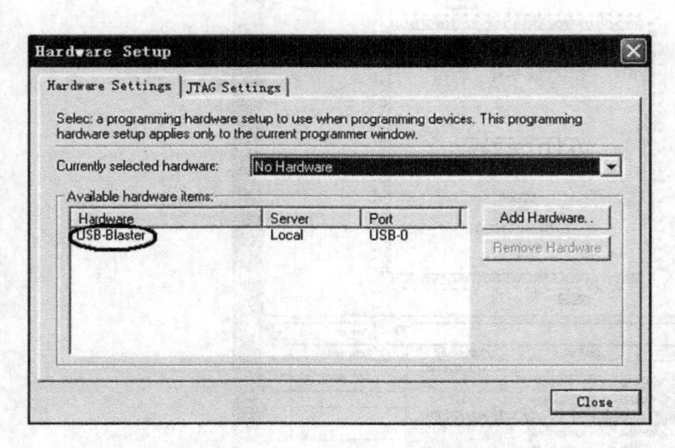

图 4 - 21　硬件设置窗口

2）图 4 - 20 中第一列显示“No Hardware”，说明未指定硬件设备，单击 Hardware Setup 按钮，打开硬件设置窗口，如图 4 - 21 所示。双击列表框中的 USB-Blaster，然后点击 Close 按钮，完成硬件设置。

3）从图 4 - 22 可以看出，硬件已经设置完成，而且待配置的文件也已经在文件列表中。然后选中 Program/Config 选项，单击 Start 按钮，开始编程。编程结束后，即可在开发板上验证。

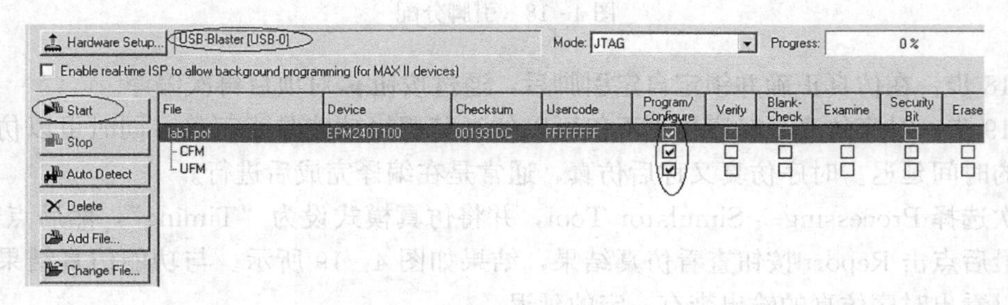

图 4 - 22　程序下载界面

三、实验报告要求

（1）总结 Quartus Ⅱ软件设计的过程及步骤。

（2）画出实验中的两张仿真波形，分析功能仿真和时序仿真的不同。

实验二　典型组合逻辑集成电路功能验证

一、实验目的和要求

（1）使用 EDA 软件验证集成组合电路。

（2）了解集成组合电路的内部电路结构及其功能。

二、实验内容

1. 优先 10 - 4 编码器 74LS147 的功能测试

（1）画出如图 4 - 23 所示的原理图。

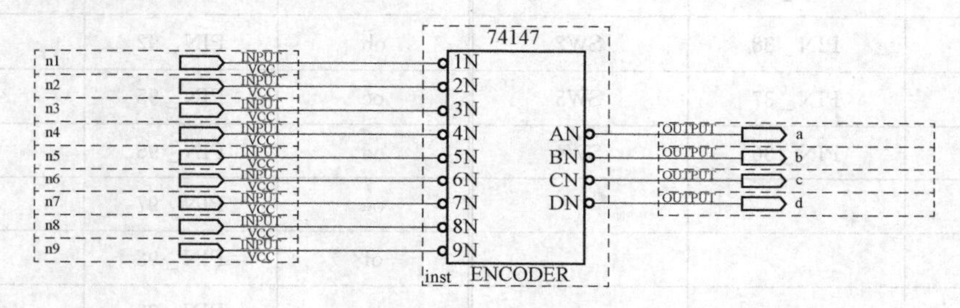

图 4 - 23　编码器 74LS147 的功能测试

（2）准备如图 4 - 24 所示的仿真波形。

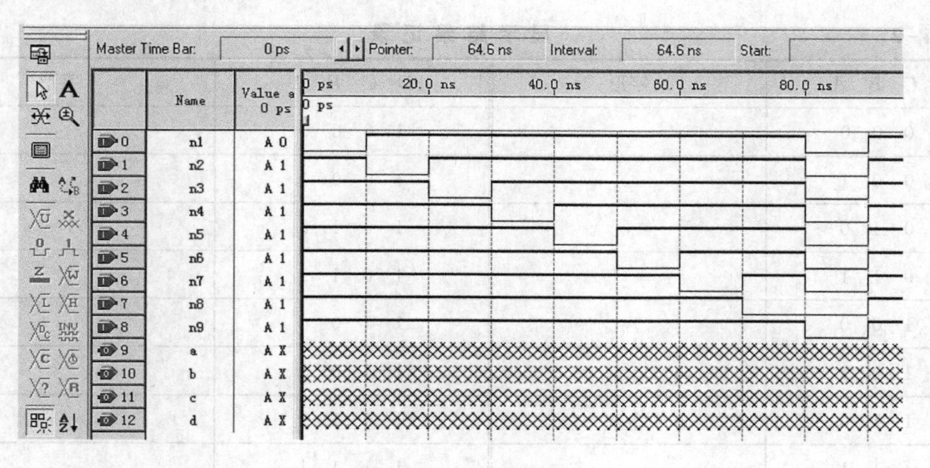

图 4 - 24　仿真波形

（3）画出仿真结果，并总结编码器 74LS147 功能。

2. 译码显示电路功能测试（译码器 74LS248）

（1）画出如图 4 - 25 所示的原理图。

（2）按表 4 - 1 进行引脚分配。

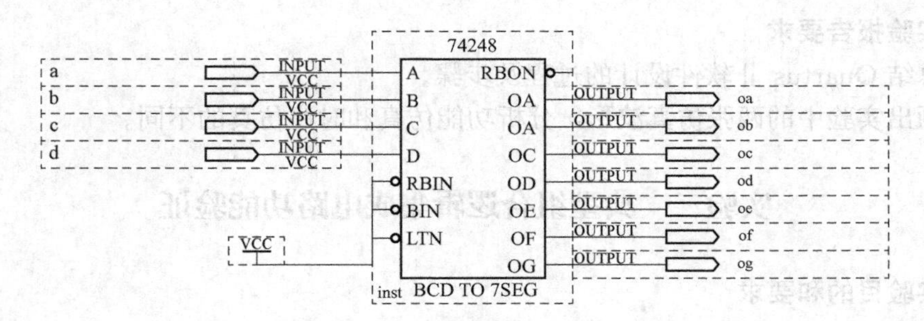

图 4-25 译码器 74LS248 功能测试

表 4-1 引脚分配

输入端	引脚	SW	输入端	引脚	数码管
a	PIN_39	SW1	oa	PIN_91	a 段
b	PIN_38	SW2	ob	PIN_92	b 段
c	PIN_37	SW3	oc	PIN_95	c 段
d	PIN_36	SW4	od	PIN_96	d 段
			oe	PIN_97	e 段
			of	PIN_98	f 段
			og	PIN_99	g 段

(3) 下载到开发板。观察数码显示器上显示的字形，并填写表 4-2。

表 4-2 显示结果记录

D C B A	字形	*D C B A*	字形
0 0 0 0		1 0 0 0	
0 0 0 1		1 0 0 1	
0 0 1 0		1 0 1 0	
0 0 1 1		1 0 1 1	
0 1 0 0		1 1 0 0	
0 1 0 1		1 1 0 1	
0 1 1 0		1 1 1 0	
0 1 1 1		1 1 1 1	

3. 数据选择器 74LS151 功能验证

数据选择器 74LS151 是一个 8 选 1 的数据选择器，画一张数据选择器的验证原理图，并进行仿真，完成功能表 4-3 的测试。

表 4-3　**数据选择器 74LS151 功能测试记录**

输入		输出
A_2　A_1　A_0	GN	Y　W　N
×　×　×	1	
0　0　0	0	
0　0　1	0	
0　1　0	0	
0　1　1	0	
1　0　0	0	
1　0　1	0	
1　1　0	0	
1　1　1	0	

4. 全加器 74LS183 功能验证

全加器 74LS183 的符号图如图 4-26 所示。

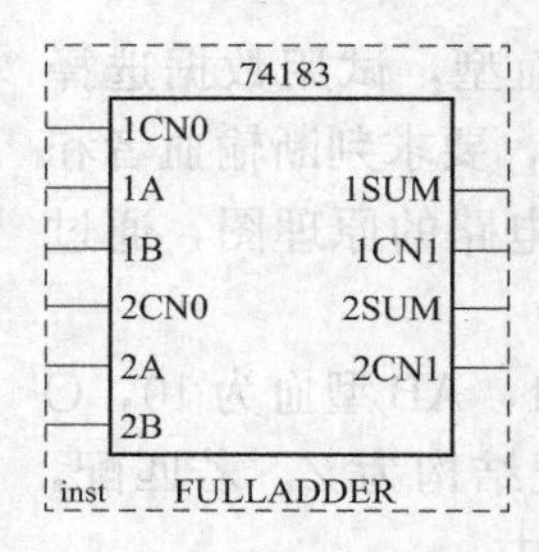

图 4-26　全加器 74183 的符号图

(1) 全加器 741LS83 有 2 个独立的 1 位全加器，先画出一张 1 位全加器的验证原理图，再进行仿真，并画出仿真波形图。

(2) 试用全加器 74LS183 实现 2 位串行进位的全加器，画出原理图，进行波形仿真验证后，下载到开发板上，进行硬件验证。

三、实验报告要求

(1) 完成实验内容中要求的各项任务。

(2) 分析译码器 74LS248 的三个引脚（RBIN、BIN、LTN）的功能，用仿真分析并证明。

(3) 按照要求画出所需的原理图、功能表和波形图。

四、思考题

可否将编码器 74LS147 和译码器 74LS248 结合使用，然后在电路板上验证。（注意高低电平有效，电路中间需要一些非门转换）。

实验三　数据选择器和译码器应用

一、实验目的和要求

(1) 了解并掌握集成组合电路的使用方法。

(2) 了解并掌握仿真（功能仿真及时序仿真）方法及验证设计正确性。

(3) 使用数据选择器和译码器实现特定电路。

二、实验内容

(1) 要求用数据选择器 74LS153 和基本门电路设计用 3 个开关控制一个电灯的电路，改变任何一个开关的状态都能控制电灯由亮变暗或由暗变亮。其中，数据选择器 74LS153 是常用的双 4 选 1 数据选择器/多路选择器，符号如图 4-27 所示。画出电路的原理图，将电路下载到开发板上进行验证。

设计提示：用变量 A、B、C 表示三个开关，0、1 表示通、断状态；用变量 L 表示灯，0、1 表示灯灭、亮状态。列出真值表于表 4 - 4 中。

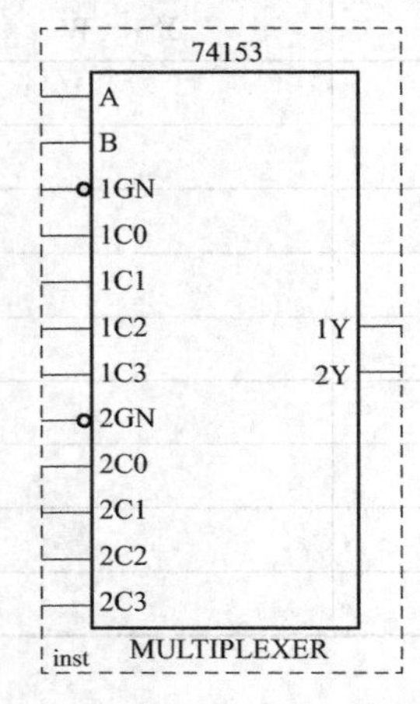

图 4 - 27 数据选择器 74LS153 符号图

表 4 - 4 电灯控制电路真值表

A	B	C	L	A	B	C	L
0	0	0		1	0	0	
0	0	1		1	0	1	
0	1	0		1	1	0	
0	1	1		1	1	1	

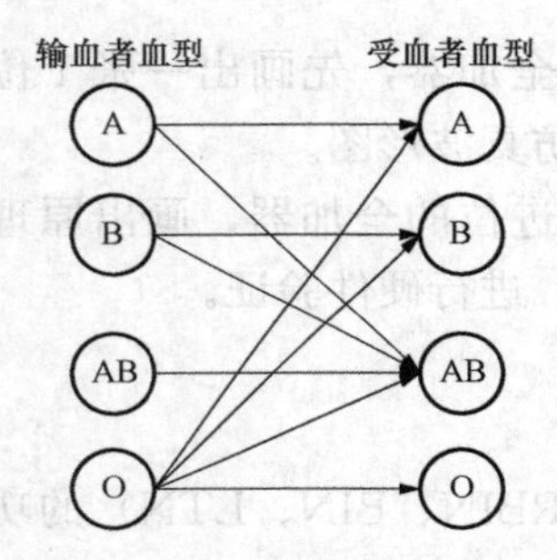

图 4 - 28 血型关系示意图

（2）人类有 A、B、AB 和 O 四种基本血型，试用数据选择器 74LS153 和基本门电路设计一个逻辑电路，要求判断输血者和受血者关系是否符合图 4 - 28 的关系。画出电路的原理图，通过仿真进行验证。

设计提示：设 A 型血为 00，B 型血为 01，AB 型血为 10，O 型血为 11，输血者为 X，受血者为 Y，匹配结构为 Z。若匹配，则 $Z=1$，否则 $Z=0$。列出真值表于表 4 - 5 中。

表 4 - 5 血型匹配真值表

X_1	X_0	Y_1	Y_0	Z	X_1	X_0	Y_1	Y_0	Z
0	0	0	0		1	0	0	0	
0	0	0	1		1	0	0	1	
0	0	1	0		1	0	1	0	
0	0	1	1		1	0	1	1	
0	1	0	0		1	1	0	0	
0	1	0	1		1	1	0	1	
0	1	1	0		1	1	1	0	
0	1	1	1		1	1	1	1	

（3）试用译码器 74LS138 和基本门电路实现 1 位全加器，画出电路连线图，将电路下载到开发板上进行验证。

设计提示：用变量 A、B、C_{i-1}、sum、C_i 分别表示被加数、加数、上一位向本位的进位数、和、本位向下一位进位的进位数，列出真值表见表 4 - 6。用 A、B、C_{i-1} 最小项表示 sum、C_i，最后用一个译码器 74LS138 和基本门电路实现 sum、C_i。

表 4-6　　1位全加器真值表

A	B	C_{i-1}	sum	C_i
0	0	0		
0	0	1		
0	1	0		
0	1	1		
1	0	0		
1	0	1		
1	1	0		
1	1	1		

（4）试用数据选择器 74LS151 实现 1 位全加器电路，画出电路连线图，并通过仿真验证其功能。

设计提示：由第 3 题得到 sum、C_i 最小项表达式后，采用两个数据选择器 74LS151 实现电路。

三、实验报告要求

（1）完成实验内容中要求的各项任务。

（2）分析用数据选择器和译码器设计电路时，采用的方法有什么不同。

（3）按照要求画出所需的原理图和波形图，并描述观察到的实验现象。

实验四　触发器的应用

一、实验目的和要求

（1）了解并掌握各种触发器的功能及其原理。

（2）了解并掌握触发器的使用方法。

二、实验内容

（1）验证边沿 D 触发器 74LS74 的功能。画一张验证电路的原理图，通过波形仿真完成功能测试并记入表 4-7。

表 4-7　　74LS74 功能测试

CLK	D	PRN　$CLRN$	Q　QN	结论或说明
×	×	0　0		
×	×	0　1		
×	×	1　0		
0	×	1　1		
↑	0	1　1		
↑	1	1　1		

（2）用 JK 触发器 74LS112 与反相器 74LS04 组成如图 4-29 所示的电路。输入 clk 为连续脉冲，如图 4-30 所示，观察 clkout 端的波形，分别用时序仿真和功能仿真，观察波形会有什么变化，并分析其原因。

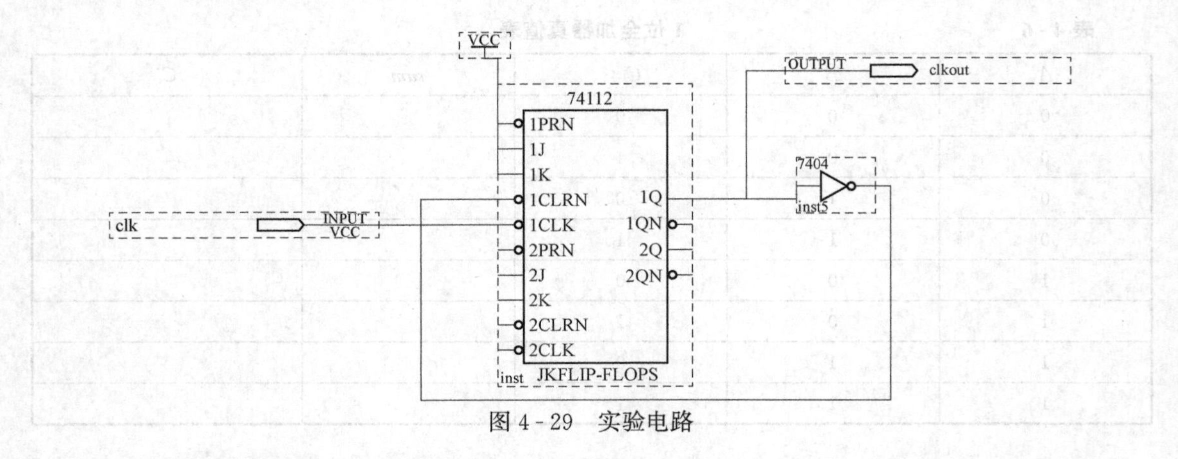

图 4-29 实验电路

图 4-30 输入时钟 clk 波形

（3）设计串行数据比较电路。参考图 4-31 所示的电路，设计一个串行数据比较器。电路工作时，先在 Cr 端加一负脉冲清零，再将串行数据 An、Bn 送入，先送高位，再送低位，输出反应两个数的大小。分析这个电路实现的原理。

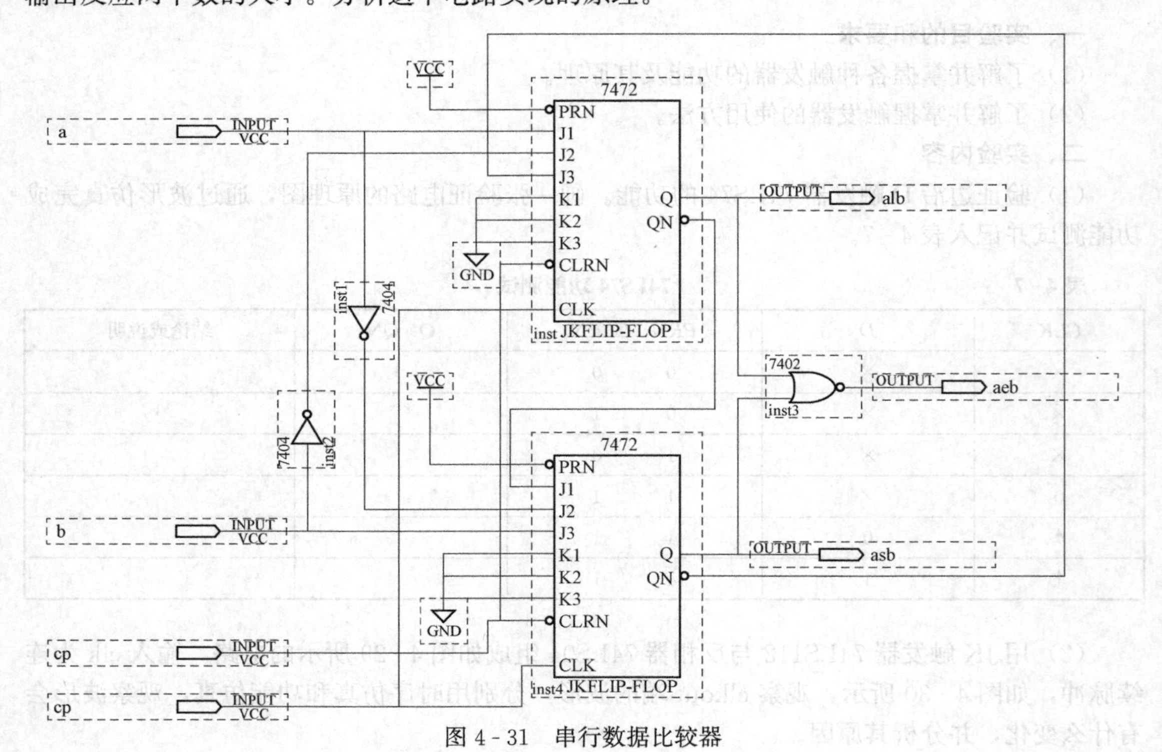

图 4-31 串行数据比较器

三、实验报告要求

（1）完成实验内容中要求的各项任务。

（2）分析实验中功能仿真和时序仿真中的波形变化的原因。

（3）分析用触发器实现数据比较器的原理。

实验五　典型集成寄存器的功能验证

一、实验目的和要求

（1）了解并掌握寄存器的工作原理。

（2）使用 EDA 软件验证寄存器的功能。

二、实验内容

实验中所用寄存器为 74LS194、74LS164、74LS175，符号图分别为图 4-32～图 4-34。

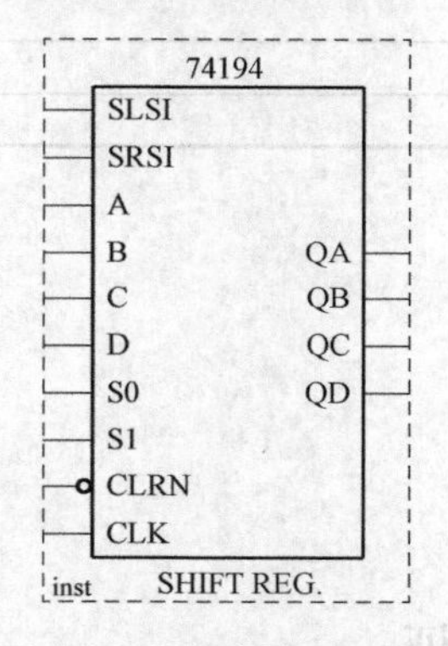

图 4-32　寄存器 74LS194

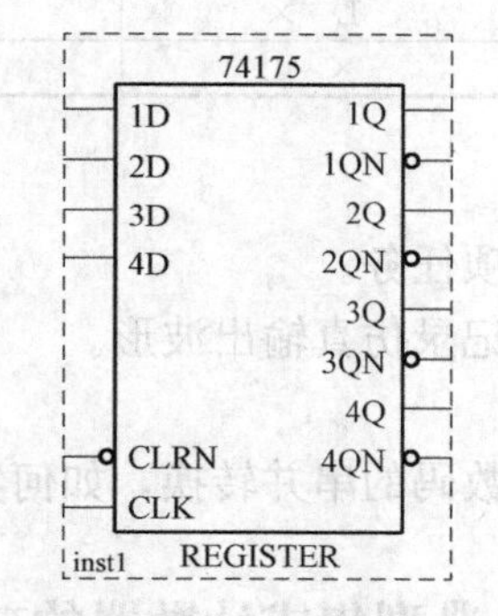

图 4-33　寄存器 74LS175

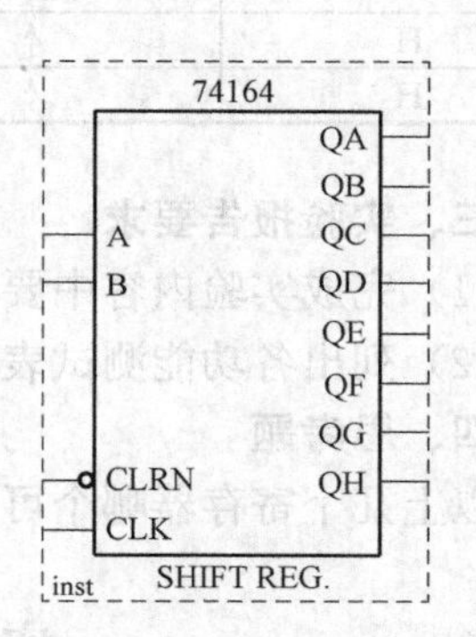

图 4-34　寄存器 74LS164

（1）四位双向移位寄存器 74LS194 的功能测试。画一张功能测试的原理图，将输入预置端 ABCD 设定为 1101，并下载到开发板上进行功能验证。输入引脚 SL、SR、S0、S1、CLRN 锁定在 sw1～sw5，CLK 采用开发板上某个按键控制，QA、QB、QC、QD 输出引脚锁定在 LED15、LED16、LED17、LED18，对应的 CPLD 的引脚可查附录四。按照表 4-8 改变 sw1～sw5 开关逻辑值，将输出逻辑记录在表 4-8 中。

表 4-8　四位双向移位寄存器 74LS194 功能测试表

$\overline{CLRN}$	S0 S1	SL SR	CP	$Q_AQ_BQ_CQ_D$	$\overline{CLRN}$	S0 S1	SL SR	CP	$Q_AQ_BQ_CQ_D$
1	1 1	1 1	↑		1	0 1	0 1	0	
0	1 1	1 1	0		1	0 1	0 1	1	
1	1 1	1 0	0		1	0 1	1 0	↑	
1	1 1	1 0	↑		1	0 0	1 0	0	
1	1 0	1 0	0		1	0 0	1 0	↑	
1	1 0	1 0	↑		1	0 0	1 0	↑	
1	1 0	0 1	↑		1	1 0	1 0	0	

（2）试用一片四位数据寄存器 74LS175 设计一个简单的单向四位移位寄存器，画出电

路原理图，通过仿真验证，并记录仿真输出波形。

（3）八位单向移位寄存器 74LS164 的功能测试。

提示：74LS164 芯片中，当清除端（CLRN）为低电平时，输出端（QA～QH）均为低电平。A、B 为串行数据输入端。当 A、B 任意一个为低电平，则禁止数据输入，在时钟 CLK 脉冲上升沿作用下 QA 为低电平。当 A、B 中有一个为高电平，则另一个就允许输入数据，并在 CLK 上升沿作用下决定 QA 的状态。

画一张功能测试的原理图，根据表 4-9 的输入值设计输入波形，并通过仿真输出波形，列出八位单向移位寄存器 74LS164 功能于表 4-9 中。

表 4-9 八位单向移位寄存器 74LS164 功能测试表

CLRN	*CLK*	*A B*	Q_A Q_B Q_C Q_D Q_E Q_F Q_G Q_H
L	×	× ×	
H	L	× ×	
H	↑	H H	
H	↑	L ×	
H	↑	× L	

三、实验报告要求

（1）完成实验内容中要求的各项任务。

（2）列出各功能测试表，以及记录仿真输出波形。

四、思考题

以上几个寄存器哪个可以实现数码的串并转换，如何实现？

实验六 典型集成计数器的功能验证

一、实验目的

（1）了解并掌握计数器的工作原理。

（2）使用 EDA 软件验证计数器的功能。

二、实验内容

实验中所用计数器为 74LS161、74LS390、74LS193，符号图分别如图 4-35～图 4-37 所示。

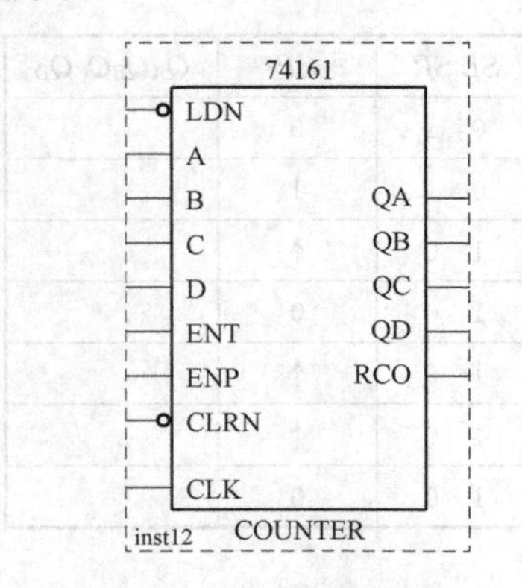

图 4-35 计数器 74LS161

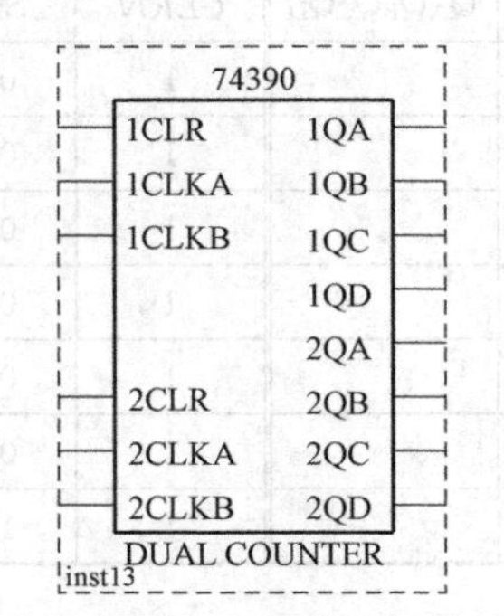

图 4-36 计数器 74LS390

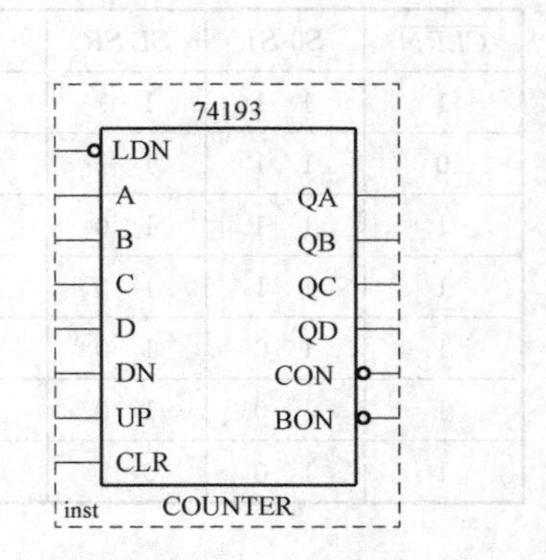

图 4-37 计数器 74LS193

1. 四位加法计数器 74LS161 的功能测试

(1) 画一张四位加法计数器 74LS161 功能测试的原理图，设计输入波形，通过仿真分析该计数器的置数和复位是同步还是异步完成的，并说明原因或用仿真波形证明。

(2) 将计数器的模修改为 7，分别用置数端和复位端实现，并在输出端加上一片 7 段显示译码器 74LS248，再下载到电路板上进行验证。

2. 双四位十进制计数器 74LS390 的功能测试

(1) 按图 4-38 连接双四位十进制计数器 74LS390，通过仿真分析双四位十进制计数器 74LS390 中的两个计数器模值为多少？分别写出两个计数器的状态转换图。

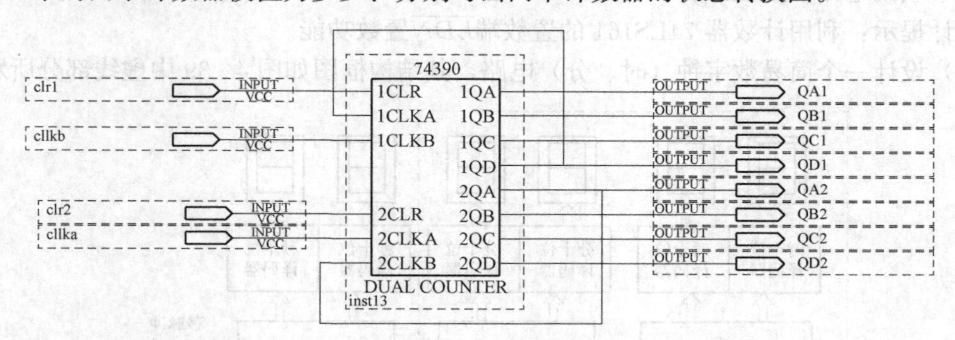

图 4-38　双四位十进制计数器 74LS390 实验电路图

(2) 用双四位十进制计数器 74LS390 构成二十四进制计数器，画出原理图，并通过仿真波形进行验证。

3. 四位可逆计数器 74LS193 的功能测试

(1) 画一张四位可逆计数器 74LS193 功能测试的原理图，设计输入波形，分析计数器的置数和复位是同步还是异步完成的，并说明原因或用仿真波形证明，总结 DN、UP 的功能。

(2) 将计数器的模修改为 7，至少使用两种方法，画出其原理图及仿真波形。

三、实验报告要求

(1) 完成实验内容中要求的各项任务。

(2) 画出所需的原理图，以及验证所用的波形图。

(3) 描述开发板上观察到的现象。

四、思考题

能否利用一些基本的触发器和门电路设计同步计数器或移位寄存器型的计数器（如环形计数器、扭环计数器等）？

实验七　计 数 器 的 应 用

一、实验目的和要求

(1) 了解并掌握计数器的使用方法。

(2) 了解并掌握功能仿真及时序仿真方法及验证设计正确性。

二、实验内容

(1) 试用一片集成四位二进制加法计数器 74LS161 和 1 片 3 线-8 线译码器 74LS138 组

成一个五节拍顺序脉冲发生器。画出电路原理图，并通过仿真验证。

设计提示：

1）将集成四位二进制加法计数器 74LS161 设计成模为 5 的计数器。则输出 $Q_DQ_CQ_BQ_A$ 状态转换过程为：0000→0001→0010→0011→0100→0000。

2）Q_C、Q_B、Q_A 接入 3 线-8 线译码器的输入 C、B、A。

（2）试用一片四位二进制加法计数器 74LS161 和尽可能少的门电路设计一个时序电路。要求当控制信号 $C=0$ 时，做二进制加法计数，$C=1$ 时，做单向移位操作。画出电路原理图，并下载到电路板上验证。

设计提示：利用计数器 74LS161 的置数端 $\overline{LDN}$ 置数功能。

（3）设计一个简易数字钟（时、分）电路，其结构框图如图 4-39 中虚线部分所示。

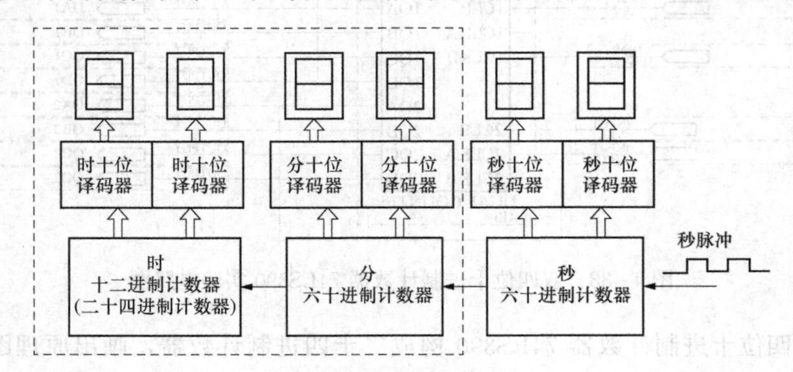

图 4-39 简易数字钟

1）用集成四位二进制加法计数器 74LS161 设计六十进制计数器电路，计数脉冲由连续脉冲源提供，用译码器 74LS248 译码后用数码显示器观察状态转换情况。

2）用集成四位二进制加法计数器 74LS161 设计十二进制计数器电路，计数脉冲由连续脉冲源提供用译码器 74LS248 译码后，用数码显示器观察状态转换情况。

3）将六十进制计数器和十二进制计数器级联，计数脉冲由连续脉冲源提供，用数码显示器观察状态转换情况。

三、实验报告要求

（1）完成实验内容中要求的各项任务。

（2）画出所需的原理图及仿真波形。

（3）描述开发板上观察到的现象。

实验八 简易数字控制电路

一、实验目的

（1）熟悉计数器、七段译码器和数码显示器的工作原理。

（2）自选集成电路组成小逻辑系统。

（3）学习分析和排除故障。

二、实验内容

设计并组装一数字控制电路。计数器从 0 开始计数，到 100 时，显示灯（模拟受控设备）亮。计数器继续计数，计数到300时，显示灯暗，同时计数器清零。接着再重复上述循环。用七段数码显示器显示计数过程，不显示有效数字以外的零。电路框图如图4-40所示，画出电路详细原理图，并下载到电路板上验证。

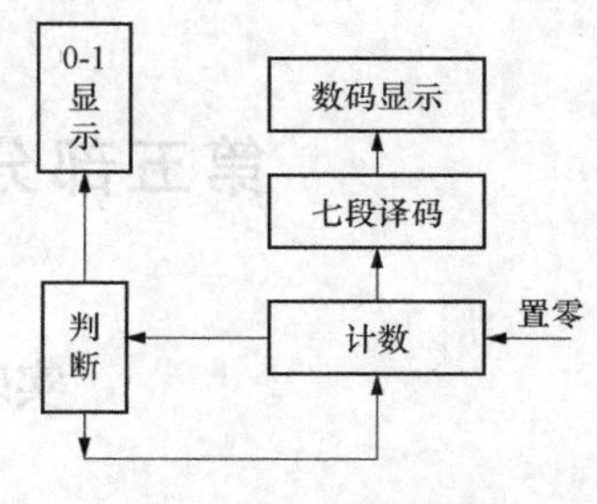

图4-40　电路框图

三、实验报告要求

(1) 完成实验内容中要求的各项任务。

(2) 画出所设计的原理图，记录仿真波形图。

(3) 描述开发板上观察到的现象。

实验九　存储器应用——乘法器

一、实验目的

(1) 掌握LPM _ ROM的使用。

(2) 掌握存储器内容编辑器（In-System Memory Content Editor）的使用。

二、实验内容

利用适当规格的LPM _ ROM设计一个九九乘法运算电路，并利用存储器内容编辑器编辑ROM数据。

1. 基本要求

1) 要求用按键输入乘数 *A* 和被乘数 *B*，并把值（0～9）显示到数码显示器上。

2) 乘积 *C* 显示到2位数码显示器上（十进制）。

3) 用存储器内容编辑器编辑ROM数据，使之满足九九乘法表的要求。

2. 进阶要求

A、*B* 的范围扩展至0～15，乘积 *C* 用3位数码显示器（十进制）显示，电路如何设计？

3. 设计提示

(1) LPM（Library of Parameterized Modules）为参数可设置模块库。本设计中首要问题是确定LMP _ ROM的地址和数据的位数及正确编写 . mif文件。该系统的逻辑结构图如图4-41所示。

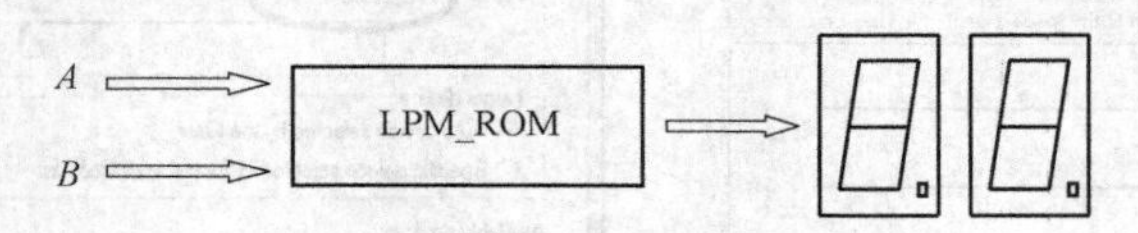

图4-41　系统的逻辑结构图

其中 *A*、*B* 分别代表被乘数和乘数，它们的位数直接决定了LPM _ ROM的地址和数据位数，若 *A*、*B* 都为0～9，则地址和数据都为八位即可。

(2) 存储器内容编辑器可用于对ROM及RAM中数据进行读写，通过该工具可方便地观察存储器数据的变化。方法是点击菜单 Tools→In - System Memory Content Editor。

三、实验报告要求

(1) 画出原理图。

(2) 分析实验现象，解释实验原理。

第五部分　Verilog HDL 语言仿真实验

实验一　Quartus Ⅱ软件操作（二）

一、实验目的

（1）掌握 Quartus Ⅱ文本输入法设计电路的步骤。

（2）掌握 Quartus Ⅱ混合输入法进行电路层次化设计的方法。

（3）掌握在 Quartus Ⅱ中调用 Modelsim 进行仿真的方法。

二、实验内容及步骤

1. Quartus Ⅱ文体输入法设计电路实例

首先要建立设计项目。

第 1 步：打开 Quartus Ⅱ。

第 2 步：新建一个空项目。执行 File->New Project Wizard 命令，进入新建项目向导。如图 5-1 所示，填入项目的名称，默认项目保存路径在 Quartus 安装下，也可修改为其他地址，视具体情况而定。

第 3 步：执行 Next，进入向导的下一页进行项目内文件的添加操作，如果没有文件需要添加，则直接按 Next 即可。

第 4 步：指定 CPLD/FPGA 器件，如图 5-2 所示，选择芯片系列为“Cyclone Ⅱ”，型号为“EP2C35F672C6”。选择型号时，可直接在列表框中查找，也可通过指定 Package（封装方式）为“FBGA”、Pin count（引脚数）为“672”以及 Speed grade（速度等级）为“6”这 3 个参数值来进行筛选。

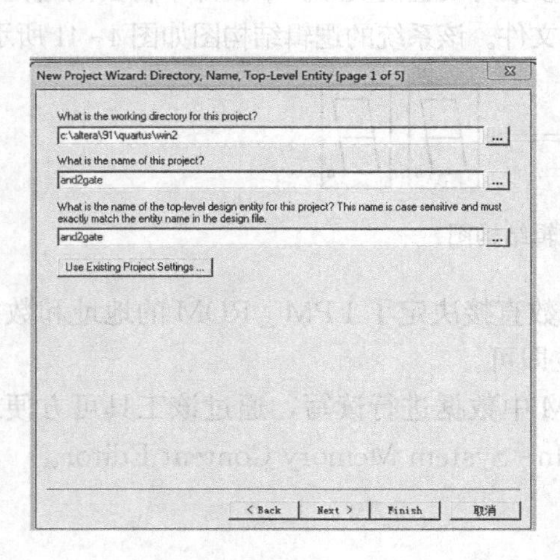

图 5-1　新建项目向导

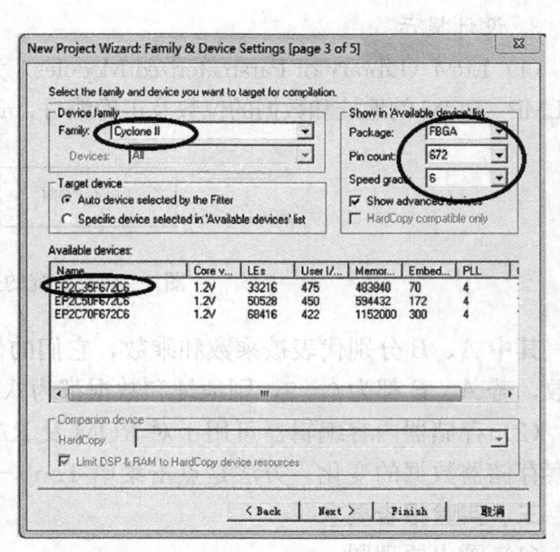

图 5-2　器件选择

第 5 步：向导的后面几步不做更改，直接单击 Next 按钮即可，最后单击 Finish 按钮结束向导。到此即完成了一个项目的新建工作。

第 6 步：新建一个 Verilog HDL 文件。由于之前建立的项目还是一个空项目，所以需要为项目新建文件。执行 File->New 命令，在“Device Design Files”选项页中选择“Verilog HDL File”，然后单击 OK 按钮。这时自动新建一个名为 Verilog1. v 的文档，执行 File->Save As 命令，将文档另存为 and2gate. v 文件，结果如图 5 - 3 所示。

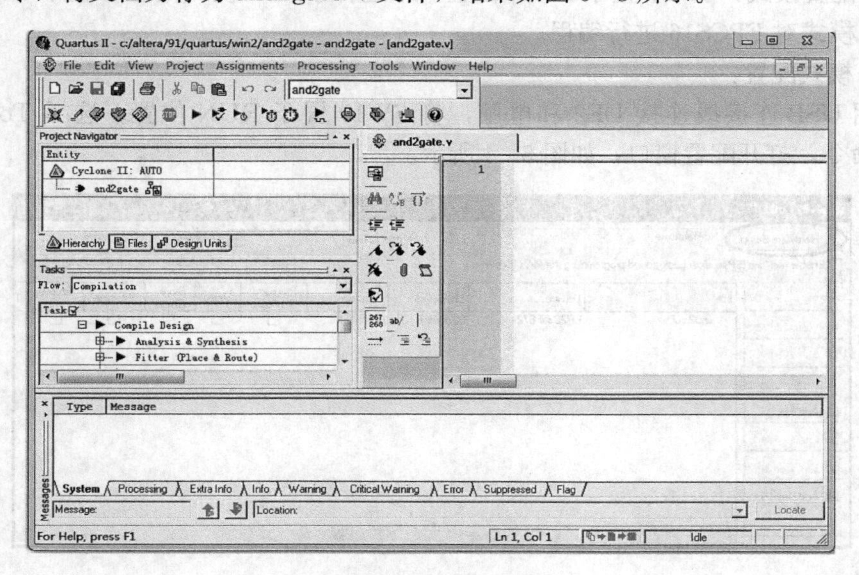

图 5 - 3　新建 Verilog HDL 文件

第 7 步：代码输入。在 and2gate. v 代码编辑窗口内输入以下代码：

```
module and2gate (y, a,b);
input  a,b;
output  y;
reg  y;
always @ (a or b)
  y<=a & b;
endmodule
```

第 8 步：保存代码文件，进行语法检查和编译。

……（略）

省略部分与第四部分实验一步骤中第 11 步～20 步一样。其中引脚分配见表 5 - 1。

表 5 - 1　　引 脚 分 配

信号	FPGA 引脚	DE2 板上器件
a	PIN _ N25	SW0
b	PIN _ N26	SW1
y	PIN _ AE22	LEDG0

第 9 步：程序下载（配置 FPGA）。用 USB 连接线连接 DE2 的 USB Blaster 端口和电脑即可进行程序的下载。在 DE2 平台上，可以对 FPGA 进行两种模式配置：一种是 JTAG 模式，通过 USB Blaster 直接配置 FPGA，但掉电后，FPGA 中的配置内容会丢失，再次上电需要用电脑重新配置；另一种是在 AS 模式下，通过 USB Blaster 对 DE2 平台上的串行配置器件 EPCS16 进行编程，平台上电后，EPCS16 会自动配置 FPGA。通过 DE2 平台上的 SW19 选择配置模式，SW19 置于 RUN 位置，即选择 JTAG 模式配置；置于 PROG 位置，则选择 AS 模式对 EPCS16 进行编程。

JTAG 模式配置：

（1）用 USB 连接线连接 DE2 和电脑，将 SW19 置于 RUN 位置。选择 Tools->Programmer 命令，打开配置窗口，如图 5-4 所示。

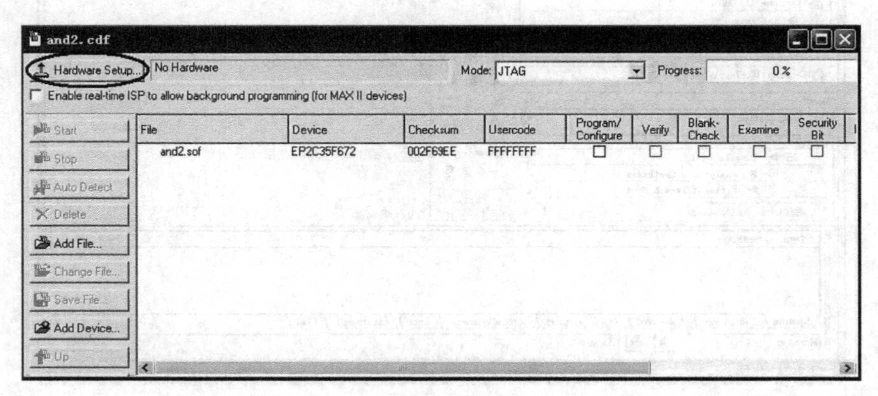

图 5-4 下载配置窗口

（2）图中第一列显示“No Hardware”，说明未指定硬件设备，单击 Hardware Setup 按钮，打开硬件设置窗口，如图 5-5 所示。双击列表框中的 USB-Blaster，然后单击 Close 按钮，完成硬件设置。

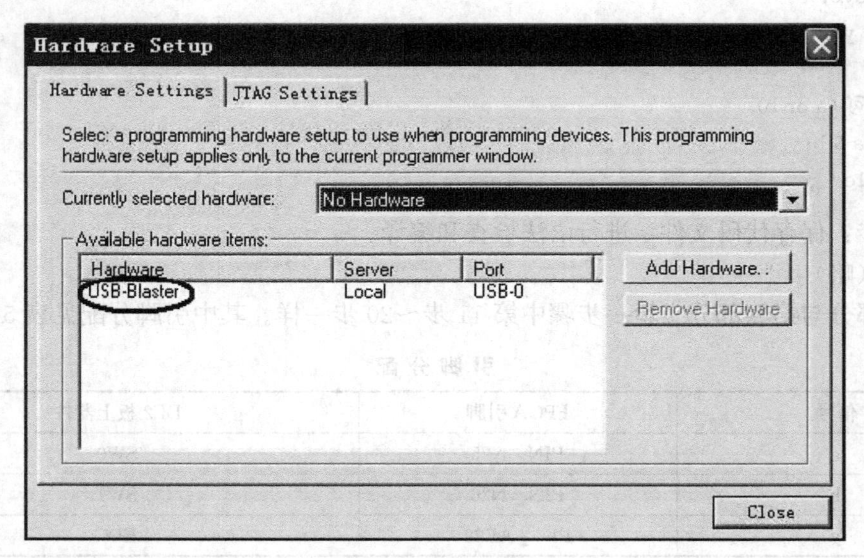

图 5-5 硬件设置窗口

(3) 从图 5-6 可以看出，硬件已经设置完成，而且待配置的文件也已经在文件列表中。然后选中 Program/Config 选项，单击 Start 按钮，开始编程。编程结束后，即可在 DE2 上验证，将 SW0 和 SW1 置于 1 的位置，可以看到 LEDG0 灯亮。

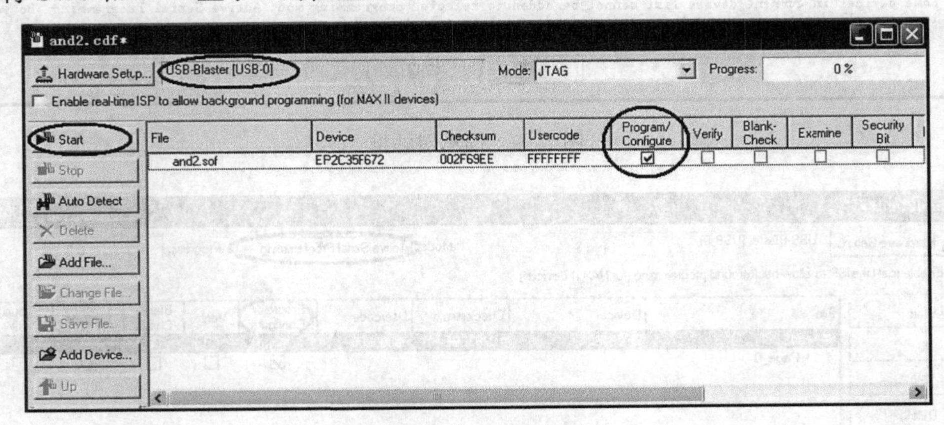

图 5-6　下载配置窗口

AS 模式配置：

(1) 首先需要设置串口配置器件，选择 Assignments->Settings 命令，打开设置窗口如图 5-7 所示。

(2) 单击 Device&Pin Options 按钮，打开器件及引脚选项窗口，如图 5-8 所示。切换到 Configuration 页。在 Configuration Device 下拉框中选择"EPCS16"，单击确定按钮结束配置。

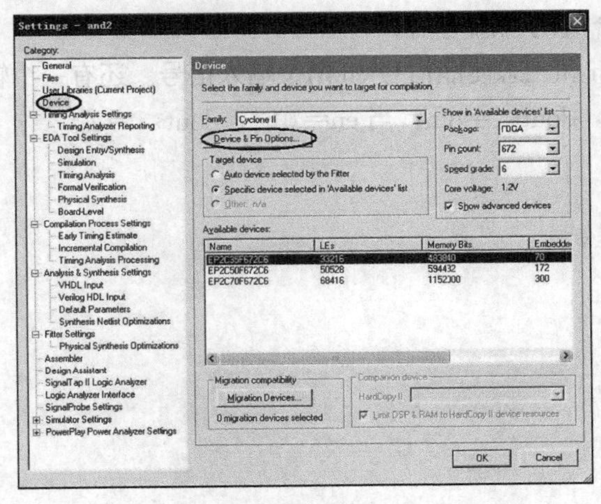

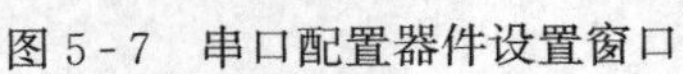
图 5-7　串口配置器件设置窗口

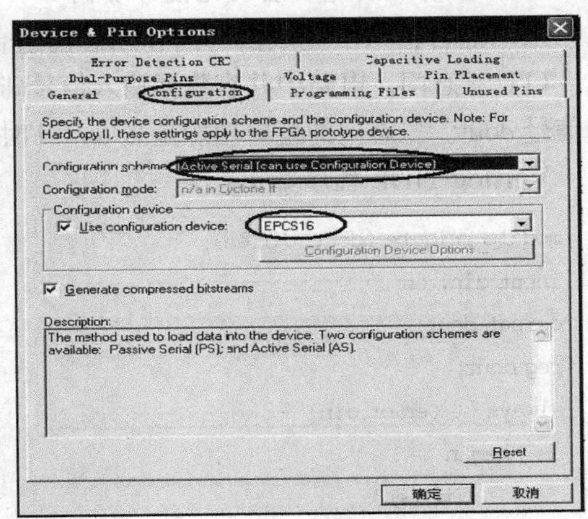

图 5-8　器件及引脚选项窗口

(3) 将 DE2 上的 SW19 置于 PROG 位置。重新选择 Tools->Programmer 命令，打开编程窗口，在 Mode 下拉框中选择"Active Serial Programming"，这时会弹出图 5-9 所示的对话框，提示是否清除现有编程器件，单击是即可。

(4) 接着需要重新添加配置文件，单击 Add Files 按钮，添加 and2.pof 配置文件。选中 Program/Config 选项，如图 5-10 所示。单击 Start 按钮，开始编程。编程结束后，将

SW19 置于 RUN 位置，再进行测试。

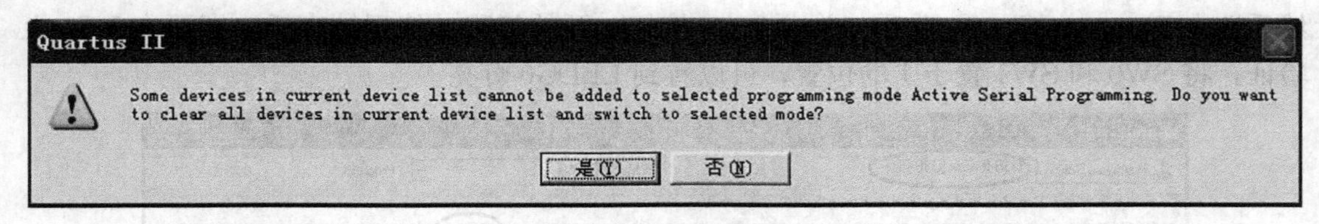

图 5-9　提示对话框

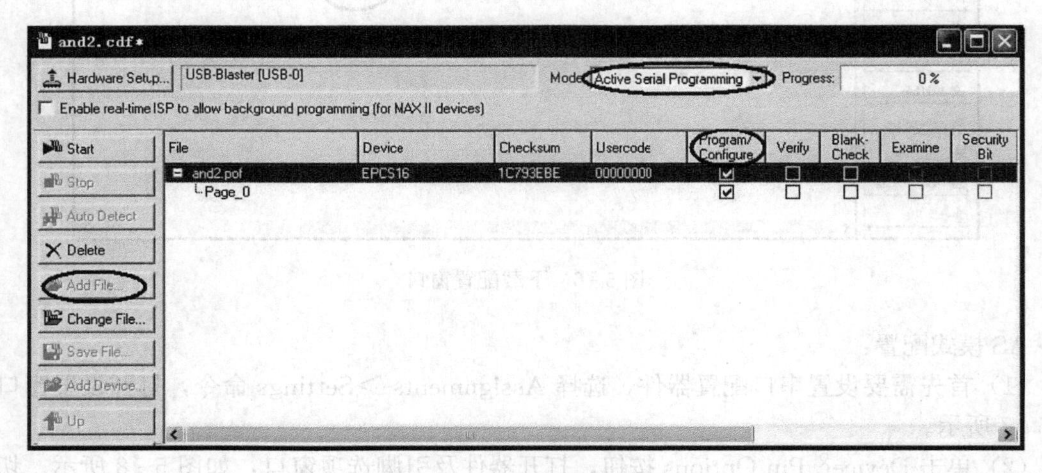

图 5-10　下载配置窗口

2. 混合输入法完成层次化设计实例

采用混合输入法完成由与门和三态门组合成的三态与门。

(1) 三态门。电路中共有数据输入信号 din 和三态使能信号 en 两个输入信号。还有一个输出信号 dout。三态门的逻辑功能是当 en='1'时，dout<=din；当 en='0'时，dout<='Z'。

Verilog HDL 程序如下：

```
module trigate (dout, din,en);
input din, en;
output dout;
reg dout;
always @ (en or din)
   begin
      if (en)
      dout< = din;
      else
      dout< = 1'bZ;
end
endmodule
```

实验步骤如下。

第 1 步：在前面项目的基础上新建一个 verilog HDL 文件，起名为 trigate. v，并输入上面的源程序。

第2步：在 Project Navigator（项目导向）窗口中，如图5-11所示。选择 Files（文件）管理页面，点开 Device Design Files 项，右击 trigate.v 文件，选择“Set as Top-Level Entity”选项。目的是将 trigate.v 文件设为项目的顶层实体。

第3步：对源程序进行语法检查，直到程序无误。

第4步：功能仿真，新建矢量波形图，起名为 trigate.vwf，仿真结果如图5-12所示。

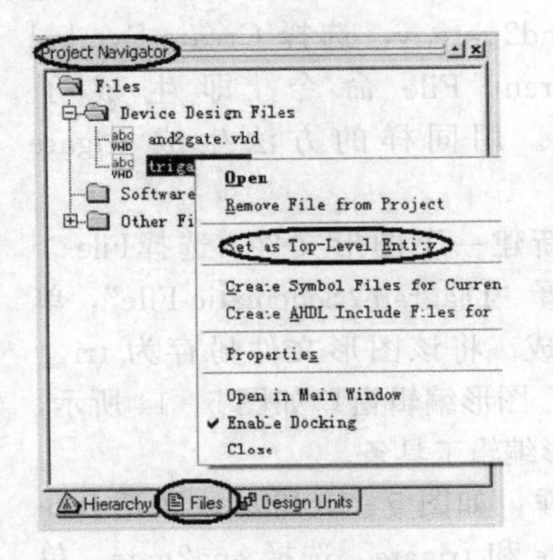

图5-11 （Project Navigator）项目导向窗口

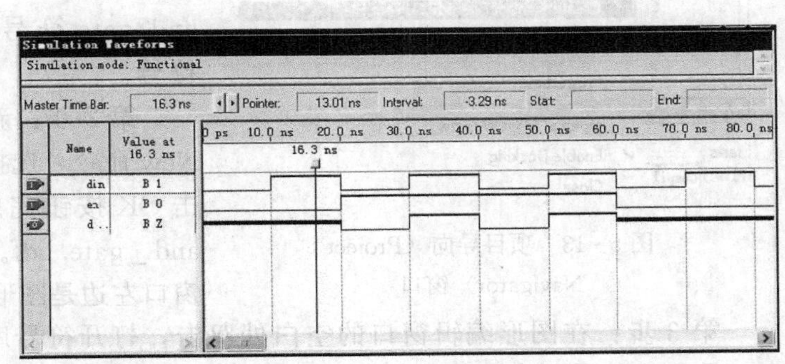

图5-12 仿真结果

第5步：按照表5-2进行引脚分配。重新编译，并下载。

表5-2　　引脚分配

信号	FPGA引脚	DE2板上器件
din	PIN_N25	SW0
en	PIN_N26	SW1
dout	PIN_AE22	LEDG0

（2）三态与门。利用已完成的与门和三态门组合一个三态与门。与前面例子不同的是，在这里不是采用文本编辑器完成设计输入，而是采用图形编辑器。Quartus Ⅱ的原理图输入设计法可以与传统的数字电路设计法接轨，即把传统方法得到的设计电路的原理图，用EDA平台完成设计电路的输入、仿真验证和综合，最后编程下载到可编程逻辑器件（FPGA/CPLD）或专用集成电路（ASIC）中。在EDA设计中，不必进行传统电路设计过程的布局布线、绘制印刷电路板、电路焊接、电路加电测试等，从而提高了设计效率，降低了设计成本，减轻了设计者的劳动强度。然而，原理图输入设计法的优点不仅如此，它还可以方便地实现数字系统的层次化设计，这是传统设计方法无法比拟的。层次化设计也称为“自底向上”的设计，即将一个大的设计项目分解为若干个子项目或若干个层次来完成。先从底层的电路设计开始，然后从高层次的设计中逐级调用低层次的设计结果，直至顶层系统电路的实现。每个层次的设计结果，都经过严格的仿真验证，以尽量减少系统设计中的错误。每个

层次的设计均可以用原理图输入法实现，也可以用其他方法（如 HDL 文本输入法）实现，这种方法称为混合设计输入法。层次化设计为大型系统设计及 SOC 或 SOPC 的设计提供了方便、直观的设计途径。

操作步骤如下。

图 5 - 13 项目导向（Project Navigator）窗口

第 1 步：首先将上述两个 Verilog HDL 文件生成为符号（Symbol），以供后续步骤使用。在图 5 - 13 所示的 Project Navigator 窗口中，右击 and2gate. v，选择 Create Symbol Files for Current File 命令，即生成了 and2gate 符号。用同样的方法生成 trigate 符号。

第 2 步：新建一个图形文件。选择 File-> New 命令，选择“Diagram/Schematic File”，单击 OK 按钮完成。将该图形文件另存为 tri _ and _ gate. bdf。图形编辑窗口如图 5 - 14 所示，窗口左边是图形编辑工具条。

第 3 步：在图形编辑窗口的空白处双击，打开符号库，如图 5 - 15 所示。展开 Project 项，可以看到有两个之前生成的符号分别是 and2gate 和 trigate。选择 and2gate，单击 OK 按钮，该符号就会出现在图形编辑窗口，单击左键即在窗口内放置该符号。用同样的方法放置 trigate 符号。

图 5 - 14 图形编辑窗口

第 4 步：再次打开符号库，在 Name 输入栏中输入“input”，符号库自动在库中找到 input（输入）符号，并选中“Repeat-insert mode”单击 OK 按钮，如图 5 - 16 所示。可反复在编辑窗口中放入输入符号，直到单击右键取消放置为止。由于输入信号一共有 3 个，所以需要放入 3 个输入符号，并将 3 个输入符号命名为 dina、dinb 和 en。用同样的方法放置 1 个 output（输出）符号，并命名为 dout。再选择工具栏中的 ⌝ 按钮，将各符号连接起来，结果如图 5 - 17 所示。

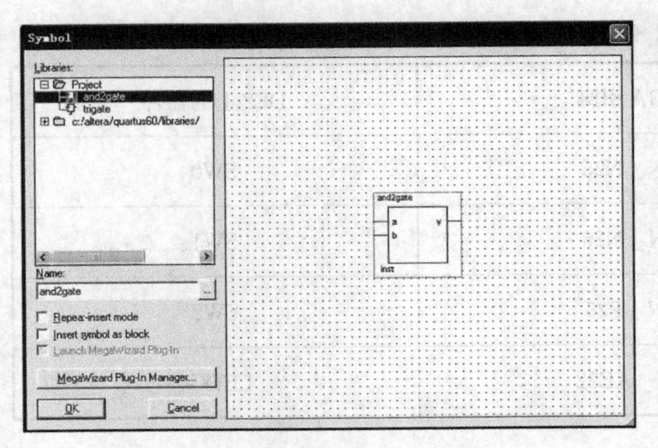

图 5-15　符号库

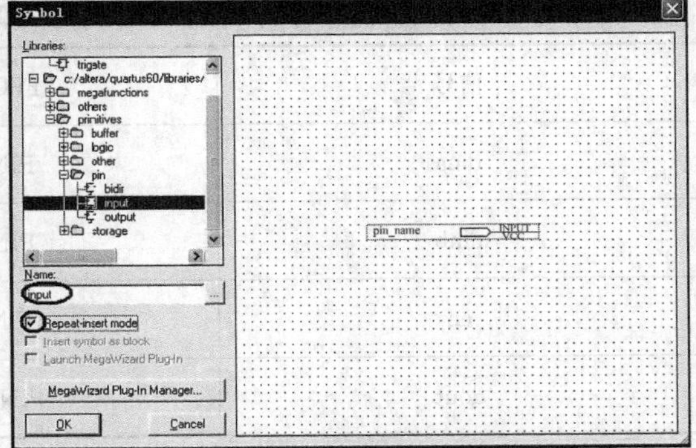

图 5-16　input 输入端符号

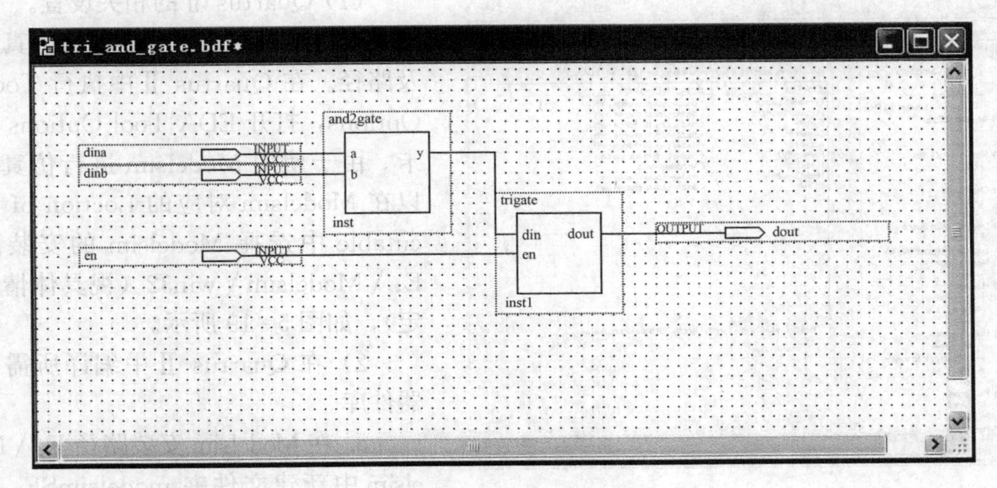

图 5-17　三态与门原理图

第 5 步：保存图形文件，并将 tri _ and _ gate. bdf 设置为顶层实体。再次编译项目文件，并进行功能仿真，仿真结果如图 5-18 所示。

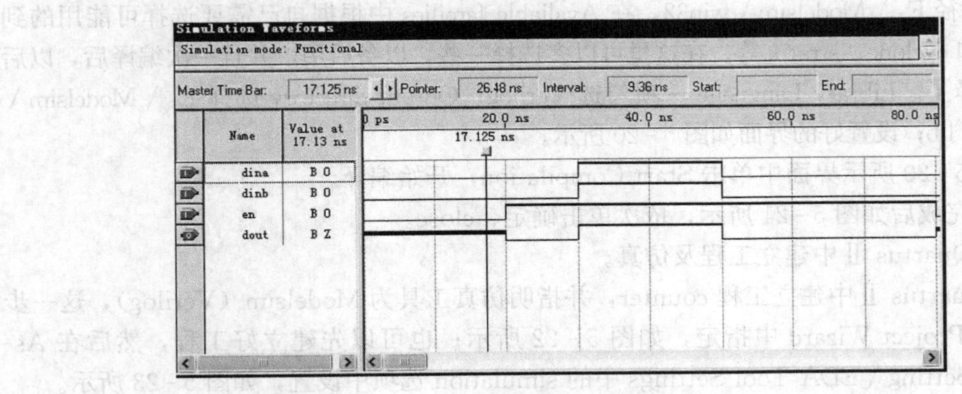

图 5-18　仿真结果

第 6 步：按照表 5-3 分配引脚，重新编译并下载验证。

表 5-3 引脚分配

信号	FPGA 引脚	DE2 上的器件
dina	PIN _ N25	SW0
dinb	PIN _ N26	SW1
en	PIN _ P25	SW2
dout	PIN _ AE22	LEDG0

3. 在 Quartus Ⅱ 中调用 Modelsim 进行仿真

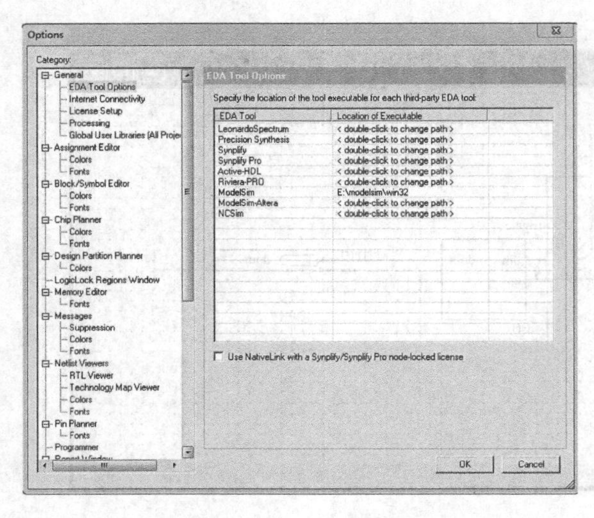

图 5-19 ModelSim 的安装路径

(1) Quartus Ⅱ 的相关设置。

1) 在 Quartus Ⅱ 中指明仿真工具及路径。在 Quartus Ⅱ 中执行 Tools \ Options，打开 EDA Tool Options 选项卡。由于使用 Modelsim 进行仿真，所以在 Modelsim 对应的 Loction of Executable 中选择 Modelsim 的安装路径 E：\ Modelsim \ win32（视具体情况而定），如图 5-19 所示。

2) 在 Quartus Ⅱ 中编译所需的元器件库。

a. 在 Modelsim 安装路径 E：\ Modelsim 中新建文件夹 modelsimSE _ lib，用于存放编译的文件。

b. 在 Quartus Ⅱ 中执行 Tools \ Launch EDA Simulation Library Compiler，在打开的界面中 Executable location 一项选择 ModelSim 的安装路径 E：\ Modelsim \ win32，在 Avaliable families 中根据自己需要选择可能用的到器件系列，如 cyclone、stratix 等。在这里可以多选择一些，以备后用，并且一次编译后，以后就不用再编译了。Library Language 一项勾选 Verilog；Output directory 选择 E：\ Modelsim \ modelsimSE _ lib；设置好的界面如图 5-20 所示。

c. 在图 5-20 所示界面中单击 Start Compilation，开始编译。

d. 编译完成后如图 5-21 所示，依次单击确定、close。

(2) 在 Quartus Ⅱ 中建立工程及仿真。

1) 在 Quartus Ⅱ 中建立工程 counter，并指明仿真工具为 Modelsim（Verilog），这一步可以在 New Project Wizard 中指定，如图 5-22 所示；也可以先建立好工程，然后在 Assignments \ Setting \ EDA Tool Settings 中的 simulation 选项中设置，如图 5-23 所示。

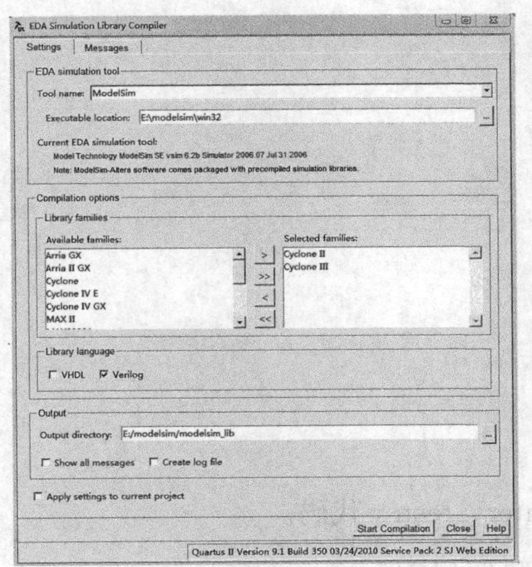

图 5-20　元器件库编译设置窗口

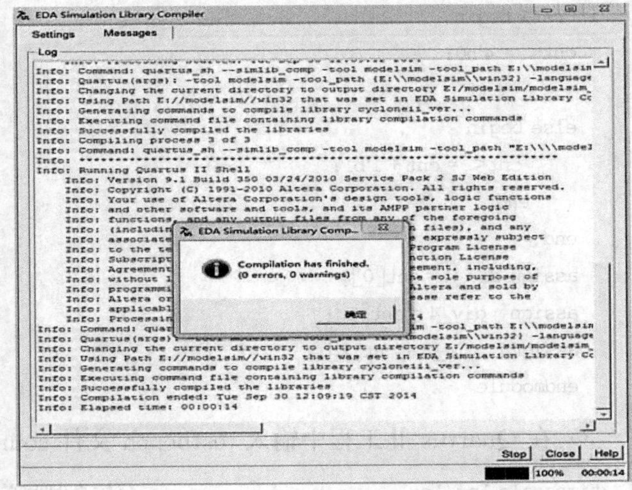

图 5-21　仿真库编译状态

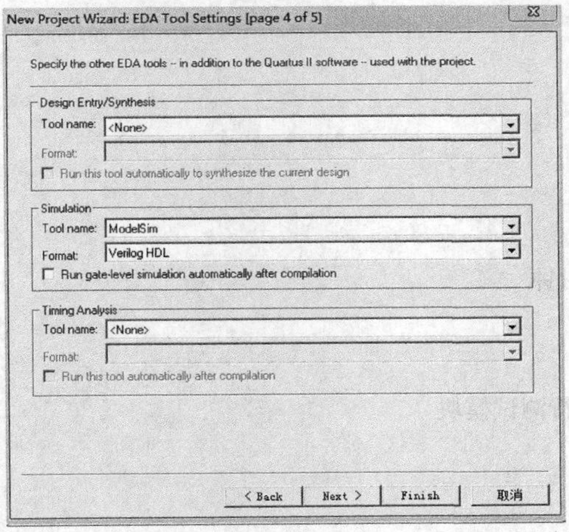

图 5-22　在 New Project Wizard 中指定仿真工具

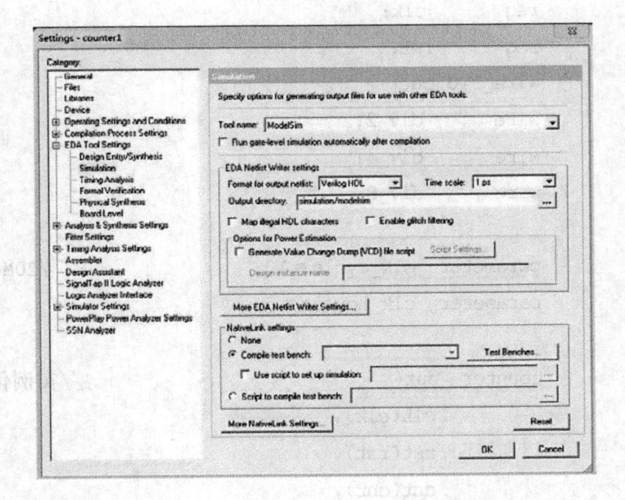

图 5-23　在 EDA Tool Settings 中指定仿真工具

2）在 Quartus Ⅱ工程中输入顶层文件 counter. v 代码。

```
`timescale 1ns/1ps                    //时间单位/时间精度
module counter(
input          clk,
input          rst,
output reg[3:0]   cnt,                //时间计数器
output         div_2,                 //2 分频
output         div_4,                 //4 分频
output         div_8                  //8 分频
    );
always @ (posedge clk or posedge rst)
begin
```

```
if(rst) begin
  cnt< = 4'h0;
     end
  else begin
     cnt< = cnt + 1'b1;
    end
  end
  assign div_2 = cnt[0];
  assign  div_4 = cnt[1];
  assign   div_8 = cnt[2];
  endmodule
```

3）在 Quartus Ⅱ工程中输入 testbench 文件 counter _ test. v 代码。

```
`timescale 1ns/1ps                          //仿真时间单位/时间精度
module counter_test();
reg        clk;
reg       rst;
wire[3:0]cnt;
wire       div_2;
wire       div_4;
wire       div_8;

parameter  clk_cycle = 10;                    //20M 时钟
parameter  clk_hcycle = 5;

counter  dut(                               //实例化待测试模块
        .clk(clk),
        .rst(rst),
        .cnt(cnt),
        .div_2(div_2),
        .div_4(div_4),
        .div_8(div_8)
        );

initial begin
        clk = 1'b1;
        end
always  #clk_hcycle   clk = ~clk;         //产生时钟信号

initial begin                               //产生复位信号
        rst = 1'b1;
        #10                                 //延时 10ns 即 10 个时间单位后,rst 从 1 变为 0
        rst = 1'b0;
```

```
        end
  initial begin
        $monitor($time,,clk,,rst,,cnt,,div_2,,div_4,,div_8);
        #10000  $stop;
        end
  endmodule
```

4）在 Quartus Ⅱ中添加 testbench 文件。

a. 打开 Assignments \ Setting \ EDA Tool Setting，单击 simulation 选项，在打开的界面中选中 complile test bench，如图 5-24 所示。

b. 在图 5-24 界面中，单击 TestBenchs... 弹出如图 5-25 所示界面。

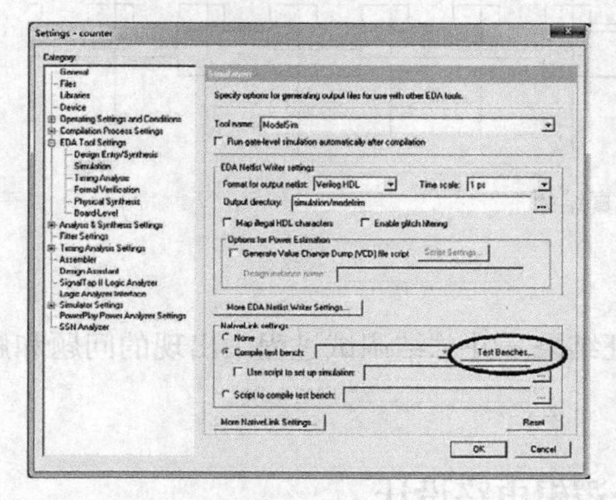

图 5-24 添加 testbench 文件窗口

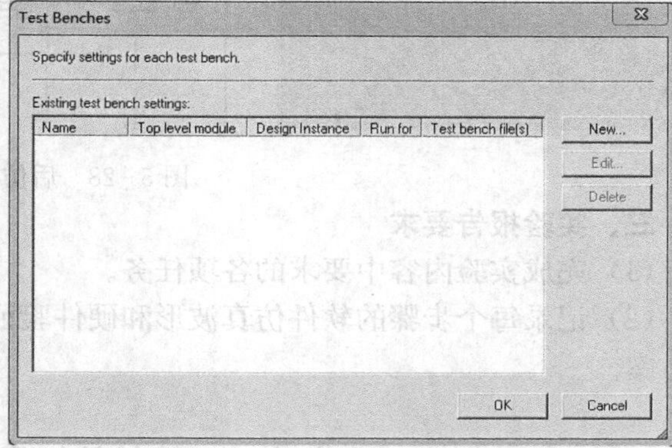

图 5-25 指定 Test Bench 窗口

c. 在图 5-25 界面中，单击 New，在弹出的界面中，按图 5-26 填入相关内容。

d. 后面几步不做更改，直接单击 OK 即可。

5）在 Quartus Ⅱ中全编译工程，这样在工作目录下会生成 simulation 文件夹，内部 modelsim 文件夹中有三个文件分别是 counter. vo（布局布线后的仿真模型文件），counter _ modelsim. xrf（交叉引用文件），counter _ v. sdo（标准延时输出文件）。

6）前仿真：在 Quartus Ⅱ中执行 Tools \ Run EDA simulation Tool \ EDA RTL Simulation Modelsim，自动启动并完成前仿真。前仿真结果如图 5-27 所示。

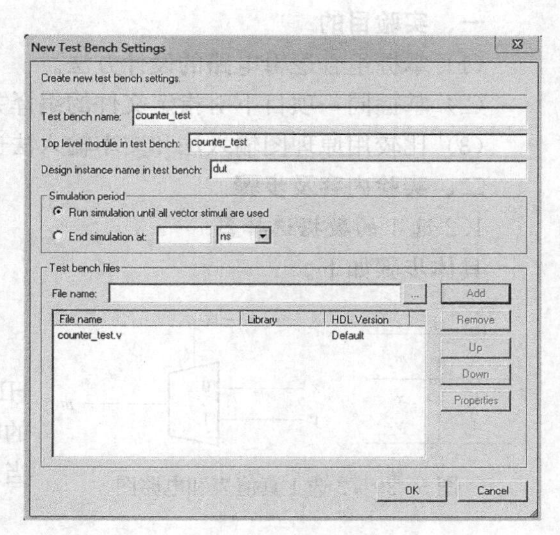

图 5-26 Test Bench 设置窗口

7）后仿真：在 Quartus Ⅱ中执行 Tools \ Run EDA simulation Tool \ EDA Gate Level Simulation，自动启动并完成后仿真。后仿真结果如图 5-28 所示。

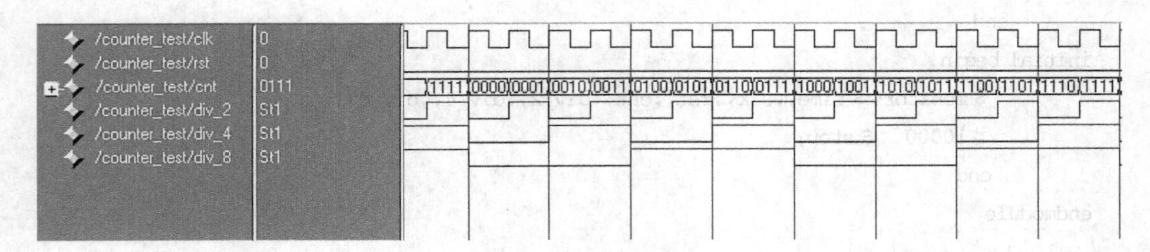

图 5-27　前仿真结果

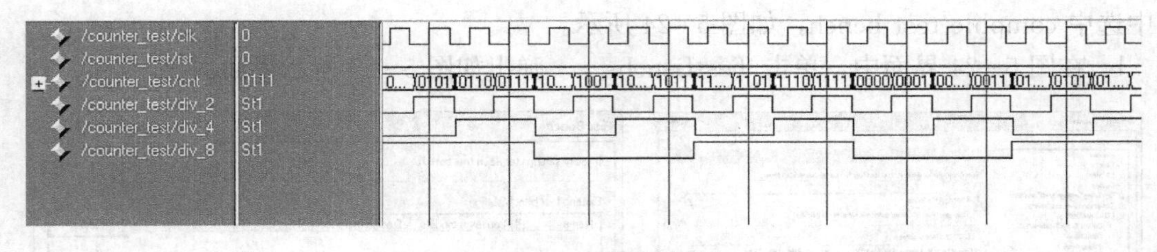

图 5-28　后仿真结果

三、实验报告要求

（1）完成实验内容中要求的各项任务。

（2）记录每个步骤的软件仿真波形和硬件验证结果，并总结调试过程中出现的问题和解决方案。

实验二　简单的组合逻辑电路设计

一、实验目的

（1）掌握组合逻辑电路的设计方法。

（2）掌握同一项目下对指定文件的编译方法。

（3）比较用原理图输入法和文本输入法进行数字电路设计两种方法的优劣。

二、实验内容及步骤

1. 2 选 1 的数据选择器

具体步骤如下。

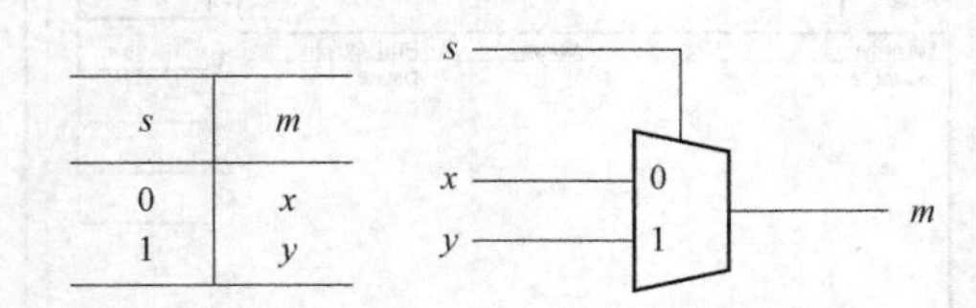

s	m
0	x
1	y

图 5-29　2 选 1 真值表和电路图

第 1 步：新建一个 Quartus 项目。

第 2 步：在 Quartus 项目中新建一个 Verilog HDL 文件，并命名为 mux _ 2to1. v，实现 2 选 1 的电路功能，其真值表和电路如图 5-29 所示。即当 $s=1$ 时，输出 $m=y$；当 $s=0$ 时，输出 $m=x$。

代码一：Verilog HDL 程序代码如下。

```
module mux_2to1 (m,s,x,y);
input x,y,s;
output m;
reg m;
   always @(s or x or y)
```

```
    begin
        if(s = = 1'b0)
            m = x;
        else
            m = y;
    end
endmodule
```

第 3 步：语法检查通过后，进行引脚分配，见表 5 - 4。然后再编译，下载验证。

表 5 - 4　　引 脚 分 配

信号	FPGA 引脚	DE2 上的器件
s	PIN _ N25	SW0
x	PIN _ N26	SW1
y	PIN _ P25	SW2
m	PIN _ AE22	LEDG0

2. 八位宽 2 选 1 的数据选择器

在完成 2 选 1 数据选择器之后，将信号 x 和 y 的位宽由一位扩展为八位。更改后的电路图如图 5 - 30 所示。

实验步骤如下。

第 1 步：在代码一中，端口说明部分更改为

```
module mux_2to1_8bit (m,s,x,y);
input[7:0] x,y;
input s;
output[7:0] m;
```

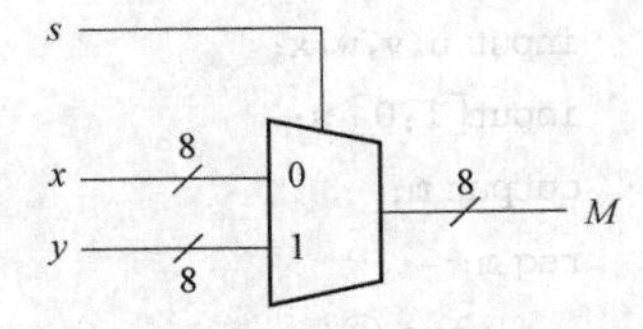

图 5 - 30　八位宽 2 选 1 的数据选择器电路图

而逻辑功能描述部分代码不变，代码修改后另存为 mux _ 2to1 _ 8bit. v。

第 2 步：接着把 mux _ 2to1 _ 8bit. v 设定为项目的顶层设计文件。实现方法如图 5 - 31 所示，在 Project Navigator 中选择 Files 页，选中 mux _ 2to1 _ 8bit. v，单击右键，选择 “Set as Top-Level Entity” 命令即可。

第 3 步：语法检查，检查通过后再进行引脚分配。

引脚数由原来的 4 个增加到 25 个，引脚分配更改见表 5 - 5。分配完后重新编译项目文件，并下载验证。

3. 4 选 1 的数据选择器

在完成 2 选 1 电路之后，将电路扩展为 4 选 1 数据选择器，其真值表及电路图如图 5 - 32 所示。

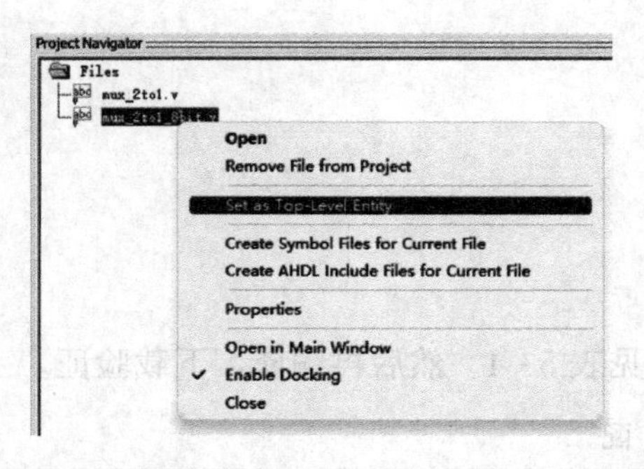

图 5-31　顶层文件设置图

表 5-5　　引　脚　分　配

信号	FPGA 引脚	DE2 上的器件
s	PIN _ N25	SW0
X [7..0]	查附录五	SW8～SW1
Y [7..0]	查附录五	SW16～SW9
M [7..0]	查附录五	LEDG7～LEDG0

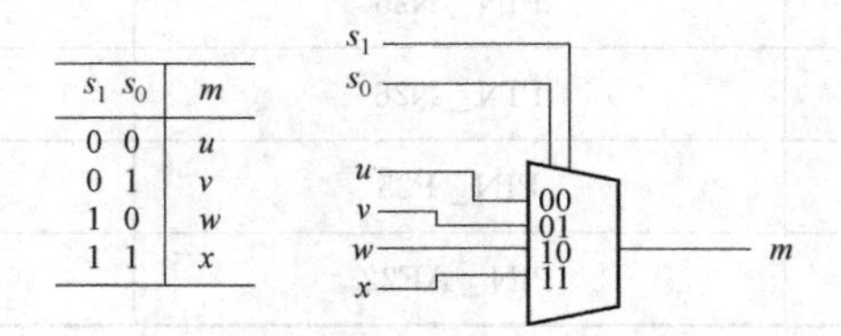

图 5-32　4 选 1 数据选择器真值表和电路图

代码修改如下：

```
module mux_4to1 (m,s,u,v,w,x);
input u,v,w,x;
input[1:0] s;
output m;
reg m;
  always @(s or u or v or w or x)
  begin
    case(s)
      2'b00: m = u;
      2'b01: m = v;
      2'b10: m = w;
      default: m = x;
     endcase
  end
endmodule
```

文件另存为 mux _ 4to1. v。接着将 mux _ 4to1. v 设定为项目的顶层设计文件，再进行语法检查和引脚分配。

引脚分配见表 5-6，具体的 FPGA 引脚可通过查找附录五获取。分配完后重新编译项目文件，并下载验证。

表 5-6 引脚分配表

信号	DE2 上的器件	信号	DE2 上的器件
s [1..0]	SW1~SW0	w	SW4
u	SW2	x	SW5
v	SW3	m	LEDG0

4．实现 3 位宽的 4 选 1 数据选择器

3 位宽的 4 选 1 数据选择器电路如图 5-33 所示。代码完成后，另存为 mux _ 4to1 _ 3bit. v。

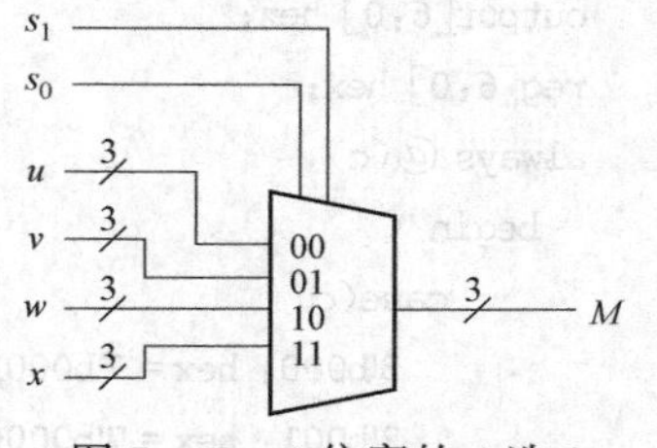

图 5-33 3 位宽的 4 选 1 数据选择器电路图

三、实验报告要求

（1）完成实验内容中要求的各项任务。

（2）记录编写的代码或设计的原理图。

（3）记录每个步骤的软件仿真波形和硬件验证结果，并总结调试过程中出现的问题和解决方案。

实验三 七段数码显示器显示

一、实验目的

（1）掌握七段数码显示器显示电路的原理。

（2）掌握设计数码显示器显示简单字符、数字的方法。

（3）掌握用数码显示器和数字选择器构成组合逻辑电路的方法。

（4）掌握元件实例化语句的使用。

二、实验内容及步骤

1．显示简单字符

七段数码显示器显示电路和真值表如图 5-34 所示。

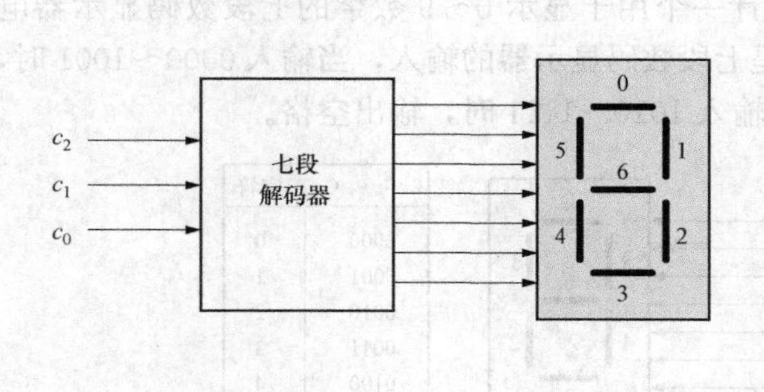

c_2 c_1 c_0	字符	七段数码显示器 6 5 4 3 2 1 0
000	H	0 0 0 1 0 0 1
001	E	0 0 0 0 1 1 0
010	L	1 0 0 0 1 1 1
011	O	1 0 0 0 0 0 0
100		1 1 1 1 1 1 1
101		1 1 1 1 1 1 1
110		1 1 1 1 1 1 1
111		1 1 1 1 1 1 1

图 5-34 电路图和真值表

图 5-34 中包含一个七段解码器模块，c_2～c_0 是解码器的 3 个输入，当输入值不同时，输出的字符也不同。如图 5-34 所示，当输入值为 100～111 时，输出空格，即数码显示器全暗。七段数码显示器的不同段位用数字 0～6 表示，注意七段数码显示器是共阳极的，即各管段输入低电平时，数码显示器亮；否则数码显示器暗。

具体实验步骤如下。

第1步：新建一个 Quartus 项目。

第2步：新建一个 Verilog HDL 文件，实现上述七段解码器。具体代码为

```
module char_7seg (hex,c);
input[2:0] c;
output[6:0] hex;
reg[6:0] hex;
always @(c)
  begin
      case(c)
          3'b000: hex = 7'b0001001;
          3'b001: hex = 7'b0000110;
          3'b010: hex = 7'b1000111;
          3'b011: hex = 7'b1000000;
          default: hex = 7'b1111111;
      endcase
   end
endmodule
```

保存 Verilog HDL 文件，并命名为 char _ 7seg. v。

第3步：语法检查，通过后，进行引脚分配，见表5-7。

表5-7 引脚分配

信号	DE2上的器件	信号	DE2上的器件
c [2..0]	SW2～SW0	*hex* [6..0]	HEX0 [6..0]

第4步：编译项目，完成后下载到 FPGA 中，并验证其功能。

2. 显示0～9数字

在完成简单字符显示电路之后，设计一个用于显示0～9数字的七段数码显示器电路。电路和真值表如图5-35所示，c_3～c_0 是七段数码显示器的输入，当输入0000～1001时，则输出0～9，真值表如图5-35所示；当输入1010～1111时，输出空格。

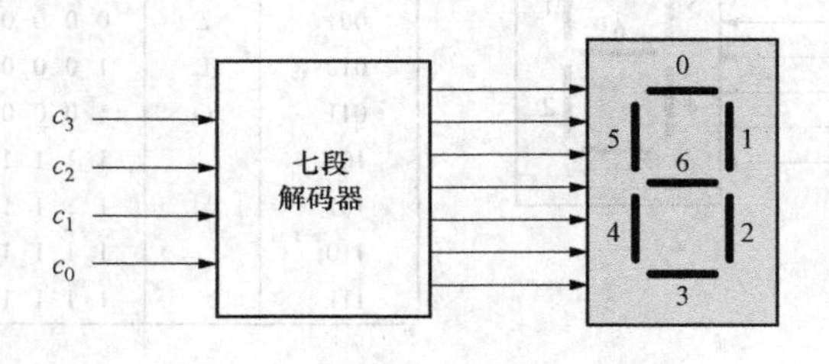

c_3 c_2 c_1 c_0	字符
0000	0
0001	1
0010	2
0011	3
0100	4
0101	5
0110	6
0111	7
1000	8
1001	9

图5-35 电路图和真值表

对上述代码进行相应的修改，并将文件另存为 num _ 7seg. v。

接着将 num _ 7seg. v 设定为项目的顶层设计文件，再进行语法检查和引脚分配。

引脚分配见表 5 - 8，具体的 FPGA 引脚可通过查找附录五获取。分配完后重新编译项目文件，并下载验证。

表 5 - 8　　引 脚 分 配

信号	DE2 上的器件	信号	DE2 上的器件
c [3..0]	SW3～SW0	*hex* [6..0]	HEX0 [6..0]

3. 循环显示 4 个字符

循环显示 4 个字符的电路图如图 5 - 36 所示。

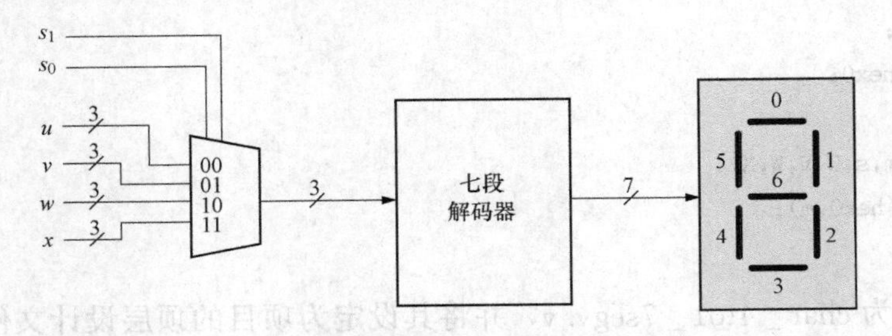

图 5 - 36　循环显示 4 个字符的电路图

电路的工作原理是输入端 u、v、w 和 x 的输入值分别是 000、001、010 和 011，通过 s_1 和 s_0 选择四个输入端，其中一个作为七段解码器的输入值，从而显示 H、L、E 和 O 任一字符。

这个实验有两个实现方法，方法一是采用图形编辑的方法实现，与第五部分实验一中三态与门的实现方法类似，不过事先需要将实验二中的 mux _ 4to1 _ 3bit. v 添加到本项目中，并为其创建一个符号；同时，为 char _ 7seg. v 创建一个符号。方法二是采用 Verilog HDL 文本输入，但也需要事先将实验二中的 mux _ 4to1 _ 3bit. v 添加到本项目中。

方法一：循环显示 4 个字符的电路原理如图 5 - 37 所示。图中的 inst1 和 inst 分别是 mux _ 4to1 _ 3bit. v 和 char _ 7seg. v 所生成的符号。

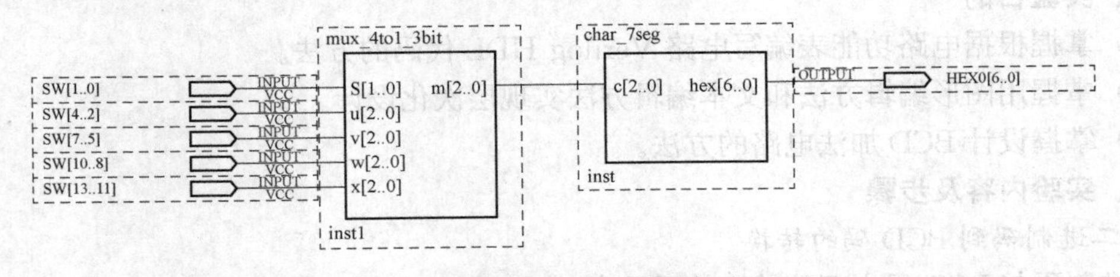

图 5 - 37　循环显示 4 个字符的电路原理图

值得注意的是，s [1..0] 与输入引脚 SW [1..0] 连接，其他输入端类似，而 hex [6..0] 与输出引脚 HEX0 [6..0] 连接。这里的输入和输出引脚全部采用 DE2 的引脚名称（注意区分大小写），目的是可以省去手动分配引脚的工作。

第 1 步：首先将图形文件另存为 char _ 4to1 _ 7seg. bdf，并将该文件设定为项目的顶层设计文件，再进行语法检查。

第 2 步：检查通过后，打开 Pin Planner 窗口，命令是 Assignments->Pins。

第 3 步：选择 Assignments->Import Assignments.. 命令，导入 DE2 _ pin _ assignments. csv 文件，该文件是 DE2 板上所有引脚的分配。导入之后，可以发现所有输入和输出引脚已经自动完成引脚分配，原因是把引脚的名称设定为 DE2 默认的引脚名称。

第 4 步：编译下载。

方法二：通过 Verilog HDL 代码实现，这里需要用到元件实例化语句（元件调用），调用 mux _ 4to1 _ 3bit 模块和 char _ 7seg 模块，代码如下。

```
module char_4to1_7segv (hex0,s,U,V,W,X);
input [2:0] U,V,W,X;
input [1:0] s;
output [6:0] hex0;
wire [2:0] m;
mux_4to1 A1 (m,s,U,V,W,X);
char_7seg A2 (hex0,m);
endmodule
```

将文件另存为 char _ 4to1 _ 7segv. v，并将其设定为项目的顶层设计文件。再进行语法检查、引脚分配和编译下载。

三、实验报告要求

（1）完成实验内容中要求的各项任务。

（2）记录编写的代码或设计的原理图。

（3）记录每个实验内容的硬件验证结果，并总结调试过程中出现的问题和解决方案。

实验四　BCD 码显示及运算

一、实验目的

（1）掌握根据电路功能表编写电路 Verilog HDL 代码的方法。

（2）掌握用图形编辑方法和文本编辑方法实现层次化设计。

（3）掌握设计 BCD 加法电路的方法。

二、实验内容及步骤

1. 二进制码到 BCD 码的转换

二进制码与 BCD 码之间的转换关系见表 5 - 9。

表 5 - 9　　二进制码与 BCD 码转换

二进制码	十进制数		二进制码	十进制数	
0000	0	0	1011	1	1
0001	0	1	1100	1	2

续表

二进制码	十进制数		二进制码	十进制数	
0010	0	2	1101	1	3
…	…		1110	1	4
1001	0	9	1111	1	5
1010	1	0			

表 5-9 中将四位二进制输入 $V=v_3v_2v_1v_0$ 转换成两位十进制 $D=d_1d_0$，实现办法用 SW [3..0]作为二进制输入，而用 HEX1 和 HEX0 作为十进制输出的显示。从表 5-9 中可以看出，当 $V<9$ 时，$d_1=0$、$d_0=V$；反之，$d_1=1$、$d_0=V-10$。

实验步骤如下。

第 1 步：新建一个 Quartus 项目。

第 2 步：建立一个 Verilog HDL 文件，根据上述工作原理编写代码以实现所要求的电路，文件另存为 bin _ bcd. v。

第 3 步：完成代码转换之后，需要将 BCD 码在数码显示器上显示，所以需要在项目中添加第五部分实验三中完成的 num _ 7seg. v 文件。

第 4 步：采用图形编辑方法或元件调用方法完成最终的电路功能。

第 5 步：编译并下载验证。

2. 一位 BCD 加法器

一位 BCD 加法器电路原理是输入两个 BCD 码 A、B 及一位进位输入 cin，输出是 BCD 码的和 sum 及一位进位输出 cout。例如当 $A=1001$ (9)、$B=1001$ (9)、cin=1 时，count=1，sum=1001 (9)。电路的输出最大值为 19。

一种设计方法为：一位 BCD 加法器可以利用两个二进制加法器实现，其电路如图 5-38 所示。在 Verilog HDL 中，二进制加法可以直接用 $A+B$ 实现。

程序的部分代码如下。

```
wire [3:0] m;
wire CO,c;
assign {CO,m} = A + B + CIN;
assign c = CO | (m[3]&m[2]) | (m[3]&m[1]);
assign COUT = c;
assign SUM = m[3:0] + {1'b0,c,c,1'b0};
```

这个程序完全是按照图 5-38 所示得出的，文件另存为 bcd_ add _ 1bit. v。由于需要将结果在数码显示器上显示，所以需要在项目中添加第五部分实验三中完成的 num _ 7seg. v 文件。

验证电路时，可以用 SW [0] 作为 CIN 输入端，SW [4..1]、SW [8..5] 分别作为 A 和 B 的输入端，HEX0 作为 sum 的输出端，LEDG [0] 作为 cout 的输出端。

另外一种方法：设计一个 BCD 码加法器（两个 4bit），程序代码为

```
module add1(ina,inb,cin,cout,sum);
input [3:0] ina,inb;
input cin;
```

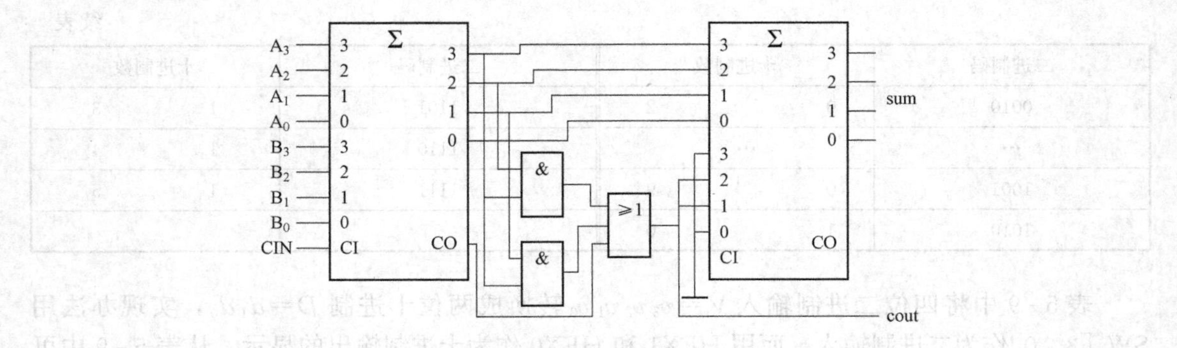

图 5-38 两个二进制加法器电路图

```
output [1:0] cout;
output [3:0] sum;
assign {cout,sum} = ((ina + inb + cin)>9)? (ina + inb + cin + 6): (ina + inb + cin);
endmodule
```

解释上述代码的BCD码加法器计算原理。

3. 两位 BCD 加法器

从一位BCD加法器扩展为两位BCD加法器，可以采用图形编辑器和Verilog HDL文本输入两种方法实现。输入两个两位BCD码 A_1A_0 和 B_1B_0 以及一位进位输入 cin，输出两位BCD码之和 S_1S_0 和一位进位输出 cout。验证电路时，可用 SW［8..1］表示 A_1A_0，SW［16..9］表示 B_1B_0，SW［0］表示 cin；HEX1 和 HEX0 表示 S_1S_0，LEDG［0］表示 cout。

方法一：采用图形编辑器的方法，电路图如图 5-39 所示。

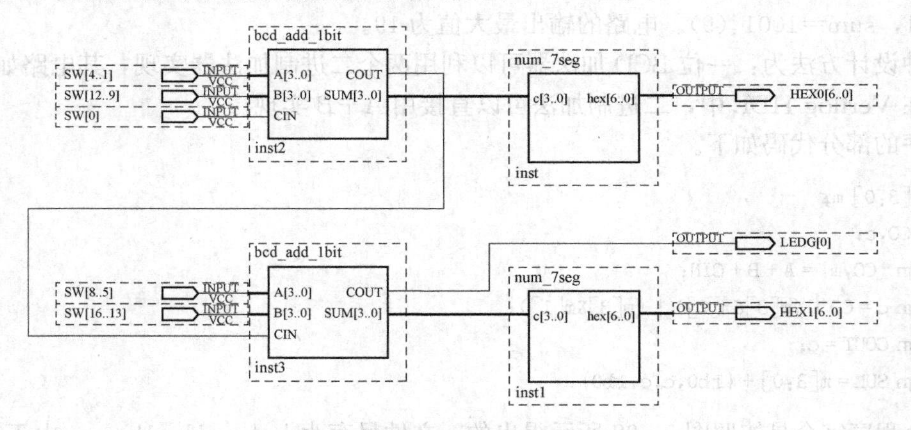

图 5-39 采用图形编辑器设计的电路图

方法二：采用一位BCD加法器的设计思路重新设计一个两位BCD加法器，以下是实现两位BCD加法器的伪代码，可作为编程的思路。

```
1T0 = A0 + B0
2if(T0>9)then
3Z0 = 10;
4c1 = 1;
```

```
5else
6Z0 = 0;
7c1 = 0;
8end if
9S0 = T0 - Z0
10T1 = A1 + B1 + c1
11if(T1>9)then
12Z1 = 10;
13c2 = 1;
14else
15Z1 = 0;
16c2 = 0;
17endif
18S1 = T1 - Z1
192 = c2
```

三、实验报告要求

（1）完成实验内容中要求的各项任务。

（2）记录编写的代码或设计的原理图及软件仿真图。

（3）解释步骤 2 中一位 BCD 加法器第二种方法的 BCD 码加法器计算原理。

（4）记录每个实验内容的硬件验证结果，并总结调试过程中出现的问题和解决方案。

实验五　分　频　器

一、实验目的

（1）掌握分频电路设计方法。

（2）掌握嵌入式锁相环宏功能模块的使用方法。

二、实验内容及步骤

与单片机相比，CPLD/FPGA 一个非常明显的优势就在于它的高速性。但是因为很多外围器件的驱动需要低频的时钟（若时钟频率太高，则键盘扫描容易出错，七段数码显示器会闪烁和不稳定等），所以常常需要用到分频电路，其目的是用一个时钟频率生成另一个时钟频率。常用的分频电路分为偶数倍分频和奇数倍分频两种。

1. 偶数倍分频

偶数倍分频的原理十分简单，例如 8 分频率电路设计。

第 1 步：新建一个 Verilog HDL 文件，并另存为 clk _ div8. v。

第 2 步：Verilog HDL 代码如下。

```
moduleclk_div8 (clkout,clkin);
input clkin;
output clkout;
reg clkout;
reg[1:0] counter;
```

```
  always @(posedge clkin)
    begin
      if( counter[1:0] = = 2'd3)
         begin  //每计到 4 个(0~3)上升沿,输出信号翻转一次
           counter<= 0;
           clkout<= ~clkout;
         end
     else
           counter[1:0]<= counter[1:0] + 1'b1;
   end
endmodule
```

第 3 步：语法检查通过后，再进行功能仿真。仿真结果如图 5 - 40 所示。

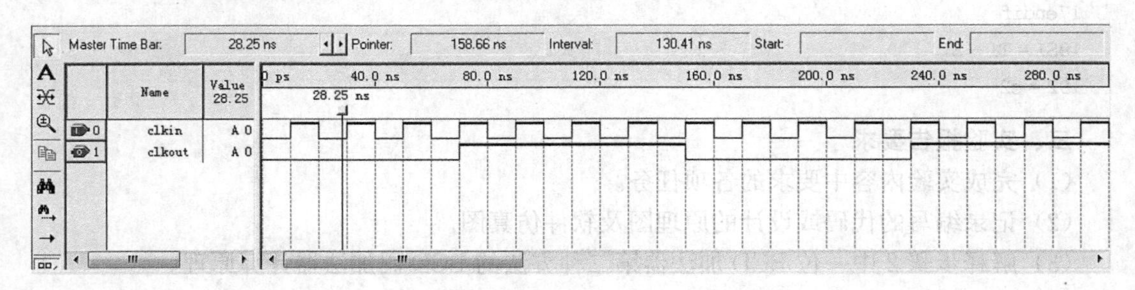

图 5 - 40 仿真结果

上面给出的是一个 8 分频率电路，其他倍频数的分频电路可以通过修改 counter 的上限值 N 得到。一般的计算规则是对一个 $2x$ 分频的电路来说，counter 上限值是 $N=x-1$（从 0 计到 $x-1$ 恰好为 x 次，每 x 个上升沿翻转一次就实现了 $2x$ 分频）。如果希望产生一个下降沿翻转的分频电路，只需将 rising _ edge（Clkin）改成 falling _ edge（Clkin）即可。

第 4 步：根据上述方法，将 DE2 平台上的 50MHz 时钟，分频为 1Hz 频率的时钟，得到的代码文件另存为 clk _ 1 _ gen. v。然后在实验板上将输入时钟引脚接在 CLK _ 50，输出时钟引脚接在 LEDR［0］，可以看到 LEDR［0］每过 1s 亮一下。

2. 奇数倍分频

奇数倍分频比偶数倍分频复杂，实现奇数倍分频的方法不是唯一的，但最简单的是错位异或法，如 3 分频电路设计。

第 1 步：新建一个 Verilog HDL 文件，并另存为 clk _ div3. v。

第 2 步：Verilog HDL 代码如下。

```
module clk_div3 (clk,clock);
input clock;
output clk;
reg[1:0] counter;
reg temp1,temp2;
  always @(posedge clock)
    begin
```

```
          if(counter[1:0] = = 2'd2)
            begin   //每计到 4 个(0~3)上升沿,输出信号翻转一次
              counter <= 0;
              temp1<= ~temp1;
            end
          else
              counter[1:0]<= counter[1:0] + 1'b1;
      end
    always@(negedgeclock)
      begin
          if(counter[1:0] = = 2'd1)
              temp2<= ~temp2;
            end
  assign clk = temp1^ temp2;
  endmodule
```

第 3 步：语法检查通过后，再进行功能仿真。仿真结果如图 5-41 所示。

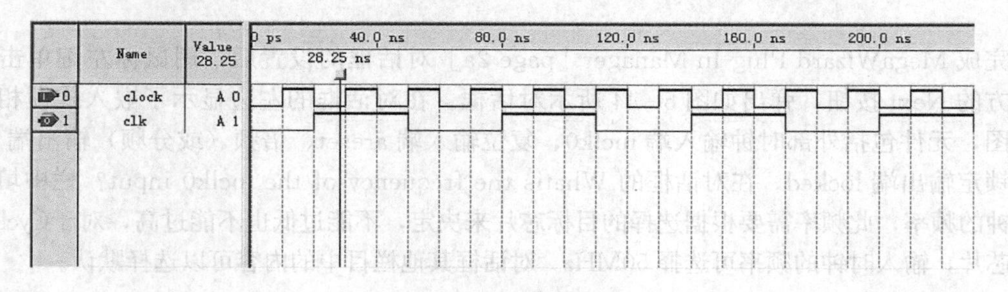

图 5-41　仿真结果

第 4 步：根据 3 分频设计方法，完成 7 分频电路设计。

3. *嵌入式锁相环宏功能模块的使用方法*

锁相环 PLL 可以实现与输入时钟信号同步，并以它作为参考，输出一个至多个同步倍频或分频的时钟信号。基于 SOPC 技术的 FPGA 片内包含嵌入式锁相环，其产生的同步时钟比外部时钟的延迟时间少，波形畸变小，受外部干扰也少。下面介绍嵌入式锁相环的使用方法。

首先为嵌入式锁相环的设计建立一个新工程（如 myp 11），然后在 Quartus Ⅱ 软件的主界面执行 Tools 菜单的 MegaWizard Plug-In Manager... 项，弹出图 5-42 所示的 MegaWizard Plug-In Manager［page1］对话框的第 1 页面。

在对话框中，选中 Create a new custom megafunction variation 项，创建一个新的强函数定制。在此对话框中还可以选择编辑一个现有的强函数定制或复制一个现有的强函数定制。用鼠标左键单击 MegaWizard 插件管理器对话框下方的 Next 按钮，弹出如图 5-43 所示的 MegaWizard Plug-In Manager［page 2a］对话框。在此对话框中，用鼠标左键选中强函数列表中的 I/O 选项下的 ALTPLL 项，表示将创建一个新的嵌入式锁相环设计项目。在对话框中的 Which device family will you be using ? 栏中，选择编程下载目标芯片的类型，例如 Cyclone Ⅱ。在对话框的 Which type of output file do you want to create? 栏下选择生成设计文件

的类型，有 AHDL、VHDL 和 Verilog HDL 三种 HDL 文件类型可选。例如，选择 Verilog HDL，则可生成嵌入式锁相环的 Verilog HDL 设计文件。在对话框的 What name do you want for the output file? 栏中填入设计文件的路径和文件名，例如 D：\ myp 11 \ myp 11. v。

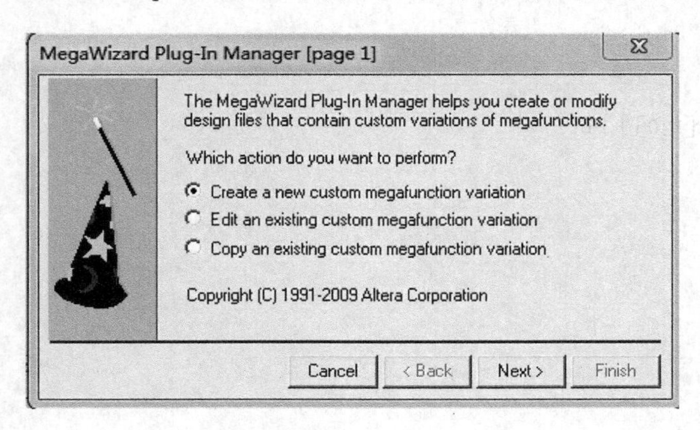

图 5-42 MegaWizard Plug-In Manager［page1］对话框

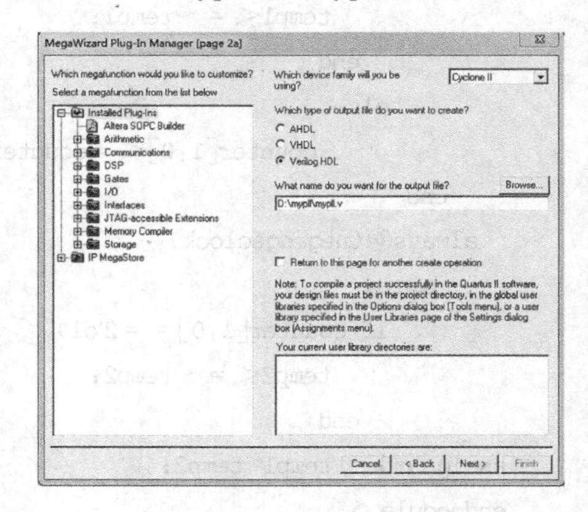

图 5-43 MegaWizard Plug-In Manager［page 2a］对话框

完成 MegaWizard Plug-In Manager［page 2a］对话框的设置后，用鼠标左键单击对话框下方的 Next 按钮，弹出如图 5-44 所示对话框。在对话框的左边显示了嵌入式锁相环的元件图，元件包括外部时钟输入端 inclk0、复位输入端 areset、倍频（或分频）输出端 c0 和相位锁定输出端 locked。在对话框的 Whatis the frequency of the inclk0 input? 栏中填入输入时钟的频率，此频率需要根据选择的目标芯片来决定，不能过低也不能过高，对于Cyclone Ⅱ系列芯片，输入时钟的频率可选择 50MHz。对话框其他栏目中的内容可以选择默认。

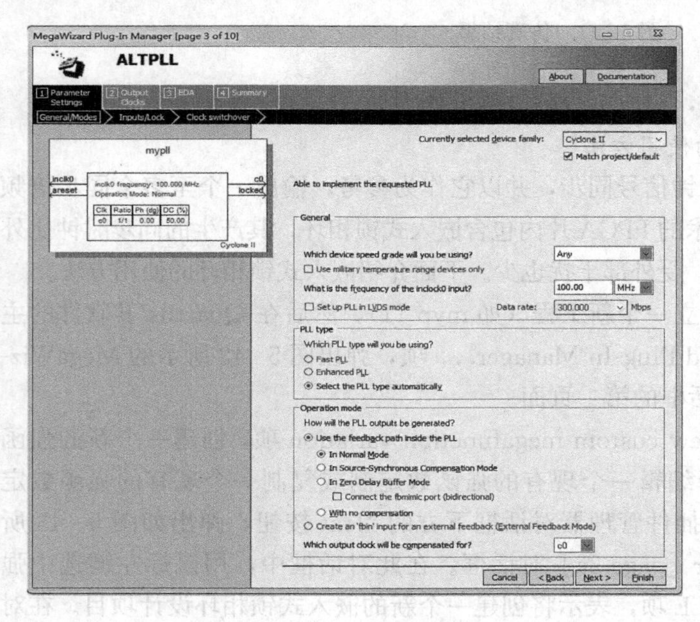

图 5-44 MegaWizard Plug-In Manager［page 3］对话框

完成图 5-44 所示的对话框的设置后，用鼠标左键单击对话框下方的 Next 按钮，弹出如图 5-45所示对话框。此对话框主要用于添加其他控制输入端，如添加相位/频率选择控制端 pfdena，本例设计不添加该输入端。

用鼠标左键单击对话框下方的 Next 按钮，弹出的对话框主要用于添加第 2 个时钟输入端 inclk1，本例设计对该对话框的设置保持默认，不添加该输出端。用鼠标左键单击 Next 按钮，弹出如图 5-46 所示对话框，此对话框主要用于设置输出时钟 c0 的相关参数，如倍频数、分频比、占空比等。在对话框的 Clock multiplication factor 栏中选择时钟的倍频数，如选择倍频数为 2，则 c0 的时钟频率为 100MHz。也可以在 Clock division factor 栏目中选择 c0 的分频比，如选择分频比为 2，则 c0 的输出频率为 25MHz。

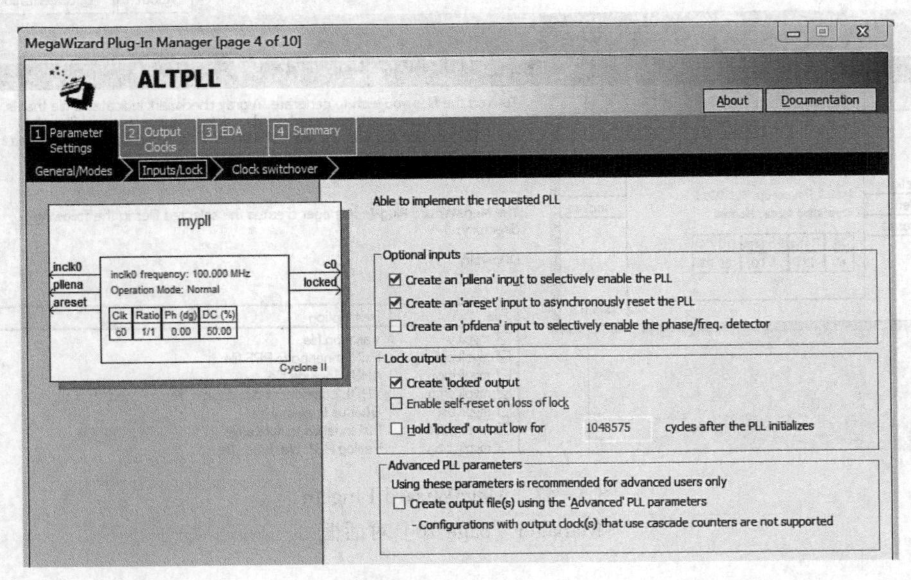

图 5-45　MegaWizard Plug-In Manager［page 4］对话框

用鼠标左键单击图 5-46 对话框下的 Next 按钮，弹出如图 5-47 所示的对话框，这是嵌入式锁相环设计的最后一个对话框，用于选择输出设计文件，此对话框设置可保持默认。

用鼠标左键单击图 5-47 所示对话框下方的 Finish 按钮，完成嵌入式锁相环的设计。

注意：在锁相环参数的设置过程中，应注意每个对话框上方出现的提示信息，如果出现 Able to implement the requested PLL 信息，则说明设置的参数是可以接受的；如果出现 Cannot implement the requested PLL 信息时，则表示设置的参数是不可接受的，需要及时修改。

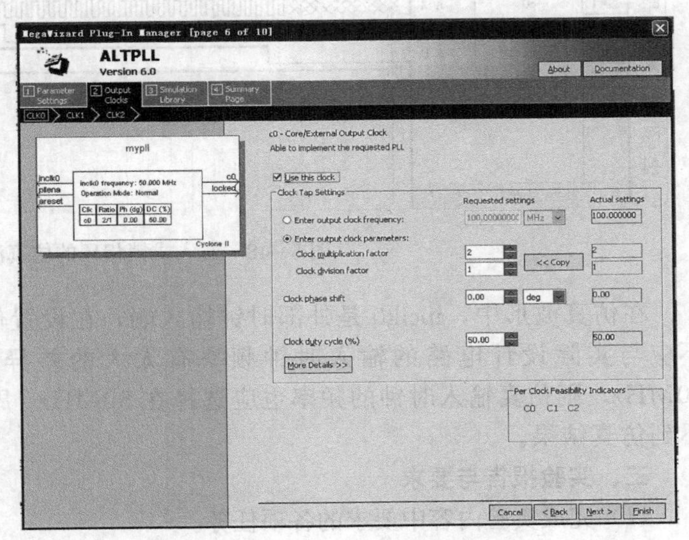

图 5-46　MegaWizard Plug-In Manager［page 6］对话框

完成嵌入式锁相环的设计后，打开嵌入式锁相环的 Verilog HDL 设计文件 myp 11. v，首先对设计文件进行编译，然后仿真设计文件。嵌入式锁相环的仿真波形如图 5-48 所示。

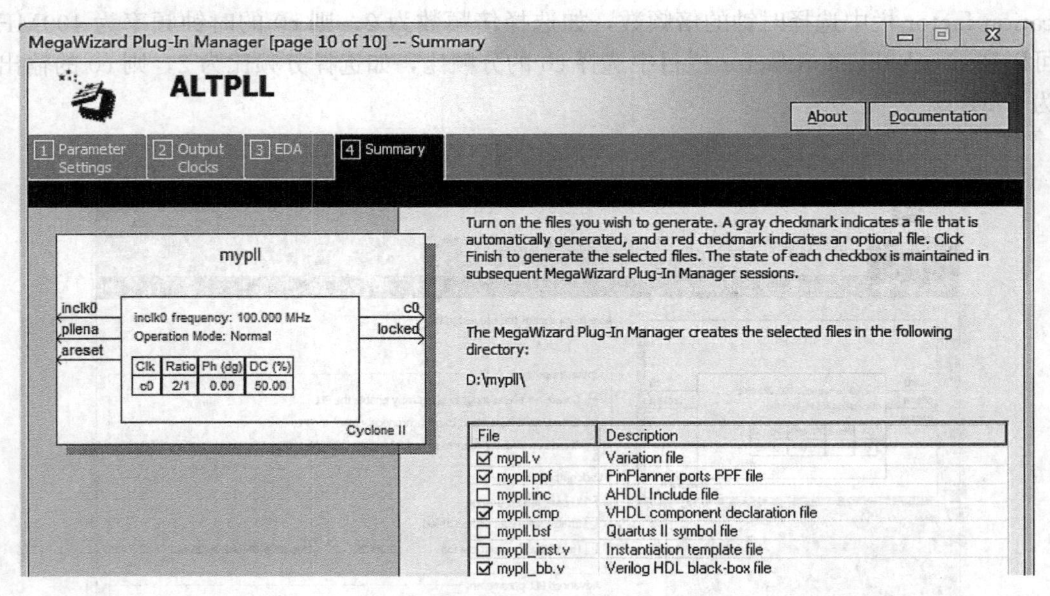

图 5-47 MegaWizard Plug-In Manager［page 10］对话框

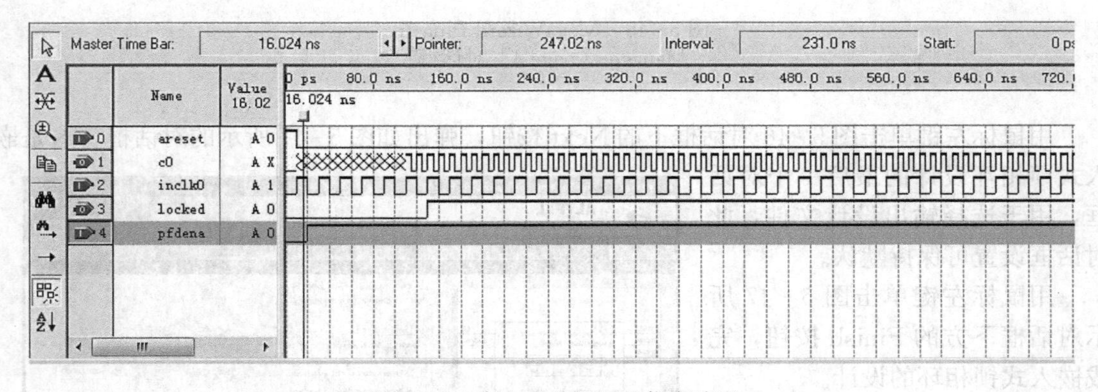

图 5-48 嵌入式锁相环的仿真波形

在仿真波形中，inclk0 是外部时钟输入端，在设置仿真输入时钟的频率时，其频率不应与实际设计电路的输入时钟频率有太大的差异。例如，设计电路时钟频率为 50MHz，则仿真输入时钟的频率也应选择在 50MHz（周期为 20ns）范围内，否则将得不到仿真结果。

三、实验报告与要求

（1）完成实验内容中要求的各项任务。

（2）记录文件 clk_1_gen.v 中的代码。

（3）记录 7 分频电路代码。

（4）记录每个实验内容的波形仿真结果、硬件验证结果，并总结调试过程中出现的问题和解决方案。

实验六 计数器与时钟电路设计

一、实验目的

(1) 掌握计数器硬件描述语言设计方法。

(2) 掌握计数器 LPM 实现方法。

(3) 掌握层次化设计方法实现时钟电路。

二、实验内容及步骤

1. 计数器

在 Verilog HDL 中，可以用 $Q=Q+1$ 简单地实现一个计数器，也可以用 LPM 来实现。下面分别对这两种方法进行介绍。

实现一个八位计数器。计数器从 00000000 开始计到 11111111，计数器的模是 256。计数器模块还需要包含一个时钟 clock、一个使能信号 en、一个异步清 0 信号 aclr 和一个同步数据加载信号 sload。模块符号如图 5-49 所示。

方法一：建立项目，并完成下面 Verilog HDL 代码。

```
module counter_8bit (q, data, clock,en,sload,aclr);
input clock,en,sload,aclr;
input [7:0] data;
output [7:0] q;
reg [7:0] q;
always @ (posedge clock or posedge aclr)
  begin
if (aclr)
      q< = 0;
else if (sload)
      q< = data;
else if(en)
      q< = q + 1'b1;
  end
 endmodule
```

Verilog HDL 文件另存为 counter _ 8bit. v，并将其设定为项目的最顶层文件，再进行语法检查。

引脚分配：用 KEY [0] 表示 clock，SW [7..0] 表示 data，SW [8～10] 分别表示 en、sload 和 aclr；LEDR [7..0] 表示 q。将程序下载到开发板上进行硬件验证。

设计要求：修改上述代码，把计数器的模更改为 100，并进行验证。

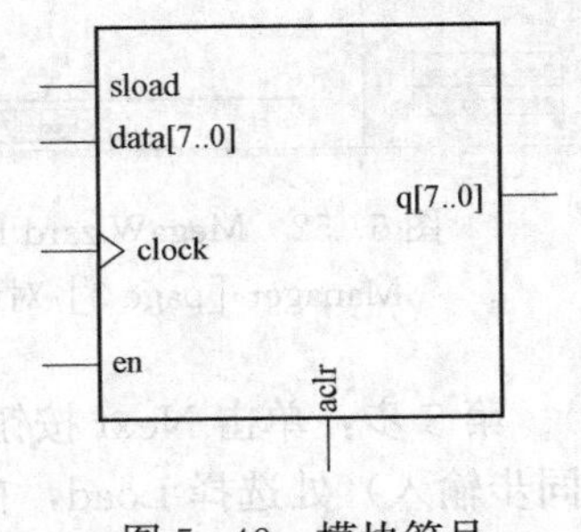

图 5-49 模块符号

方法二：使用 LPM 实现八位计数器。用 LPM 可以非常方便快捷地实现一个计数器。

第 1 步：选择 Tools->MegaWizard Plug-In Manager 命令，打

开如图 5 - 50 所示的对话框。

第 2 步：直接单击 Next 按钮，出现如图 5 - 51 所示的对话框。在对话框左边的选择框中选择 LPM _ COUNTER，在输出文件类型单选框中选中 Verilog HDL，并输入文件名为 counter _ lpm。

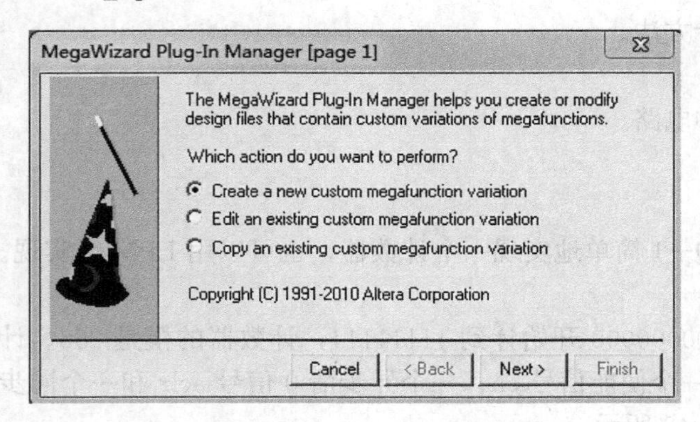

图 5 - 50 MegaWizard Plug-In Manager [page 1] 对话框

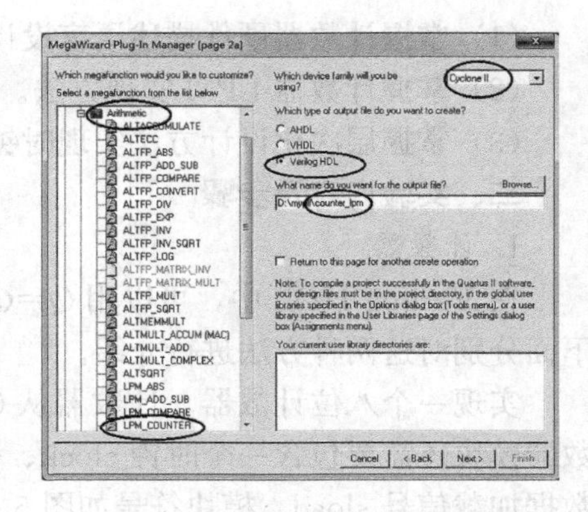

图 5 - 51 MegaWizard Plug-In Manager [page 2a] 对话框

第 3 步：完成设置后，直接单击 Next 按钮，打开图 5 - 52 所示的对话框。在输出位数的下拉框中选择“8 bits”，在计数方向的单选框中选中 Up only。这个设置表示生成的计数器是八位加法计数器。

第 4 步：单击 Next 按钮后，出现如图 5 - 53 所示的对话框。在该对话框中选择添加额外的端口，在这里选中 Count Enable 选项，表示添加了一个计数使能端口，此时在左边的图形符号中可以看到多了一个“cnt _ en”的引脚。

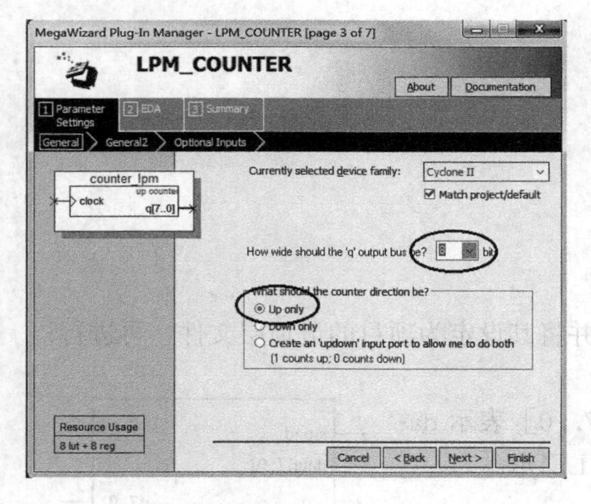

图 5 - 52 MegaWizard Plug-In Manager [page 3] 对话框

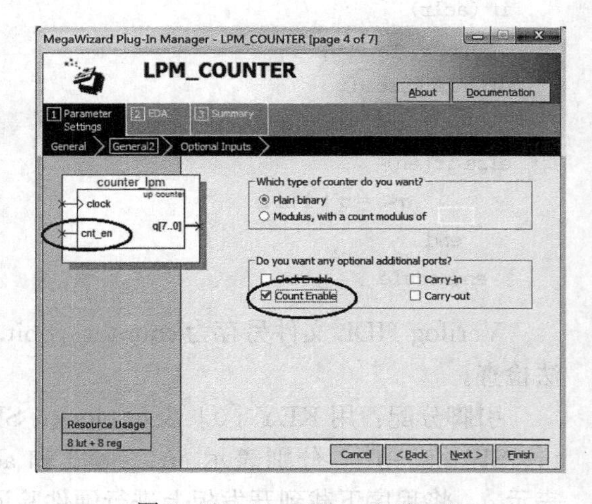

图 5 - 53 MegaWizard Plug-In Manager [page 4] 对话框

第 5 步：单击 Next 按钮，打开如图 5 - 54 所示的下一个对话框。在 Synchronous inputs（同步输入）处选择 Load，在 Asynchronous inputs（异步输入）处选择 Clear。表示在计数器中添加了一个同步置数端和一个异步清 0 端，在左边的图形符号中可以看到又添加了一个

aclr、sload 和用于置数用的 data [7..0]。

第 6 步：继续单击 Next 按钮，直到结束。到此即完成了一个八位计数器的设计，同时生成了一个 VerilogHDL 文件 couter _ lpm. v。

第 7 步：接着需要将生成的 couter _ lpm. v 文件添加到项目中，如图 5-55 所示，在项目浏览器窗口中，右击 Device Design Files，在下拉菜单中选择 Add/Remove Files in Project 命令。

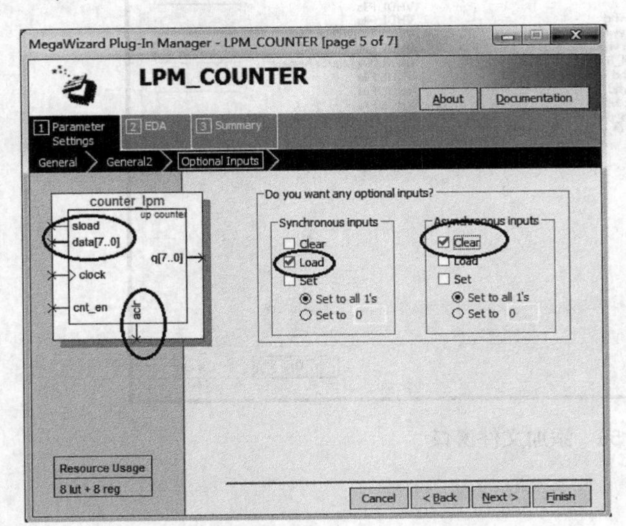

图 5-54　MegaWizard Plug-In Manager [page 5] 对话框

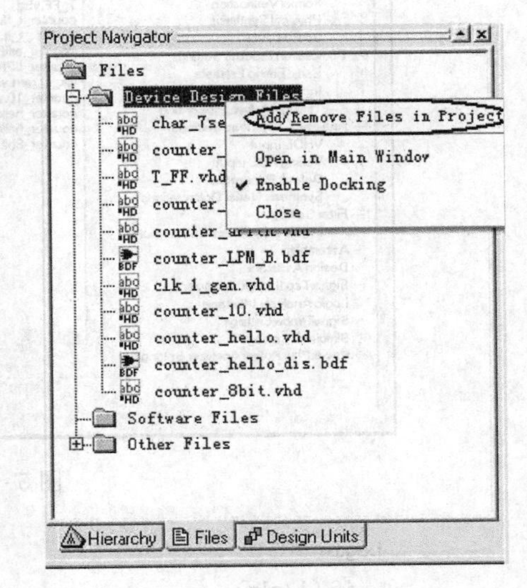

图 5-55　项目浏览器窗口

第 8 步：选择添加文件命令后，打开如图 5-56 所示的对话框。在 File name 处可直接输入将添加的文件名，或通过点击右边的 ... 浏览按钮，打开浏览窗口，选择需要添加的文件。然后点击右边的 Add 按钮，即完成。

第 9 步：将 couter _ lpm. v 设定为顶层设计文件，进行语法检查后，执行与方法一相同的操作即可。

2. 时钟电路

利用上面设计好的计数器和分频器，设计一个实时的时钟。一共需要 1 个模为 24 的计数器、2 个模为 6 的计数器、2 个模为 10 的计数器、一个生成 1Hz 的分频器和 6 个数码显示器解码器。最终用 HEX5～HEX4 显示小时（0～23），用 HEX3～HEX2 显示分钟（0～59），用 HEX1～HEX0 显示秒钟（0～59）。

下面是模为 24 的计数器的设计。

第 1 步：新建一个 Verilog HDL 文件，并另存为 counter _ 24. v。

第 2 步：输入以下代码。

```
module counter(q1,q0, clk,en,clr);
input clk,en,clr;
output [3:0]q1,q0;
reg [3:0] q1,q0;
always @ (posedge clk or negedge clr)
```

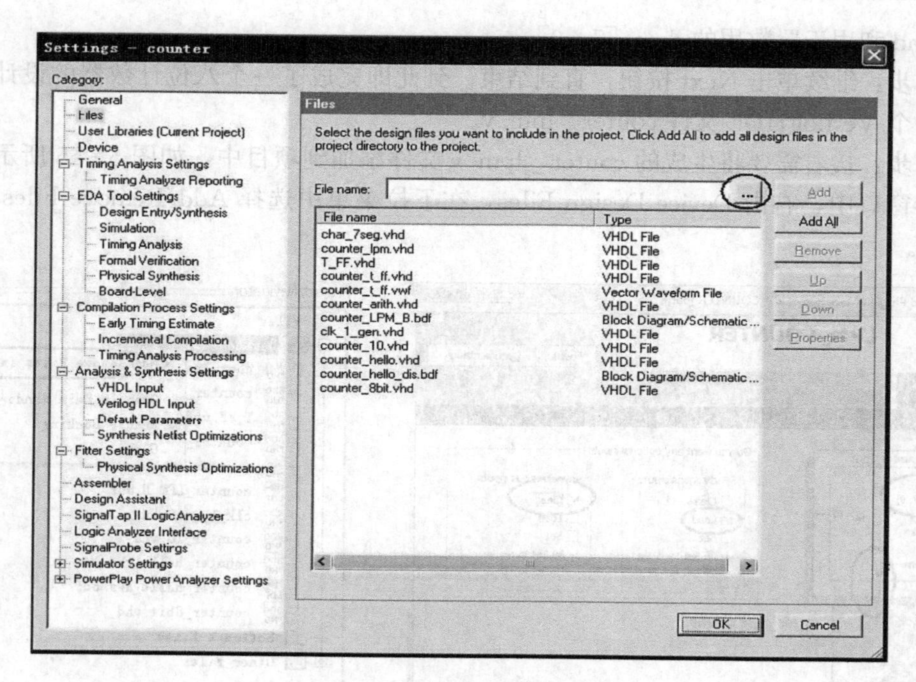

图 5 - 56　添加文件窗口

```
        begin
          if (! clr)
              begin
                  q0< = 0;q1< = 0;
              end
          else if (en)
              begin
                  if((q1>2)||(q0>9)||((q1 = = 2)&&(q0> = 3)))
                      begin
                        q0< = 0;q1< = 0;
                      end
                  else if (q0 = = 9)
                      begin
                        q0< = 0; q1< = q1 + 1'b1;
                      end
                  else   q0< = q0 + 1'b1;
              end
          end
endmodule
```

第 3 步：语法检查，通过后直接生成符号。

第 4 步：采用图形编辑器，将几个模块连接起来构成一个时钟，得到顶层文件电路，如图 5 - 57 所示。

第 5 步：加上相应的输入和输出端口，保存为 clock. bdf。

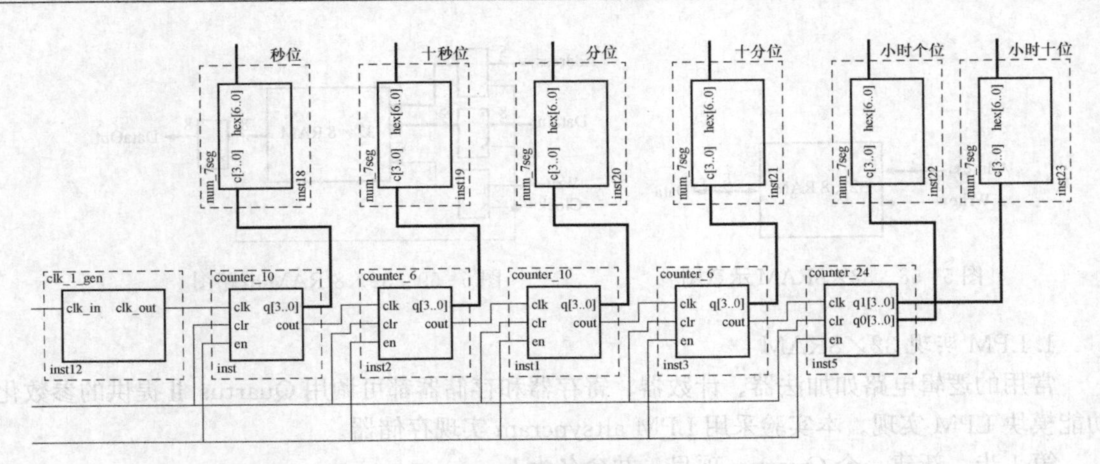

图 5-57　顶层文件电路图

第 6 步：语法分析、编译和下载。

三、实验报告要求

（1）完成实验内容中要求的各项任务。

（2）记录模为 100、24、6、10 的计数器代码。

（3）记录时钟电路完整的电路图。

（4）记录每个实验内容的波形仿真结果、硬件验证结果，并总结调试过程中出现的问题和解决方案。

实验七　存储器的设计

一、实验目的

（1）掌握用 LPM、Verilog HDL、片外 RAM 实现存储器。

（2）掌握存储器初始化方法。

（3）掌握存储器的简单使用。

二、实验内容及步骤

在计算机系统中，一般都提供一定数量的存储器。在用 FPGA 实现的系统中，除可以使用 FPGA 本身提供的存储器资源外，还可以使用 FPGA 的外部扩充存储器。本实验要求设计一个 32×8RAM，如图 5-58 所示，它包含 5 位地址、8 位数据口和一个写控制端口。实现这个存储器有两种方法：一种是采用 FPGA 上的存储器块实现。EP2C35FPGA 片内共有 105 个 M4K RAM 块，每个 M4K 包含 4096 位，支持 4K×1、2K×2、1K×4 和 512×8 四种配置。本实验选择 512×8 配置，而且只使用 RAM 中的 32 个字节。另一种是采用外部存储器芯片实现。

每个 M4K 都有专用的寄存器用于所有输入、输出与时钟同步，因此在使用 M4K 时，要让输入、输出端口之一或全部与输入时钟同步。改进之后的 32×8 RAM 电路如图 5-59 所示。

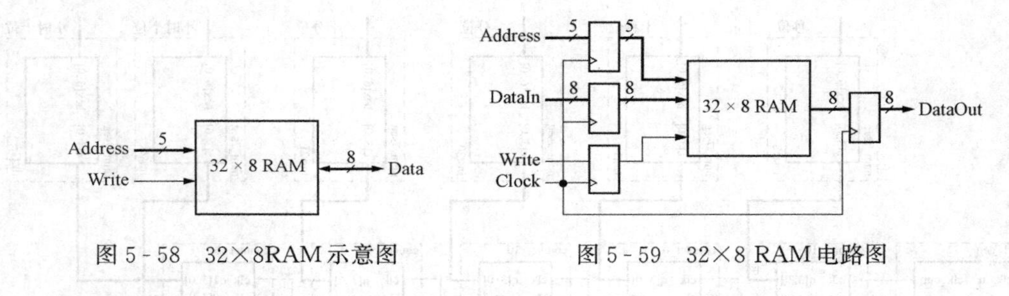

图 5-58　32×8RAM 示意图　　　图 5-59　32×8 RAM 电路图

1. LPM 实现 32×8RAM

常用的逻辑电路如加法器、计数器、寄存器和存储器都可调用 Quartus Ⅱ提供的参数化功能模块 LPM 实现。本实验采用 LPM altsyncram 实现存储器。

第 1 步：新建一个 Quartus 项目，并命名为 lpm _ sram。

第 2 步：新建一个图形文件，并命名为 lpm _ sram. bdf。打开 symbol（符号库），如图 5-60 所示。

第 3 步：从符号库左边中选中 altsyncram，单击 OK，出现如图 5-61 所示的界面。

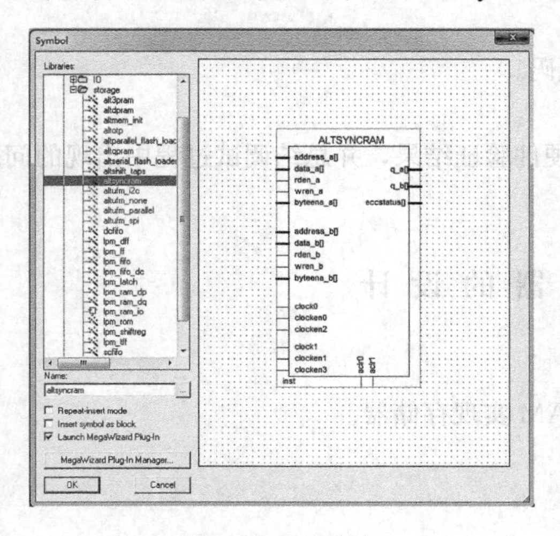

图 5-60　符号库

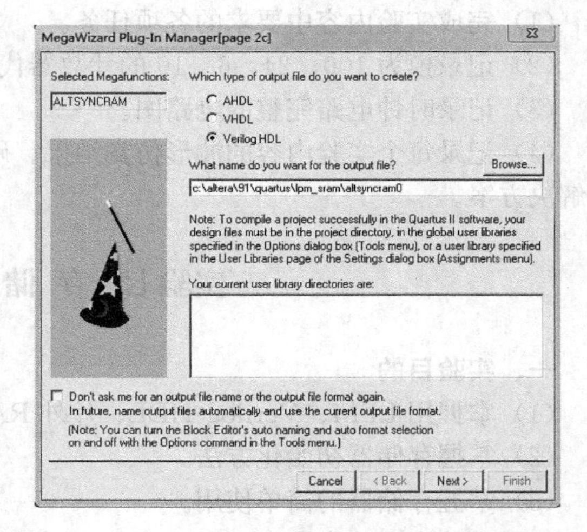

图 5-61　MegaWizard Plug-In Manager-altsyncram [page 2c] 对话框

第 4 步：单击 Next 按钮，在下一个对话框中选择 with one read/ write port（Single-port mode）模式，如图 5-62 所示。

第 5 步：单击 Next 按钮，在下一个对话框中选择存储器容量是 32 个字节，如图 5-63 所示。

第 6 步：其他对话框均采用默认值即可，最后单击 Finish 按钮即完成 RAM 模块的设计。

第 7 步：添加相应的输入和输出端口，端口命名如图 5-64 所示。

第 8 步：进行语法检查，检查通过后，打开 Pin Planner，用 SW7～SW0 作为数据输入、SW12～SW8 作为地址的输入、SW13 作为 Write 信号、结果显示在 LEDG 上。

第 9 步：开始编译并下载。

第10步：验证实验结果。首先，写数据到存储器中。例如设置地址值为00000，即SW12～SW8＝00000；写入的数据为01H，即SW7～SW0＝00000001；再将SW13置1，表示开始写入数据，写完后重新置0，等待下一次写操作。用同样的方法，将表5-10中的数据写入到相应的存储地址中。接着从存储器中将数据读出，将SW13置0，设置不同的地址值，就会在LEDG上显示之前写入的数据了。

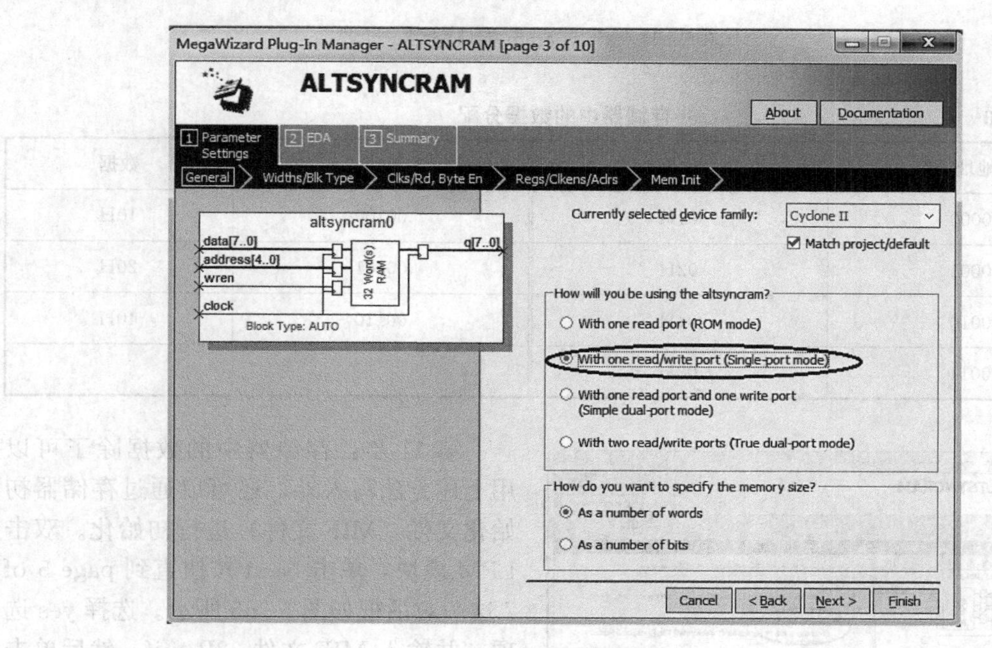

图5-62 MegaWizard Plug-In Manager-altsyncram［page 3］对话框

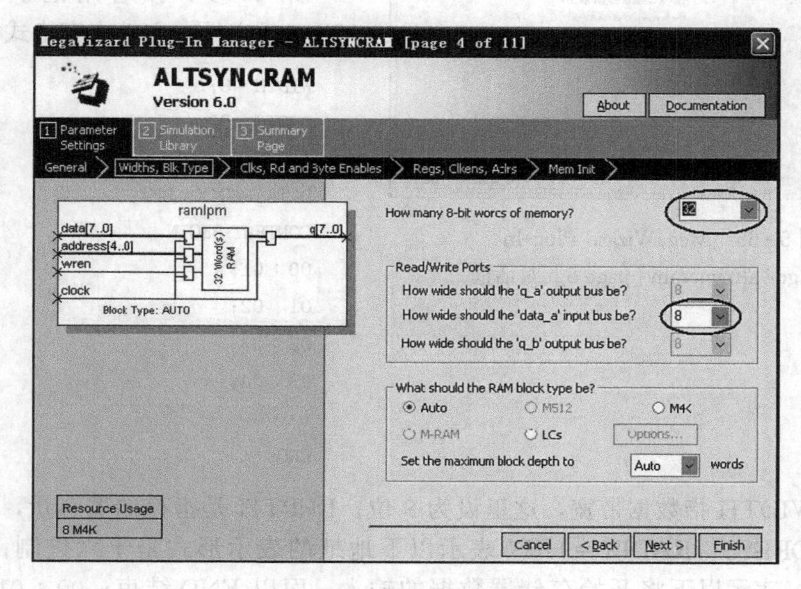

图5-63 MegaWizard Plug-In Manager-altsyncram［page 4］对话框

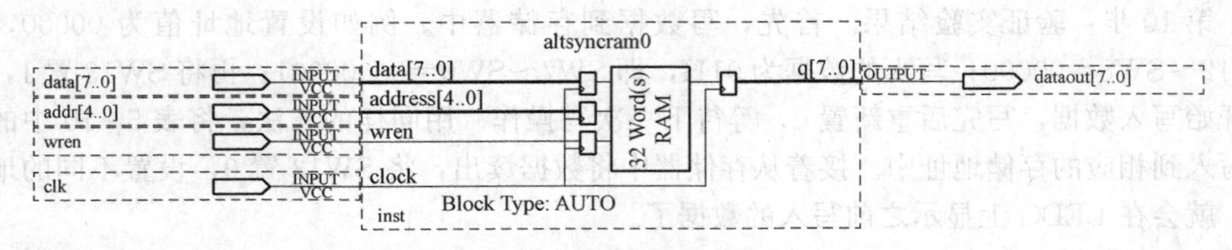

图 5-64 altsyncram 端口命名

表 5-10 存储器中的数据分配

地址	数据	地址	数据
00000	01H	00100	10H
00001	02H	00101	20H
00010	04H	00110	40H
00011	08H		

第 11 步：存储器中的数据除了可以用上述方法写入外，还可以通过存储器初始化文件（MIF 文件）进行初始化。双击 LPM 模块，单击 Next 按钮直到 page 5 of 7 这一对话框如图 5-65 所示。选择 yes 选项，并输入 MIF 文件 32B. mif，然后单击 Finish 按钮结束即可。

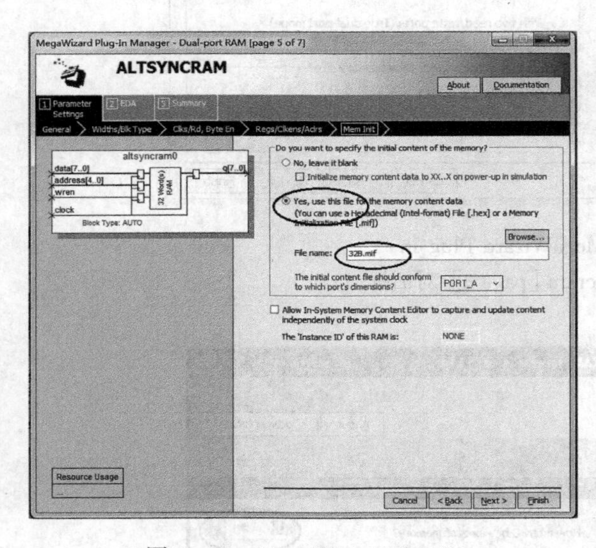

图 5-65 MegaWizard Plug-In Manager-altsyncram［page 5］对话框

第 12 步：接着用记事本生成一个 32B. mif 文件，文件内容格式如下。

```
WIDTH = 8;
DEPTH = 32;
ADDRESS_RADIX = HEX;
DATA_RADIX = HEX;
CONTENT BEGIN
00 : 01;
01 : 02;
02 : 03;
03 : 04;
……
END;
```

其中的 WIDTH 指数据带宽，这里设为 8 位；DEPTH 是指存储器容量，这里设为 32 个单元；ADDRESS _ RADIX＝HEX 表示以下地址的表示形式是十六进制；再以 CONTENT BEGIN 表示以下将开始存储器数据的输入，而以 END 结束；00 ：01…表示地址 00H 处的数据是 01H。

此外，用上述方法只能自动生成一些简单数据，对于复杂数据，比如波形数据（如正弦波)，需要在存储器初值设定文件的界面上逐个将数据填入。利用C语言可以生成存储器初值设定文件（.mif）中的数据。能生成正弦波数据的C语言源程序（myram.c）为：

```
#include<stdi0.h>
#include"math.h"
mam()
{int i,k;
for(i=0;i<256;i++)
{k=128+128*sin(360.0*i/256.0*3.1415926/180);
printf("%d:%d;\n",i,k);
}
Return;
}
```

在源程序中，i表示8位计数器提供的地址（从0～255变化），由于正弦波的一个周期是从0°～259°，因此i对应的角度是360*i/256。另外，存储器中的数据是8位无符号数，因此在正弦函数前增加了128的倍数和128的增量，使0°对应的8位无符号数的值为128（表示正弦值为0），90°对应的值为255（表示正弦值为1），270°对应的值为0（表示正弦值为-1），依此类推。

把myram.c文件编译成可执行文件后，在DOS（Windows的命令提示符）环境下执行命令：myram>myram_1.mif。

则将myram文件执行的结果保存在myram_1.mif文件（该文件可以任意命名，也可以不加文件属性）中。以记事本方式打开myram_1.mif文件，将其内容复制到存储器初值设定文件（.mf）中的数据中，代替源文件中的地址和数据。

注意： 由于原来的存储器初值设定文件（.mif）中的地址基数选用Hexadecimal（十六进制），而用C语言生成的地址基数是十进制，因此，需要把mydds.mif中的ADDRESS_RADIX=HEX；语句修改为ADDRESS_RADIX=DEC;，表示地址基数为十进制。如果原来的存储器初值设定文件中的地址基数选用十进制，则不需要修改。在Quartus Ⅱ环境下打开修改后的mydds.mif，其存储的数据即为正弦波的数据。

2. 用VerilogHDL实现

除了使用LPM模块实现RAM外，还可以通过Verilog HDL代码实现。在Verilog HDL中可以定义存储器的数据类型，如32×8 RAM可以用以下语句实现：

```
module  sram_32B(dataout,datain,addr,clk,wren);
input  clk,wren;
input [4:0] addr;
input[7:0]datain;
output[7:0]dataout;
reg[7:0]dataout;
reg[7:0]  sram[31:0];
  always@(posedge clk)
    begin
```

```
            if(wren)
                    sram[addr]<= datain;//Write data
            else
                    dataout<= sram[addr];//Write data
    end
endmodule
```

在 Verilog HDL 程序中也可以对定义的 RAM 进行数据初始化，只需在 RAM 的定义前加上以下语句即可。

(*ramstyle="no_rw_check,m4k",ram_init_file="sram_32B.mif"*)reg[7:0]sram[31:0];

3. 用片外 RAM 实现

在 DE2 平台上还集成了一个 SRAM 芯片 IS16LV25616AL-10，这是一个 256K×16 位的 SRAM。这个 SRAM 芯片的接口包括了 18 位地址口 A17～A0，16 位双向数据口 I/O15～I/O0，还包括 CE、OE、WE、UB 和 LB 等控制信号，且这些控制信号都是低电平有效。具体功能见表 5-11。

表 5-11　**SRAM 芯片控制信号功能表**

引脚名称	功　能
CE	芯片使能信号
OE	输出使能信号，可以在读操作或所有操作中置为低电平
WE	写使能信号，写操作时置为低电平
UB	高字节选择
LB	低字节选择

本实验的目的是用 SRAM 芯片实现 32×8 RAM，此时 FPGA 与 SRAM 和外围接口的连接关系如图 5-66 所示。

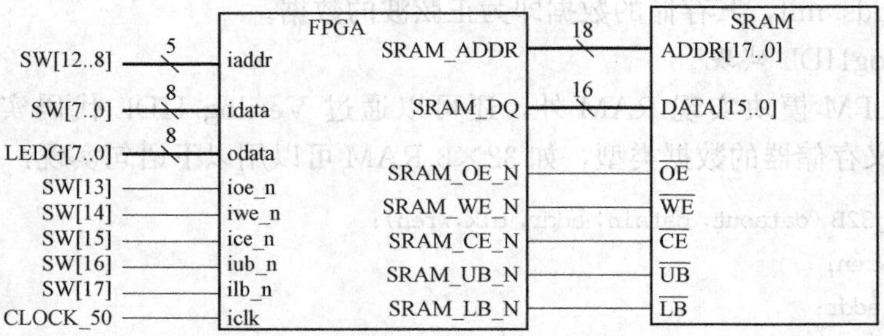

图 5-66　FPGA 与 SRAM 和外围接口的连接关系

从图 5-66 可以看出本实验没有使用 SRAM 的所有数据及地址引脚，所以在程序中将不需要使用的引脚接地。

新建一个 Verilog HDL 文件，并命名为 ext_sram. v。

Verilog HDL 部分程序如下：

```
……
sram_lb_n<=ilb_n;
sram_ub_n<=iub_n;
sram_oe_n<=ioe_n;
sram_ce_n<=ice_n;
sram_we_n<=iwe_n;
sram_addr<={13'b0,iaddr};
odata<=sram_dq[7:0];
if(! iwe_n)
    sram_dq<={8'b0,idata[7:0]};
else
sram_dq<=16'bZ;
……
```

4. SRAM 的应用

从以上 3 种实现 RAM 的方法中选择一种方法实现 64×8 RAM，并要求在 RAM 的第 0～15单元内分别写入 1～16，可以通过手动输入或通过存储器初始化文件（MIF）完成。接着按顺序从第 0～15 单元每一秒钟读出一个单元的数据，并显示在 LED 上。

三、实验报告要求

（1）完成实验内容中要求的各项任务。

（2）记录 ext _ sram. v 代码。

（3）记录 SRAM 的应用中的代码或原理图。

（4）记录每个实验内容的硬件验证结果，并总结调试过程中出现的问题和解决方案。

实验八 交通灯控制器设计

一、实验目的

根据设计要求设计数字系统。

二、实验内容

1. 设计要求

设计一个简单的十字路口交通灯控制器。交通灯分东西和南北两个方向，均通过数码显示器和指示灯指示当前的状态。设两个方向的流量相当，红灯时间 45s，绿灯时间 40s，黄灯时间 5s。完成代码编写、软件仿真和硬件验证。

2. 设计提示

从交通灯的工作原理来看，无论是东西方向还是南北方向，都是一个减法计数器，只不过计数时还要判断红绿灯情况，再设置计数器的模值。

表 5 - 12 所示为一个初始状态和 4 个跳变状态。交通灯控制器工作时状态将在 4 个状态间循环跳变，整个交通灯则完全按照减法计数器原理进行设计。

表 5-12　交通灯控制器状态变换表

状态	当前计数值			下一个 CLOCK 到来时的新模值		
	东西方向指示	南北方向指示	东西-南北方向指示	东西方向指示	南北方向指示	东西-南北方向指示
初始	0	0		45	40	红-绿
1	6	1	红-绿	5	5	红-黄
2	1	1	红-黄	40	45	绿-红
3	1	6	绿-红	5	5	黄-红
4	1	1		45	40	红-绿

交通灯控制器输入/输出引脚列表见表 5-13。

表 5-13　交通灯控制器输入/输出引脚列表

输　入　信　号				
序号	信号名称	位宽	端口类型	备　注
1	clk	1	I	系统时钟
2	urgency	1	I	系统紧急信号
3	east_west	8	I	东西方向时钟计数
4	south_north	8	I	南北方向时钟计数
输出信号				
1	led	6	O	交通指示灯

三、实验报告要求

（1）记录交通灯控制器的代码或原理图，并给出代码相应的解释。

（2）记录仿真波形。

（3）记录硬件验证结果，并总结调试过程中出现的问题和解决方案。

实验九　抢　答　器

一、实验目的

（1）掌握根据设计要求编写源代码。

（2）掌握根据仿真要求编写测试代码。

（3）掌握在 Quartus Ⅱ 中调用 ModelSim 进行仿真。

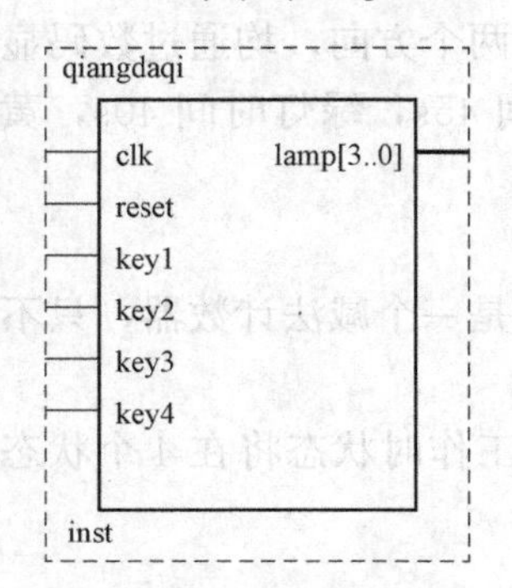

图 5-67　抢答器引脚分布图

二、实验内容

1. 设计要求

抢答器可容纳 4 组参赛者抢答，每组设置一个抢答按键。要求抢答器具有第一抢答信号的鉴别和锁存功能，当按下复位键 reset 后开始抢答，抢答器监测到首先按下按钮的选手并点亮对应的 LED 灯，此后其余选手的抢答无效。完成该抢答器源代码和测试代码编写，并进行软件仿真和 DE2 开发硬件验证。

2. 设计提示

（1）抢答器引脚分布如图 5-67 所示。

（2）抢答器输入/输出引脚列表见表 5-14。

表 5-14　抢答器输入/输出引脚列表

输入信号				
序号	信号名称	位宽	端口类型	备注
1	clk	1	I	系统时钟
2	reset	1	I	异步复位
3	key1	1	I	1 号按键
4	key2	1	I	2 号按键
5	key3	1	I	3 号按键
6	key4	1	I	4 号按键
输出信号				
1	lamp	4	O	抢答结果显示灯

（3）抢答器输入/输出的关系。

Input：clk、reset 和 key1、key2、key3、key4

Output：lamp

其中：reset 表示抢答开始。key1、key2、key3、key4 分别对应 4 组选手的抢答按键。lamp 表示 4 个抢答结果显示灯。

设计中要求的锁存功能可以用计数器 count 和寄存器 enable 来实现。每当有选手按下按钮时，计数器 count 值+1，同时寄存器 enable 记录选手的序号。抢答器算法参考流程如图 5-68 所示。

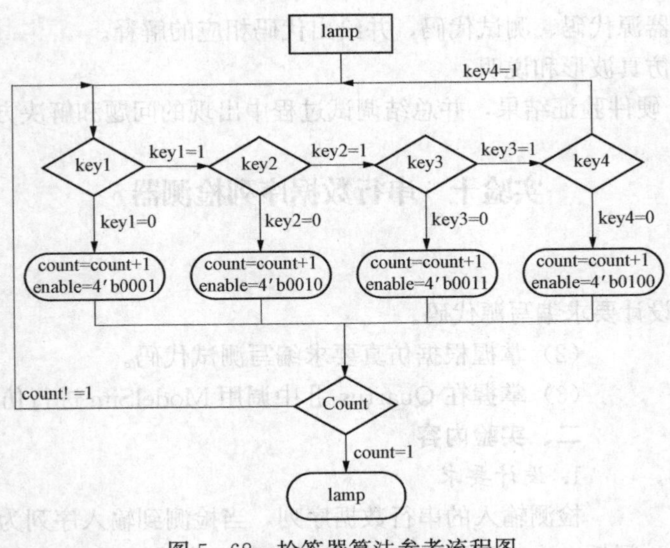

图 5-68　抢答器算法参考流程图

（4）设计注意事项。

1）设计中注意计数器 count 的设计容量，由于锁存抢答结果的功能要求，在下次抢答，即再次按下 reset 之前，要保留抢答的结果。这就要求 count 足够大，否则在 count 重新计数后抢答结果就会改变。

2）设计中注意时钟频率的问题，由于系统时钟频率过快，会导致计数器 count 在短时间内重置，从而影响抢答结果。所以需要分频使时钟频率降低，然而值得注意的是，当时钟频率过慢时，又会造成抢答器反应不灵敏。请设计者认真思考、计算并给出合适的分频倍数。

3）设计中注意按键的消抖问题，每次按键后需要隔一段时间才能进行下次按键操作，依据此项原则给出适合的消抖模块。设计者应注意消抖模块的设计可与之前的分频模块设计结合，产生较为合理的设计。

3. 仿真程序（测试代码）要求

测试时 key1、key2、key3、key4 信号分别在不同时刻给一个低电平信号，以此模拟选手在比赛中进行抢答的情况，观察判断输出 lamp 是否正确对应输入激励中最先为低电平的序号。

抢答器仿真波形如图 5-69 所示。

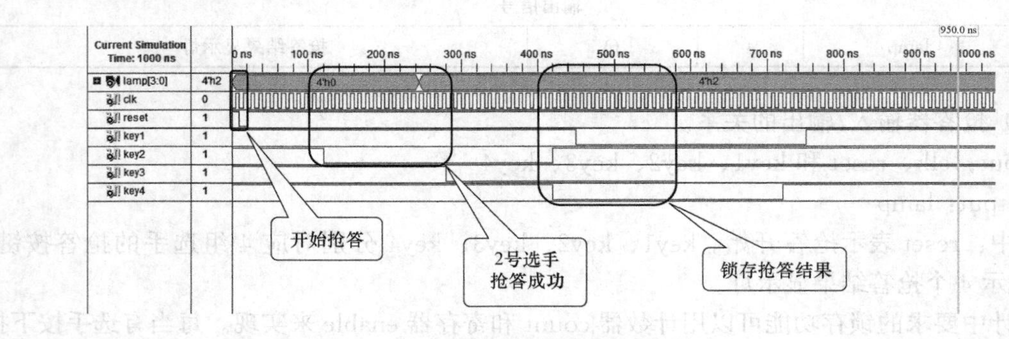

图 5-69　抢答器仿真波形图

三、实验报告要求

（1）记录抢答器源代码、测试代码，并给出代码相应的解释。

（2）记录实验仿真波形和说明。

（3）记录 DE2 硬件验证结果，并总结调试过程中出现的问题和解决方案。

实验十　串行数据序列检测器

一、实验目的

（1）掌握根据设计要求编写源代码。

（2）掌握根据仿真要求编写测试代码。

（3）掌握在 Quartus Ⅱ 中调用 ModelSim 进行仿真。

二、实验内容

1. 设计要求

检测输入的串行数据序列，当检测到输入序列为 1011 时，LED 灯闪烁一次，否则 LED 灯一直熄灭。完成源代码和测试代码编写，并进行软件仿真和 DE2 开发硬件验证。

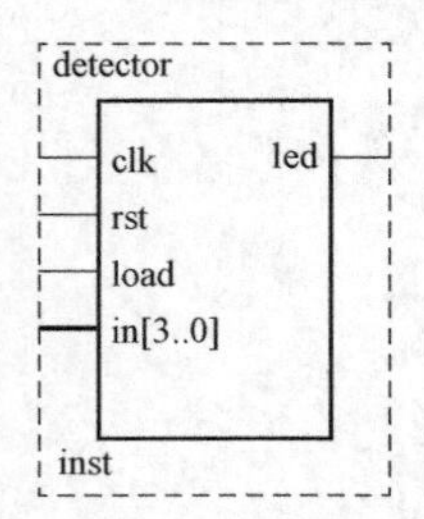

图 5-70　串行数据序列检测器引脚分布图

2. 设计提示

（1）串行数据序列检测器引脚分布如图 5-70 所示。

(2) 串行数据序列检测器输入/输出引脚列表见表 5-15。

表 5-15　串行数据序列检测器输入/输出引脚列表

输入信号				
序号	信号名称	位宽	端口类型	备注
1	clk	1	I	系统时钟
2	rst	1	I	复位信号
3	load	1	I	加载并行数据信号
4	in	4	I	并行输入的 4 位序列
输出信号				
1	led	1	O	检测到序列为 1011

(3) 输入/输出的关系。

Input：clk、rst、load、in

Output：led

In(3:0) 为一个并行输入的 4 位序列，当 load 信号有效时，并行输入被存入移位寄存器 shift_register，接着产生串行序列输出 serial_out，检测到序列 1011 时 Led 点亮。

(4) 设计注意事项。由于采用并行数据输入，若 load 信号采用按键，加载数据时，为避免加入多个输入的并行数据，可以将系统时钟 clk 进行分频，得到一个合适的时钟 q（如周期为 0.1s)。

3. 仿真程序（测试代码）要求

输入序列 1011，测试能否正确检测，同时验证输入控制键 load 是否工作。

串行数据序列检测器仿真波形如图 5-71 所示。

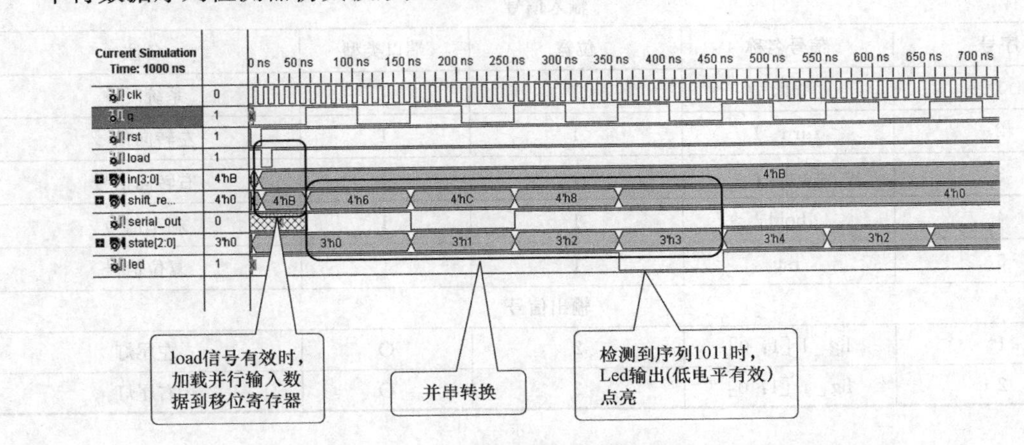

图 5-71　串行数据序列检测器仿真波形图

三、实验报告要求

(1) 记录串行数据序列检测器源代码、测试代码，并给出代码相应的解释。

(2) 记录实验仿真波形和说明。

（3）记录DE2开发板硬件验证结果，并总结调试过程中出现的问题和解决方案。

实验十一　汽车尾灯控制器

一、实验目的

（1）掌握根据汽车尾灯控制器设计要求编写源代码。

（2）掌握根据仿真要求编写测试代码。

（3）掌握在Quartus Ⅱ中调用Modelsim进行仿真。

二、实验内容

1. 设计要求

（1）汽车尾部左右两侧各有2个尾灯，用作汽车行驶状态的方向指示标志。

（2）汽车正常向前行驶时，4个尾灯全部熄灭。

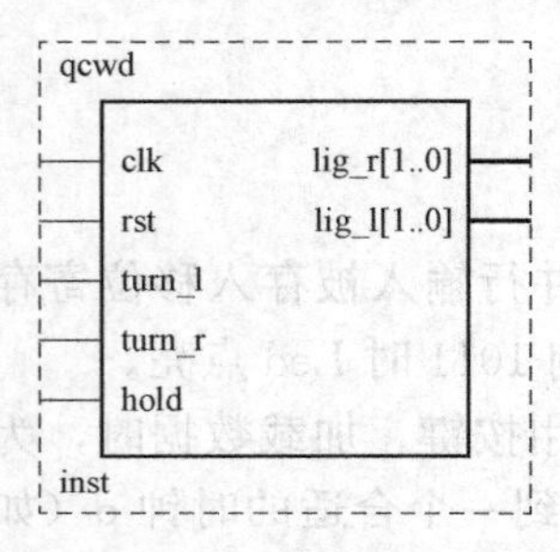

图5-72　汽车尾灯控制器引脚分布图

（3）当汽车要向左或向右转弯时，相应侧的2个尾灯从左向右依次闪烁。每个灯亮1s，每个周期为2s，另一侧的2个灯不亮。

（4）紧急刹车时，4个尾灯全部闪烁，闪烁频率为1Hz。

（5）完成源代码和测试代码编写，并进行软件仿真和DE2开发硬件验证。

2. 设计提示

（1）汽车尾灯控制器引脚分布如图5-72所示。

（2）汽车尾灯控制器输入/输出引脚列表见表5-16。

表5-16　汽车尾灯控制器输入/输出引脚列表

输入信号				
序号	信号名称	位宽	端口类型	备注
1	clk	1	I	系统时钟
2	turn _ l	1	I	左转向信号
3	turn _ r	1	I	右转向信号
4	hold	1	I	刹车信号
5	rst	1	1	复位信号
输出信号				
1	lig _ l ［1：0］	2	O	左尾灯
2	lig _ r ［1：0］	2	O	右尾灯

（3）输入/输出关系。

Input：clk、turn _ l、turn _ r、hold、rst

Output：lig _ l ［1：0］、lig _ r ［1：0］

其中：clk为系统时钟，在代码中需要进行分频。turn _ l、turn _ r和hold分别为输入控制信号，分别控制汽车尾灯在不同输入下的输出状态。lig _ l ［1：0］和lig _ r ［1：0］

为输出尾灯，在不同的输入下，呈现不同的点亮状态。

(4) 注意事项。

1) 分频时的计数器要设置好参数，系统提供频率为 50MHz 的信号，分频产生的信号效率应为 1Hz。

2) 控制优先设置时，应当将刹车设置为最优先，接下来依次为转向和前行。

3. 仿真程序（测试代码）要求

测试时依次对 hold、lig_l 和 lig_r 赋值，观察对应的输出结果。

汽车尾灯控制器仿真波形如图 5-73 所示。

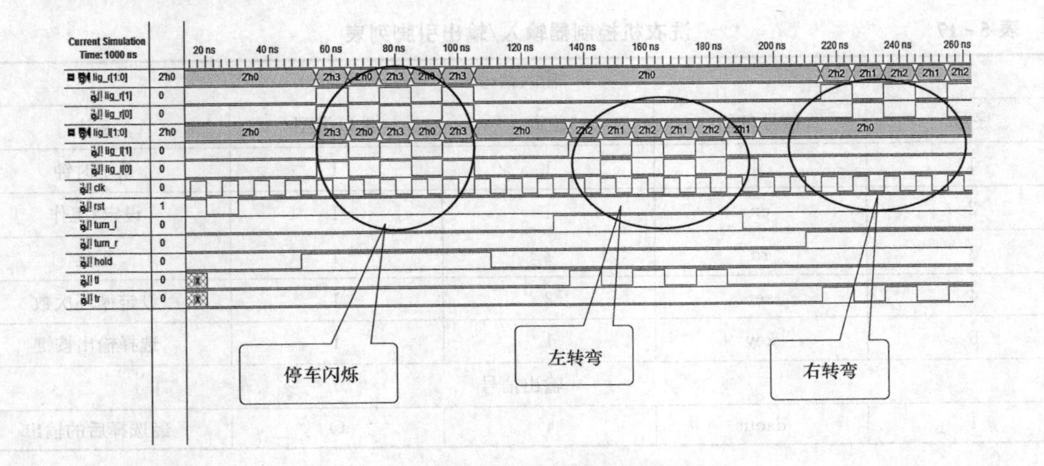

图 5-73　汽车尾灯控制器仿真波形图

三、实验报告要求

(1) 记录汽车尾灯控制器源代码、测试代码，并给出代码相应的解释。

(2) 记录实验仿真波形和说明。

(3) 记录 DE2 开发板验证结果，并总结调试过程中出现的问题和解决方案。

实验十二　简易洗衣机控制器设计

一、实验目的

(1) 掌握根据洗衣机控制器设计要求编写源代码。

(2) 掌握根据仿真要求编写测试代码。

(3) 掌握在 Quartus Ⅱ中调用 Modelsim 进行仿真。

二、实验内容

1. 设计要求

(1) 洗衣机正常的工作状态为待机（5s）→正转（60s）→待机（5s）→反转（60s）。

(2) 可由用户设定循环次数，此处设计最大循环次数为 7 次。

(3) 设计洗衣机具有紧急情况处理功能，可在洗衣过程中直接打断工作状态转入待机状态，待紧急情况解除后重新设定并开始工作。

(4) 为方便用户在洗衣过程中操作，洗衣机还具备暂停功能，当用户操作完成后，可继

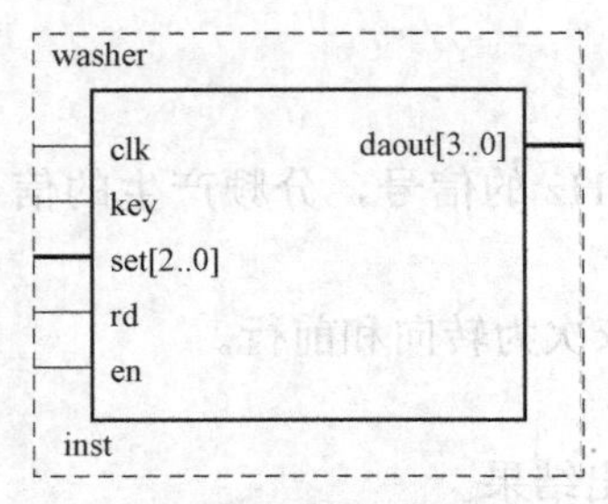

图 5-74 洗衣机控制器引脚分布图

续上次未完成的工作。

(5) 洗衣完成后即设定洗衣次数归零时，可报警告知用户。

(6) 完成洗衣机控制器源代码和测试代码编写，并进行软件仿真和DE2开发板硬件验证。

2. 设计提示

(1) 洗衣机控制器引脚分布如图 5-74 所示。

(2) 洗衣机控制器输入/输出引脚列表见表 5-17。

表 5-17　洗衣机控制器输入/输出引脚列表

输入信号				
序号	信号名称	位宽	端口类型	备注
1	clk	1	I	系统时钟
2	en	1	I	设定/工作
3	rd	1	I	复位
4	set	2	I	设定循环次数
5	key	1	I	选择输出按键
输出信号				
1	daout	4	O	经选择后的输出

(3) 输入/输出关系。

Input：clk、en、rd、set、key

Output：daout

其中：rd 为复位键，rd=1 时复位。rd=0 时，按下 en，可以设置循环次数 set。

key 为选择输出信号。key=1，daout 输出警报器 alarm 和洗衣机的工作状态 lamp。key=0 时，daout 输出剩余循环次数 tim。

(4) 基本设计方案。洗衣机控制器的设计可以由工作控制模块、循环次数计算模块及报警器模块组成。其中，工作控制模块主要实现洗衣机在正常工作的每次循环中各种工作状态之间的转换。循环次数计算模块负责设定循环次数或改变剩余循环次数值。报警器模块是在正常工作结束后发出报警信号。

(5) 设计要点。洗衣机工作控制模块是整个设计的核心模块。它由 5s 信号发生器、60s 信号发生器、状态计数器、数据选择器和状态译码器等组成，能够自动执行工作状态顺序循环的指令。如图 5-75 所示，当 rd==0 且 en==1 时，开始工作。倒计时 num==2 时，工作状态切换的使能信号 temp 置 0，同时使 count 的值改变，切换工作状态。当 count==0 且 lamp==3'b010时，表示一次循环结束，则 tim<=tim-1。当 tim==0 则 alarm 报警。

(6) 设计注意事项。

1) 设计中注意时钟频率的问题，由于系统时钟频率过快，会影响显示时观察结果，因此需要分频使得时钟频率降低，计算并得出合适的分频倍数。

2) 设计中需使用一定方法使工作状态顺序循环切换。本设计中使用切换使能信号 temp

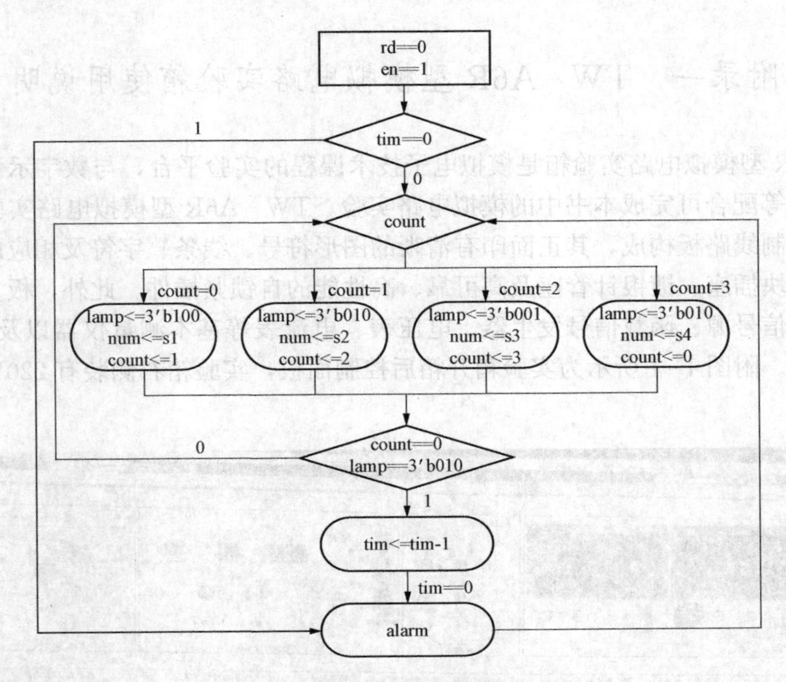

图 5-75 洗衣机工作控制模块流程图

的低电平来改变工作状态 count 的值，从而实现工作状态的切换。

3. 仿真程序（测试代码）要求

测试洗衣机控制器的循环工作次数是否正确设置 set，测试循环结束后是否报警。测试工作时，en=0 是否具有暂停工作的功能，rd 是否具有重置的功能。

洗衣机控制器仿真波形如图 5-76 所示。

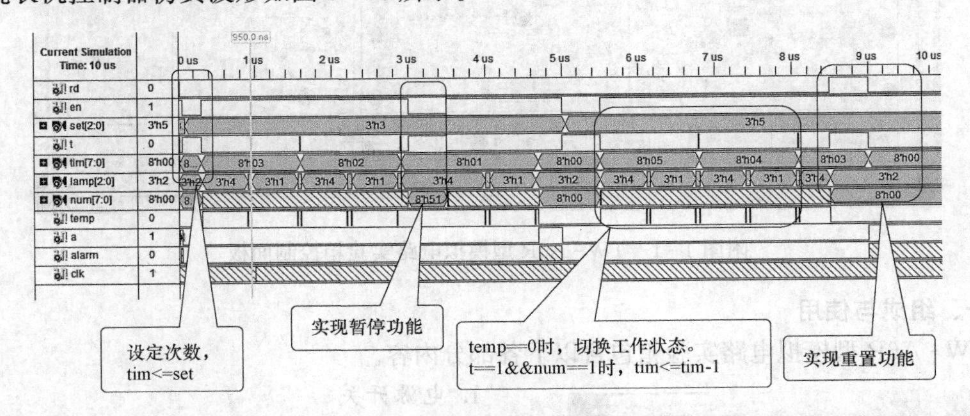

图 5-76 洗衣机控制器仿真波形图

三、实验报告要求

（1）记录洗衣机控制器源代码、测试代码，并给出代码相应的解释。

（2）记录实验仿真波形和说明。

（3）记录 DE2 开发板硬件验证结果，并总结调试过程中出现的问题和解决方案。

附录一　TW - A6R 型模拟电路实验箱使用说明

TW - A6R 型模拟电路实验箱是模拟电子技术课程的实验平台，与数字示波器、万用表等仪器、器件等配合可完成本书中的模拟电路实验。TW - A6R 型模拟电路实验箱主要由一块大型单面印制线路板构成，其正面印有清晰的图形符号、线条、字符及相应的连线等，并设有各种集成块插座、镀银针管座及高可靠、高性能的自锁紧插件。此外，板上还提供了直流稳压电源、信号源、函数信号发生器、电压表、电流表等基本测量仪器以及相关的电子、电器元器件等。附图 1 - 1 所示为实验箱开箱后控制面板，实验箱右侧装有 220V 单相交流电源三芯插座。

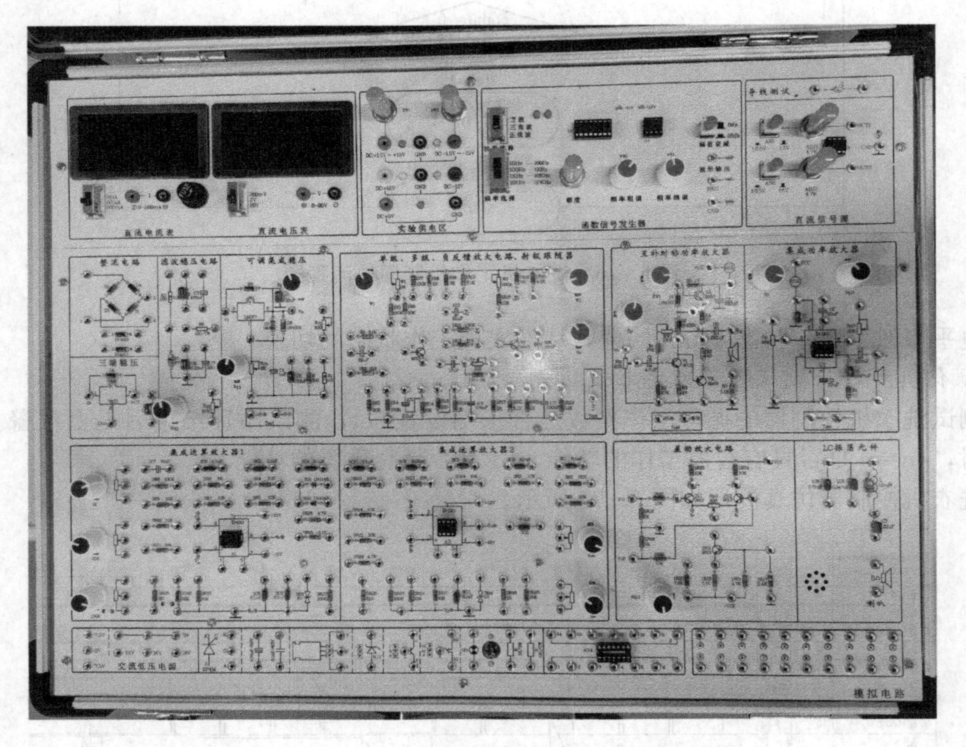

附图 1 - 1　TW - A6R 型模拟电路实验箱控制面板

一、组成与使用

TW - A6R 型模拟电路实验箱包含以下各部分内容。

附图 1 - 2　电源总开关

1. 电源开关

实验箱电源总开关位于实验箱右侧外壁，如附图 1 - 2 所示。

2. 信号源

（1）直流稳压电源。提供两路可调直流稳压电源、一路±12V 固定稳压电源和一路+5V 固定稳压电源。如附图 1 - 3 所示，相应电压输出时相应的输出指示灯亮。+1.5V～+15V、-1.5V～-15V 两路直流稳压电源为连续可调的电源，可通过旋动旋钮改变输出电压值，输出正常时，其相应指示灯的亮度会随输出电压的升高由暗渐趋明亮。实际使用时可用实验装置上的直流数字电压表测试稳压电源的输出，以便调节到用户需求的电压输出值。

（2）直流信号源。提供两路±0.5V～±5V 输出连续可调的直流信号，如附图 1-4 所示，两路直流信号源各自独立，可分别通过旋动旋钮改变输出电压值。

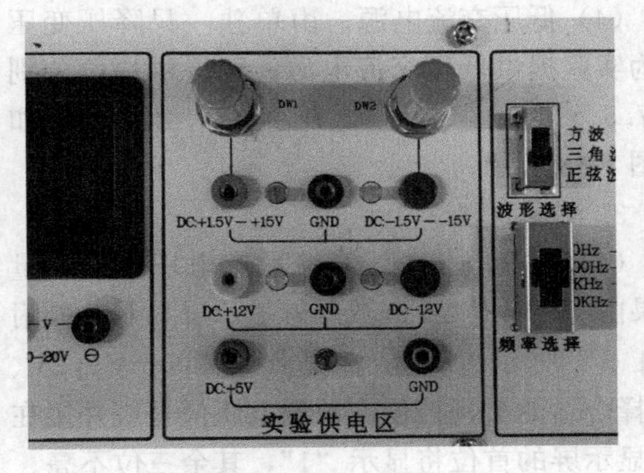

附图 1-3　直流稳压电源

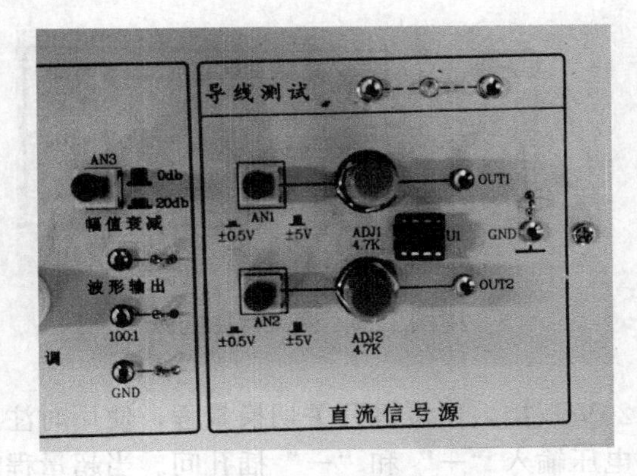

附图 1-4　直流信号源

（3）函数信号发生器。信号源由 XR2206 和运放 LM353 组成，X2206 产生方波、三角波、正弦波信号，如附图 1-5 所示，由波形选择开关控制，LM353 对产生的信号进行不同的调节。

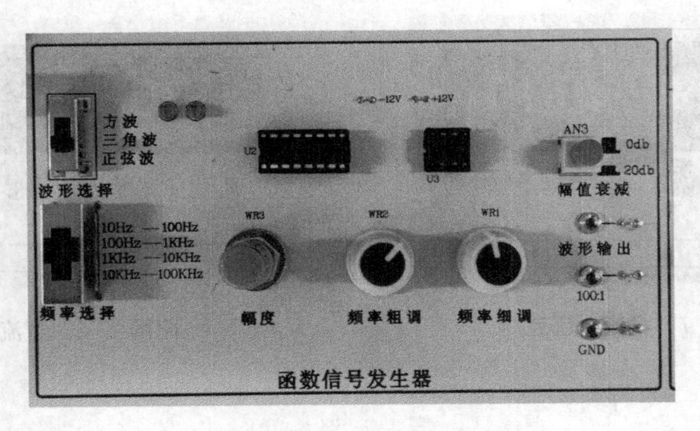

附图 1-5　函数信号发生器

输出信号频率调节范围为 10Hz～100kHz，输出频段分为 4 挡，由频率选择开关控制，分别为 10Hz～100Hz、100Hz～1kHz、1kHz～10kHz、10kHz～100kHz，选择相应频段后，可通过调节“频率粗调”旋钮和“频率细调”旋钮在相应频段范围内改变输出信号频率大小。使用时可通过示波器测量函数信号发生器的输出信号频率。

输出信号幅度可通过调节“幅度”旋钮改变输出信号幅值，其中正弦波的最大输出幅值为 8.5V（峰—峰值），最小输出幅值为 5mV（峰—峰值），方波和三角波（100kHz 以下）最大输出幅值峰—峰值在 20V 以上。使用时可通过示波器测量函数信号发生器的输出信号幅值。

输出衰减分为0dB、20dB两挡，可通过"幅值衰减"按键选择。开关弹起时输出信号幅值衰减0dB，即无衰减，开关按下时，输出信号幅值衰减20dB。在此基础上还有一路衰减100倍的输出通道，当由此通道输出时，输出信号幅度衰减100倍。

因受器件本身影响，信号最好控制在50mV以上，小于50mV时信号质量较差。如要小信号，则可以用电阻分压衰减方式得到。

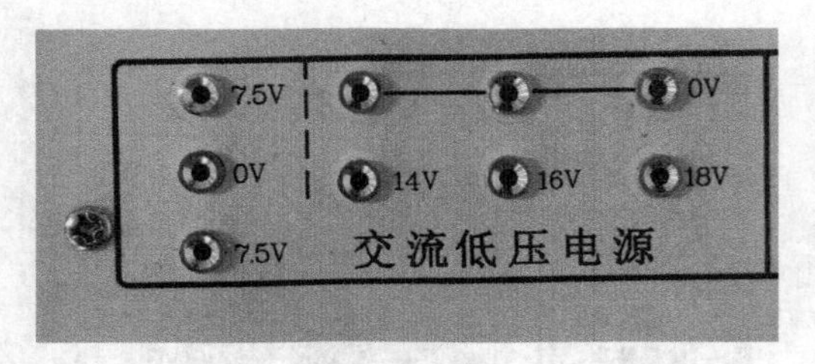

附图1-6　交流低压电源

（4）低压交流电源。由单独一只降压变压器为实验提供低压交流电源，可提供幅值分别为7.5、14、16、18V低压交流信号输出，如附图1-6所示。

3. 测量仪器

（1）直流电压表。直流数字电压表的测量结果由一个四位LED数码管显示屏显示，如附图1-7所示，测量量程分为200mV、2V、20V三挡，由琴键开关切换量程，使用时注意选择合适的量程挡位。被测电压信号应并接在电压输入"+"和"−"插孔间。当超量程时，显示屏的首位将显示"1"，其余三位不亮。

（2）直流电流表。直流电流表的测量结果也由一个四位LED数码管显示屏显示，如附图1-8所示，测量量程分为2mA、20mA、200mA三挡，由琴键开关切换量程，使用时注意选择合适的量程挡位。电流输入"+"和"−"两端应串接在被测电路中。超量程时显示与直流数字电压表相同。

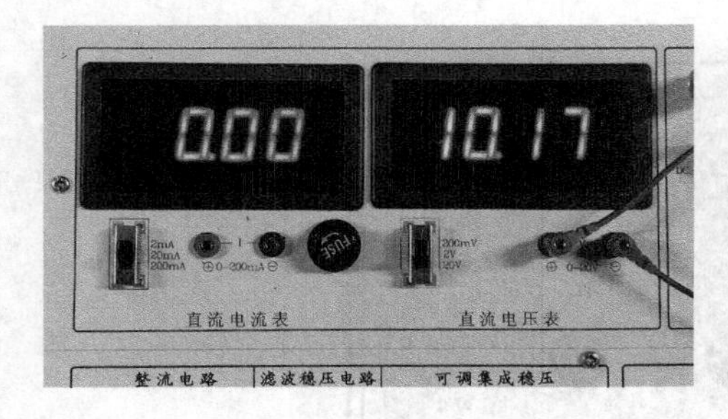

附图1-7　直流电压表

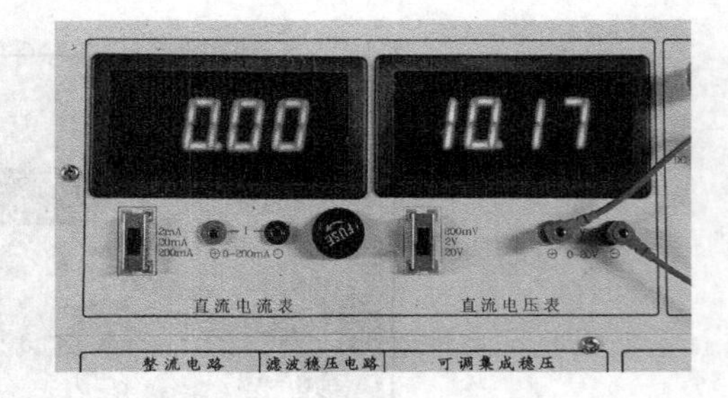

附图1-8　直流电流表

4. 插座

（1）集成电路插座。提供高性能双列直插式圆脚集成电路插座1只，为14P。

3管脚直插式集成电路插座1只。

（2）镀银针管插座。实验箱面板右下角提供10根镀银长（15mm）针管插座，供实验时接插小型电位器、电阻、电容、三极管及其他电子器件之用（它们与相应的锁紧插座已在印制线路板一面连通）。

（3）导线测试。实验箱面板右上角提供了1组导线测试插孔，导线两端分别插入两个插孔时，如导线完好无损，两个插孔之间的LED灯会亮，如不亮，说明导线已损坏。

5. 各种电子元器件

在实验面板的反面都已装接着与正面丝印相对应的电子元器件，主要包括以下器件。

(1) 1 只晶体三极管插孔。

(2) 单向晶闸管（2P4M 1 只）。

(3) 1 只稳压管插孔。

(4) 功率电阻（10Ω/3W、100Ω/3W 各 1 只）。

(5) 电容（0.1μF/63V 1 只、470μF/50V 1 只）。

6. 实验电路模块

实验箱面板上有 8 个实验电路模块，如附图 1 - 9～附图 1 - 16 所示，可完成本书中相应模拟电路实验。

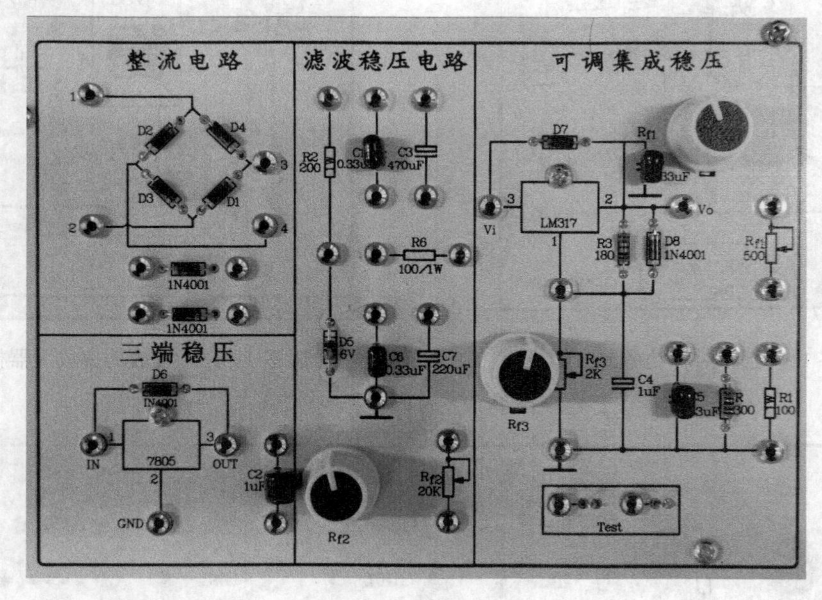

附图 1 - 9　整流、滤波、稳压电路模块

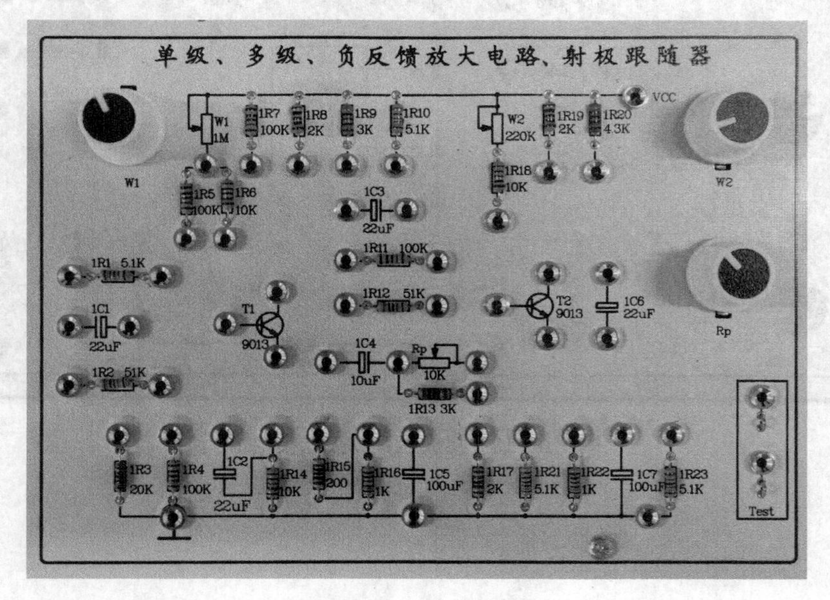

附图 1 - 10　单级、多级、负反馈放大电路模块

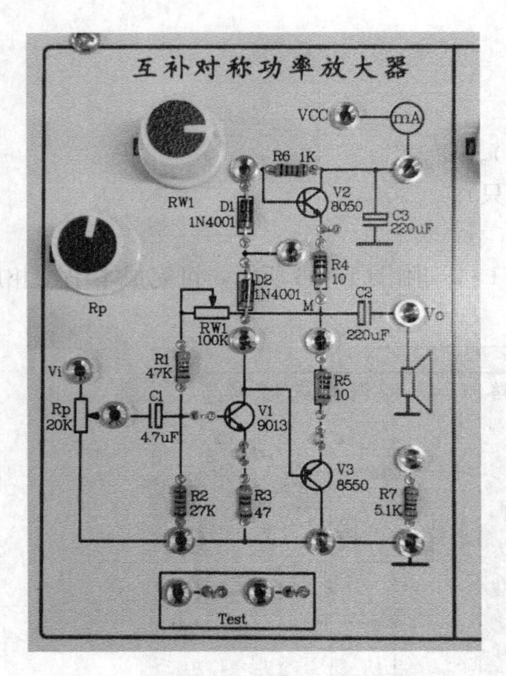

附图 1-11 互补对称功率放大器模块

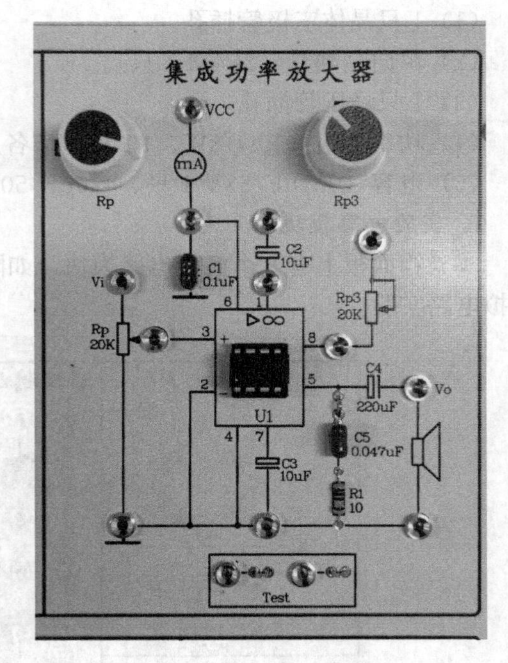

附图 1-12 集成功率放大器模块

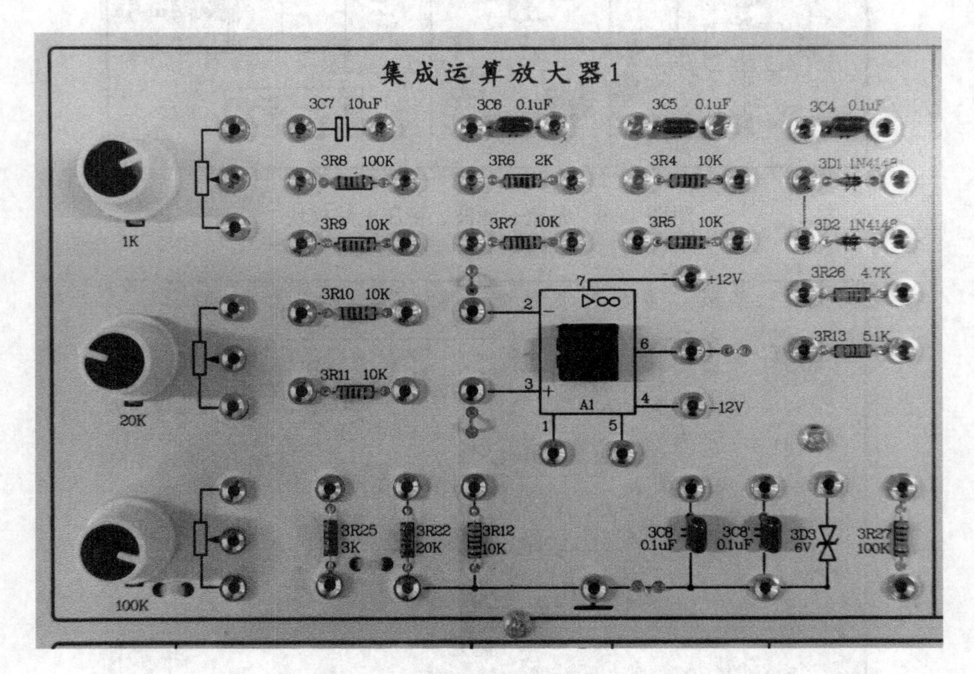

附图 1-13 集成运算放大器模块 1

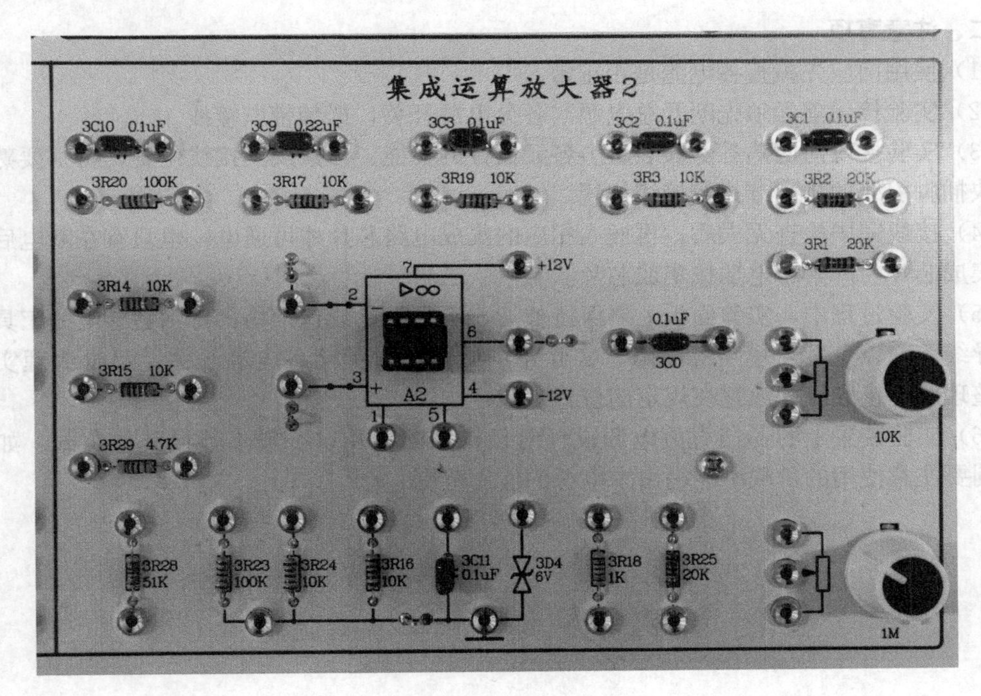

附图 1-14　集成运算放大器模块 2

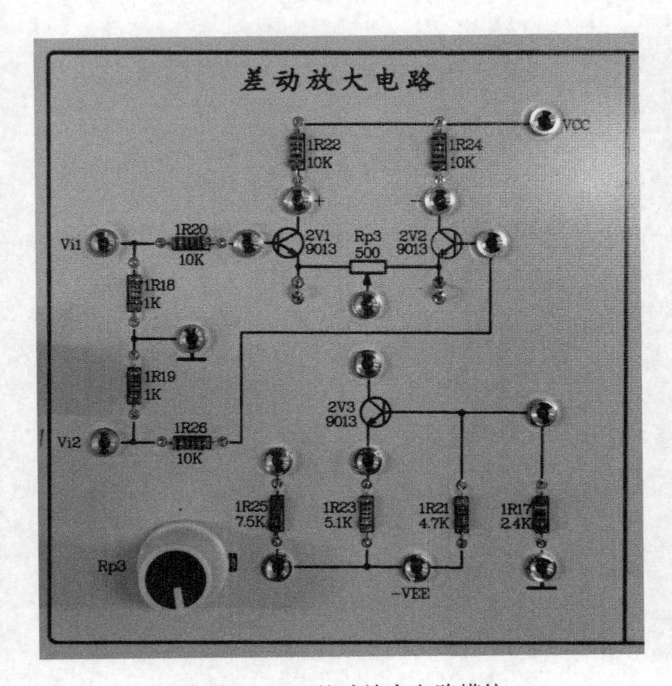

附图 1-15　差动放大电路模块

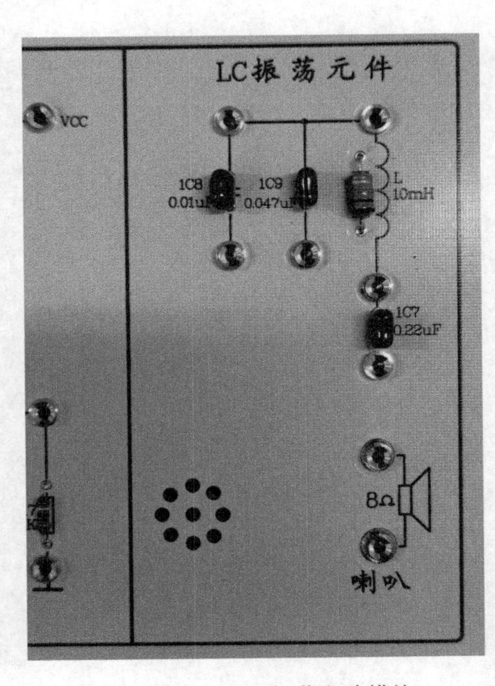

附图 1-16　*LC* 振荡电路模块

二、注意事项

（1）使用前应先检查各电源是否正常。

（2）实验接线前必须先断开总电源与各分电源开关，严禁带电接线。

（3）实验接线前应熟悉实验装置上各元器件的功能、参数及其接线位置，特别要熟知各集成块插脚引线的排列方式及接线位置。

（4）接线完毕检查无误后，再插入相应的集成电路芯片才可通电，也只有在断电后方可拔插集成芯片。严禁带电插拔集成芯片。

（5）实验过程中，实验面板上要保持整洁，不可随意放置杂物，特别是导电的工具和多余的导线等，以免发生短路等故障。实验完毕后应及时关闭各电源开关，及时清理实验面板，整理好连接导线并放置在规定的位置。

（6）实验装置上的各挡直流电源设计时仅供实验使用，一般不外接其他负载。如作它用，则要注意使用的负载不能超出本电源的使用范围。

附录二 UTD2000L 数字示波器使用说明

一、简介

UTD2000L 数字示波器为便携式双通道数字存储示波器。如附图 2-1 所示，左侧为显示界面，右侧为控制面板，便于用户进行基本的操作。控制面板上包括各种旋钮和功能按键，旋钮的功能和其他数字存储示波器类似，通过功能按键可进入不同的功能菜单或直接获得特定的功能应用。显示界面右侧的一列按键是屏幕拷贝键（PrtSc）、5 个按键菜单操作键（自上而下定义为 F1 至 F5）和 USBHOST 接口，用户可通过 5 个按键菜单操作键设置当前菜单的不同选项。

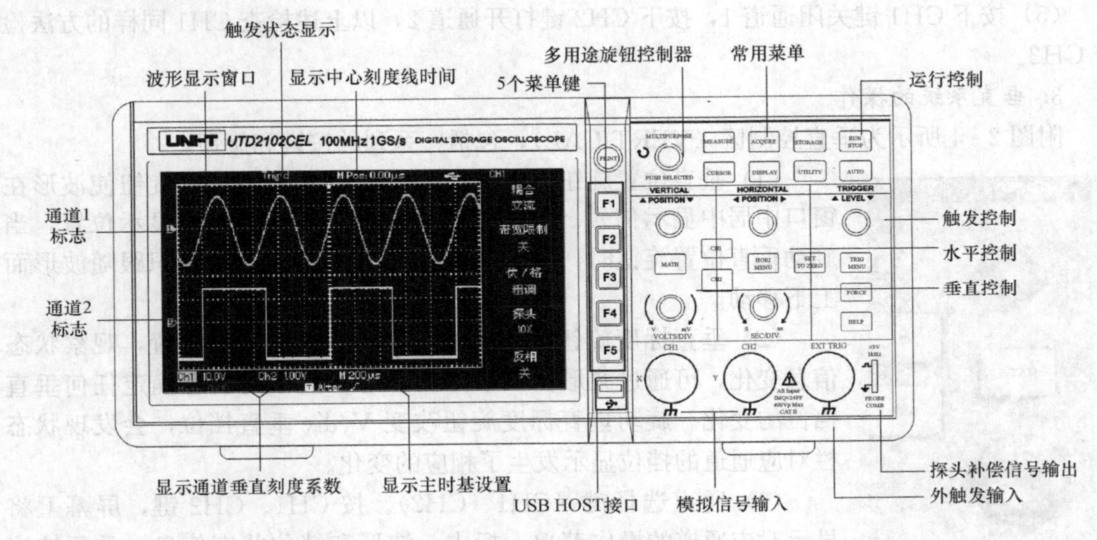

附图 2-1 UTD2000L 数字示波器前面板

二、操作方法

1. 电源检查

UTD2000L 数字示波器的电源供电电压为交流 100～240V，接通电源前，检查当地电源电压是否符合要求。

2. 一般功能检查

（1）接通电源后，按下示波器开关，稍预热后，屏幕上出现扫描光迹。

（2）按下 CH1 键，进入 CH1 菜单，将数字示波器探头连接到 CH1 输入端，将探头上的衰减倍率开关设定为 10×，如附图 2-2 所示。

（3）在数字示波器上设置探头衰减系数，方法是按下 F4 键，使菜单显示 10×，如附图 2-3 所示。此衰减系数改变垂直挡位倍率，从而使得测量结果正确反映被测信号的幅值。

（4）将探头的探针和接地夹连接到数字示波器校准信号的相应连接端上。按下 AUTO 键，观察显示屏上是否显示稳定且易观察的方波波形（1kHz，峰-峰值约 3V）。

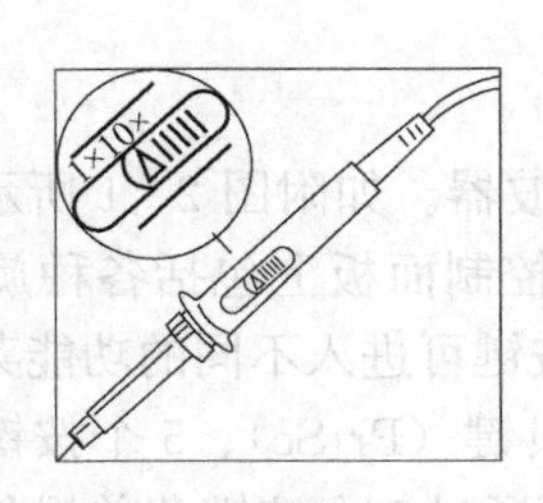

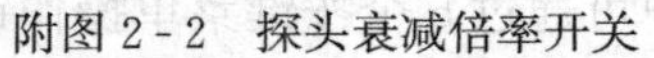

附图 2-2　探头衰减倍率开关

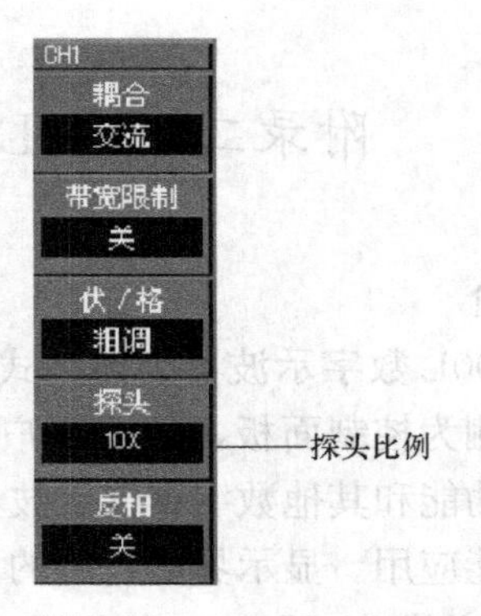

附图 2-3　数字示波器上的探头衰减系数

（5）按下 CH1 键关闭通道 1，按下 CH2 键打开通道 2，以上述检查 CH1 同样的方法检查 CH2。

3. 垂直系统的操作

附图 2-4 所示为垂直控制区（VERTICAL），包括一系列的按键和旋钮。

附图 2-4　垂直控制区

（1）垂直位置旋钮（POSITION）。使用垂直位置旋钮使波形在窗口中居中显示信号。垂直位置旋钮控制信号的垂直显示位置，当旋动垂直位置旋钮时，指示通道地（GROUND）的标识跟随波形而上下移动。

（2）垂直标度旋钮（VOLTS/DIV）。改变垂直设置，观察状态信息变化，可通过波形窗口下方的状态栏显示的信息确定任何垂直挡位的变化。旋动垂直标度旋钮改变 V/div 垂直挡位，会发现状态栏对应通道的挡位显示发生了相应的变化。

（3）通道选择键（CH1、CH2）。按 CH1、CH2 键，屏幕上将显示对应通道的操作菜单、标志、波形和挡位状态信息。重复按当前被打开通道所对应的按键会关闭被选择的通道。当某一通道被选择显示时，该通道的按键灯亮，重复按该通道按键后，按键灯灭，表示该通道被关闭。

每个垂直通道有独立的菜单，每个项目都按不同的通道单独设置。按下 CH1 或 CH2 功能按键，系统显示通道 1 或通道 2 的操作菜单，菜单中各项目的设置可利用 5 个菜单键或多功能旋钮进行操作。通道操作菜单说明见附表 2-1。

附表 2-1　　通道操作菜单说明

功能菜单	设定	说　明
耦合	交流	阻挡输入信号的直流成分
	直流	通过输入信号的交流和直流成分
	接地	断开输入信号
带宽限制	打开	限制带宽至 20MHz，以减少显示噪声
	关闭	全带宽

续表

功能菜单	设定	说明
伏/格	粗调 细调	粗调按 1-2-5 进制设定垂直偏转系数。细调则在粗调设置范围之间进一步细分，以改善垂直分辨率
探头	1× 10× 100× 1000×	根据探头衰减系数选取其中一个值，以保持垂直偏转系数的读数正确，共有 1×、10×、100×、1000×四种
反相	开	打开波形反向功能
	关	波形正常显示

(4) 数学运算功能键（MATH）。按下数学运算功能键可显示 CH1、CH2 通道波形相加、相减、相乘、相除及 FFT 运算的结果。数学运算的结果可通过栅格或游标进行测量。

4. 水平系统的操作

附图 2 - 5 所示为水平控制区（HORIZONTAL），包括一个按键和两个旋钮。

附图 2 - 5 水平控制区

(1) 水平移位旋钮（POSITION）。使用水平移位旋钮可调整信号在波形窗口的水平位置。水平移位旋钮控制信号的触发移位，当应用于触发移位时，转动水平移位旋钮可观察到波形随旋钮而水平移动。当顺时针旋转时，波形向左移动，此时可看到更多的触发点之前的信号，反之可看到更多触发点之后的信号。

(2) 水平标度旋钮（SEC/DIV）。使用水平标度旋钮改变水平时基挡位设置，观察状态信息变化。可通过波形窗口下方状态栏显示的时基信息确定任何水平时基挡位的变化。旋动水平标度旋钮改变 s/div 时基挡位，发现状态栏对应通道的时基挡位显示发生了相应的变化。水平扫描速率从 2ns～50s，以 1-2-5 方式步进。

(3) 水平控制菜单键（HORIMENU）。按下水平控制菜单键，显示 Zoom 菜单。附表 2 - 2为水平控制菜单内容说明。在此菜单下，按 F3 可开启视窗扩展，再按 F1 可关闭视窗扩展而回到主时基。在这个菜单下，还可设置触发释抑时间。

附表 2 - 2　　水平控制菜单内容说明

功能菜单	设定	说明
主时基	—	打开主时基 如果在视窗扩展被打开后，按主时基则关闭视窗扩展
视窗扩展	—	打开扩展时基
触发释抑	—	调节释抑时间

附图 2 - 6 所示为视窗扩展下的屏幕显示。在扩展时基下分两个显示区域，上半部分显示原波形，可通过转动水平移位旋钮左右移动，或转动水平标度旋钮扩大和减小选择区域。下半部分是选定的波形区域，经过水平扩展的波形，扩展时基相对于主时基提高了分辨率。整个下半部分的波形对应于上半部分选定的区域，因此转动水平标度旋钮减小选择区域可提

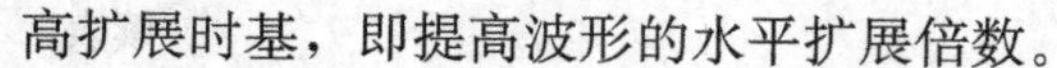
高扩展时基，即提高波形的水平扩展倍数。

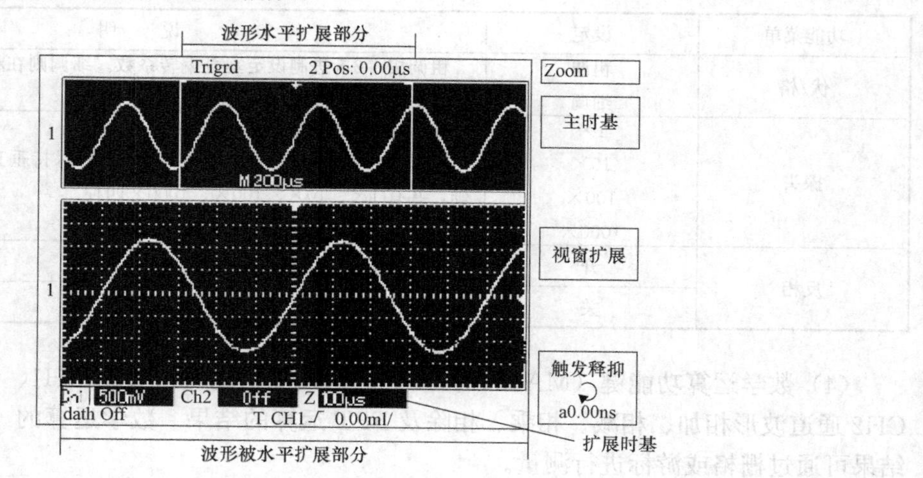

附图 2-6　视窗扩展下的屏幕显示

5. 触发系统的操作

触发决定了数字示波器开始采集数据和显示波形的时间，一旦触发被正确设定，它可将不稳定的显示转换成有意义的波形。数字示波器在开始采集数据时，先收集足够的数据用来在触发点的左方画出波形，在等待触发条件发生的同时连续地采集足够多的数据，当检测到触发后，数字示波器连续地采集足够多的数据以在触发点的右边画出波形。

附图 2-7 所示为触发菜单控制区（TRIGGER），包括一个旋钮和三个按键。

(1) 触发电平调整旋钮（LEVEL）。使用触发电平调整旋钮改变触发电平，可在显示屏幕上看到触发标志来指示触发电平线，随旋钮转动而上下移动。在移动触发电平的同时可观察到在屏幕下部的触发电平的数值相应变化。

(2) 触发菜单键（TRIGMENU）。使用触发菜单键可改变触发设置。按 F1～F5 键，可分别设置触发类型、触发源、斜率、触发方式和触发耦合方式。如附图 2-8 所示该 5 项参数分别设置为边沿触发、CH1、上升、自动、交流。

(3) 强制触发按键（FORCE）。按强制触发按键将强制产生一触发信号，主要应用于触发方式中的正常和单次模式。

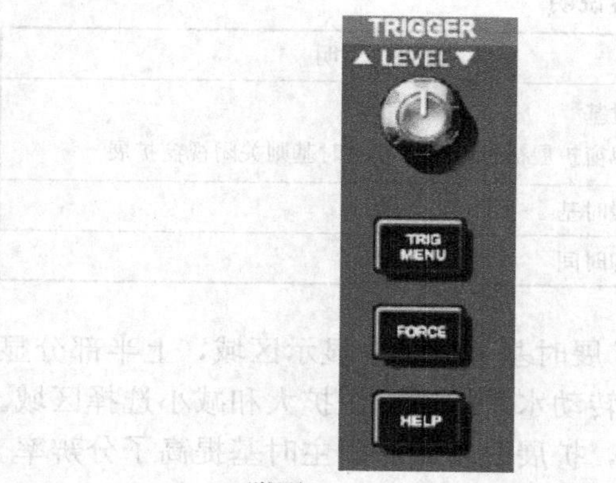

附图 2-7　触发菜单控制区

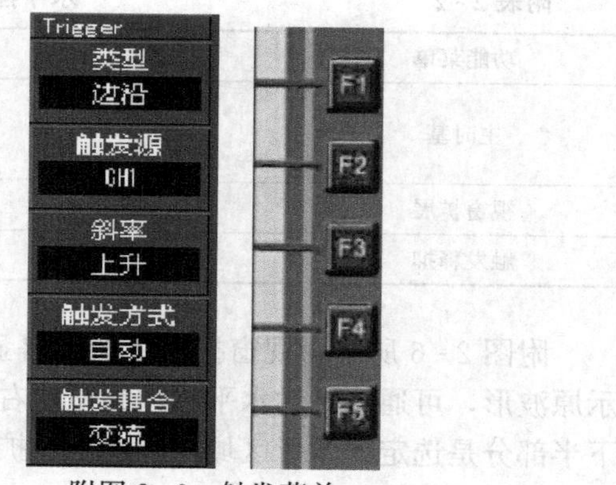

附图 2-8　触发菜单

6. 测量系统的操作

(1) 自动测量功能按键 (MEASURE)。按下自动测量功能按键后进入参数测量显示菜单，该菜单有5个可同时显示测量值的区域，分别对应于F1～F5键。对于任一个区域需要选择测量种类时，可按相应菜单键进入测量种类选择菜单。测量功能菜单说明见附表2-3。

测量种类选择菜单分为电压类和时间类两种，可分别选择进入电压类或时间类的测量种类，并按相应的菜单键选择测量种类后，退回到参数测量显示菜单。另外，还可按F5键选择"所有参数"显示电压类和时间类的全部测量参数。按F2键可选择待测量的通道（通道开启才有效），如不希望改变当前的测量种类，可按F1键返回到参数测量显示菜单。

(2) 光标测量功能按键 (CURSOR)。按下光标测量功能按键显示测量光标和光标菜单，然后使用多功能旋钮改变光标的位置。在CURSOR模式可移动光标进行测量，有电压、时间和跟踪三种模式。测量电压时，按面板上的PUSHSELECTED键和F2键，以及多功能旋钮，分别调整两个光标的位置和改变光标移动速度，即可测量ΔV。同理，如选择时间可测量Δt。在跟踪方式下，且有波形显示时，可看到示波器的光标随多功能旋钮调节而自动跟踪信号变化。当光标功能打开时，测量数值自动显示于屏幕右上角。

附表2-3　　测量功能菜单说明

功能菜单	设定	说明
返回		返回到参数测量显示菜单
信源	CH1	选择测量参数的通道
	CH2	选择测量参数的通道
电压类		进入电压类的参数菜单
时间类		进入时间类的参数菜单
所有参数		显示/关闭所有测量参数

附表2-4和附表2-5分别给出了UTD2000L数字示波器可自动测量的电压类参数和时间类参数说明。

附表2-4　　电压类参数说明

参数	说明
峰-峰值 (V_{pp})	波形最高点至最低点的电压值
最大值 (V_{max})	波形最高点至GND（地）的电压值
最小值 (V_{min})	波形最低点至GND（地）的电压值
幅度 (V_{amp})	波形顶端至底端的电压值
中间值 (V_{mid})	幅度值的一半
顶端值 (V_{top})	波形平顶至GND（地）的电压值
底端值 (V_{base})	波形底端至GND（地）的电压值
过冲 (Overshoot)	波形最大值与顶端值之差与幅值的比值
预冲 (Preshoot)	波形最小值与底端值之差与幅值的比值
平均值 (Average)	一个周期内信号的平均幅值
均方根值 (V_{rms})	即有效值。依据交流信号在一个周期时所换算产生的能量，对应于产生等值能量的直流电压

附表 2-5　　时间类参数说明

参　　数	说　　明
上升时间（RiseTime）	波形幅度从 10%上升至 90%所经历的时间
下降时间（FallTime）	波形幅度从 90%下降至 10%所经历的时间
正脉宽（+Width）	正脉冲在 50%幅度时的脉冲宽度
负脉宽（−Width）	负脉冲在 50%幅度时的脉冲宽度
延迟 1→2（上升沿）	CH1 到 CH2 上升沿的延迟时间
延迟 1→2（下降沿）	CH1 到 CH2 下降沿的延迟时间
正占空比（+Duty）	正脉宽与周期的比值
负占空比（−Duty）	负脉宽与周期的比值

7. 采样系统的操作

常用菜单控制区的 ACQUIRE 键为采样系统的功能按键。按下 ACQUIRE 键，弹出采样设置菜单，通过菜单键调整采样方式。采样系统设置菜单说明见附表 2-6。设置时注意以下几点：

（1）观察单次信号时选用实时采样方式。

（2）观察高频周期信号时选用等效采样方式。

（3）希望观察信号的包络避免混淆时，选用平均采样方式。

（4）希望减少所显示信号中的随机噪声时，选用平均采样方式，且平均次数可以 2 的幂步进，从 2～256 设置平均次数选择。

附表 2-6　　采样系统设置菜单说明

功能菜单	设定	说　　明
获取方式	采样	打开普通采样方式
	峰值检测	打开峰值检测方式
	平均	设置平均采样方式并显示平均次数
平均次数	2～256	设置平均次数，以 2 的幂步进，从 2、4、8、16、32、64、128、256。改变平均次数通过多功能旋钮选择
采样方式	实时	设置采样方式为实时采样
	等效	设置采样方式为等效采样
快速采集	开	打开快速采集功能
	关	关闭快速采集功能

8. 显示系统的操作

常用菜单控制区的 DISPLAY 键为显示系统的功能按键。按下 DISPLAY 键，弹出显示系统设置菜单，通过菜单键调整显示方式。显示系统设置菜单说明见附表 2-7。

附表 2-7 显示系统设置菜单说明

功能菜单	设定	说明
类型	矢量	采样点之间通过连线的方式显示
	点	只显示采样点
格式	YT	数字存储示波器工作方式
	XY	X-Y 显示器方式，CH1 为 X 输入，CH2 为 Y 输入
持续	关闭	屏幕波形以高刷新率更新
	1s	屏幕波形以 1s 刷新率更新
	2s	屏幕波形以 2s 刷新率更新
	5s	屏幕波形以 5s 刷新率更新
	无限	屏幕上原有的波形数据一直保持显示，如果有新的数据将不断加入显示，直至该功能被关闭
波形亮度	1%～100%	设置波形亮度

9. 存储和调出

常用菜单控制区的 STORAGE 键为存储系统的功能按键。使用 STORAGE 键显示存储设置菜单可将数字示波器的波形或设置状态保存到内部存储区或 U 盘内，并能通过 RefA（或 RefB）从其中调出所保存的波形，或通过 STORAGE 键调出设置状态。在 U 盘插入时，可将数字示波器的波形显示以位图的格式存储到 U 盘的 UTD2000L 数字示波器目录下，通过 PC 机可读出所保存的位图。

10. 辅助功能设置

常用菜单控制区的 UTILITY 键为辅助功能按键。使用 UTILITY 键弹出辅助功能设置菜单，辅助功能设置菜单说明见附表 2-8。

附表 2-8 辅助功能设置菜单说明

功能菜单	设定	说明
自校正	执行	执行自校正操作
	取消	取消自校正操作，并返回上一页
波形录制		设置波形录制操作
语言	简体中文	选择界面语言
	繁体中文	
	英文	
	西班牙	
	葡萄牙	
	法文	
出厂设置		设置为出厂设置
界面风格	风格 1	设置示波器的界面风格，两种风格（单色屏）/四种风格（彩色屏）
	风格 2	
	风格 3	
	风格 4	
网格亮度（彩色）	1%～100%	调节屏幕的网格亮度，通过多功能旋钮调节
系统信息	—	显示当前示波器系统信息
频率计	打开	打开触发频率计
	关闭	关闭触发频率计

11. 运行按键的使用

(1) 运行/停止按键(RUN/STOP)。运行/停止按键位于数字示波器控制面板右上角,用于连续采集波形或停止采集。该按键使波形采样在运行和停止间切换。当按下该键并绿灯亮起时,表示处于运行状态,屏幕上部显示 Auto;如按键后红灯亮则为停止状态,屏幕上部显示 Stop。在停止状态下可对波形的垂直挡位和水平时基进行一定的调整。

(2) 自动设置按键(AUTO)。按下自动设置按键时,数字示波器能自动根据波形的幅度和频率调整垂直偏转系数和水平时基挡位,使波形稳定清晰地显示在屏幕上。进行自动设置时,自动设置菜单见附表 2-9。

附表 2-9　　自动设置菜单

功能	设　置
获取方式	采样
显示格式	设置为 YT(Y 轴表示电压量,T 轴表示时间量)
水平位置	自动调整
s/div	根据信号频率调整
触发耦合	交流
触发释抑	最小值
触发电平	设为 50%
触发模式	自动
触发源	设置为 CH1,但如果 CH1 无信号,CH2 施加信号时,则设置为 CH2
触发斜率	上升
触发类型	边沿
垂直带宽	全部
V/div	根据信号幅度调整

附录三 TYKJ-SD1 数字电路实验箱使用说明

一、系统特点

TYKJ-SD1 数字电路实验箱是由一大块单面线路板制成，板上主要由电源接口、通用电路单元、面包板、各式 IC 插座等组成。该实验箱适用于数字逻辑电路、脉冲电路等课程的教学实验，同时也适用于相关电子课程设计、产品开发及科研。通用电路包括 4 位 8421BCD 码 LED 显示器，1 位 LED 显示器，时钟电路，时序启停电路，手动单脉冲电路，可调连续脉冲发生器，频率计，16 位二进制电平显示开关，16 位二进制电平输入开关，逻辑笔，电位器组等。实验箱的系统结构框图如附图 3-1 所示。

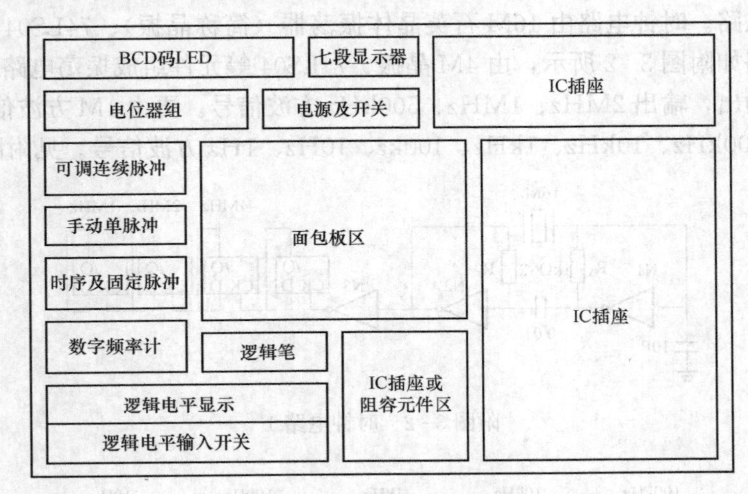

附图 3-1 实验箱的系统结构框图

二、实验箱组成

(1) 电源参数：+5V/2.0A，±12V/0.5A。

(2) 信号源。

1) 提供一组手动正负单脉冲。

2) 一组固定频率的脉冲输出，可输出 6 种频率：1kHz、10kHz、100kHz、250kHz、500kHz、1MHz。

3) 一组时序信号：T1～T4，可单拍输出或连续输出。

4) 一组可调连续脉冲输出，输出频率为 0～1MHz，输出幅度为 4.5V。

(3) 数字频率计：测量范围 0～10MHz，误差小于 1Hz。

(4) 装有四只可调电位器，阻值分别为 1kΩ、50kΩ、100kΩ、680kΩ。

(5) 主板上设有 16P、20P、40P 共 10 个可靠的 IC 锁紧插座。

(6) 提供一组 4 位 BCD 码 LED 显示器，1 位七段显示器，16 位二进制电平输入，16 位二进制电平显示器。

1) 七段显示器，段码为 A、B、C、D、E、F、G 七段，译码器采用 CD4511，显示器采用共阴 0.5 英寸显示器。译码器的输入端对应于每一位的 8、4、2、1 插孔。另有 4 个小数点，每个小数点串入一只限流电阻。

2）16 位二进制电平显示器有三片 74LS04 电路驱动发光二极管。当输入端为高电平时，对应的发光二极管亮，表示逻辑“1”，当输入端为低电平时，对应的发光二极管不亮，表示逻辑“0”。初始状态为逻辑“0”。

3）16 位二进制电平输入，当开关往上拔时，产生逻辑高电平“1”，当开关往下拨时，产生逻辑低电平“0”。

（7）手动单脉冲电路。单脉冲电路有 1 个，其中 P1 单脉冲电路采用消抖动的 R - S 电路，每按一下单脉冲键，产生正负脉冲各一个。

（8）数字逻辑笔一组。当输入为高电平“1”时，发光二极管为红色；当输入低电平“0”时，发光二极管为绿色；输入端悬空时，发光二极管为黄色。

（9）时钟电路。时钟电路由 16M 石英晶体振荡器（简称晶振）、74LS04、74LS74 等元件组成，其电路如附图 3 - 2 所示，由 4M 晶振、74LS04 等元件组成振荡电路，再由 74LS74 电路分频整形输出，输出 2MHz、1MHz、500kHz 方波信号。再由 1M 方波信号经 6 级十进制分频，产生 100kHz、10kHz、1kHz、100kz、10Hz、1Hz 方波信号。见附图 3 - 3 所示。

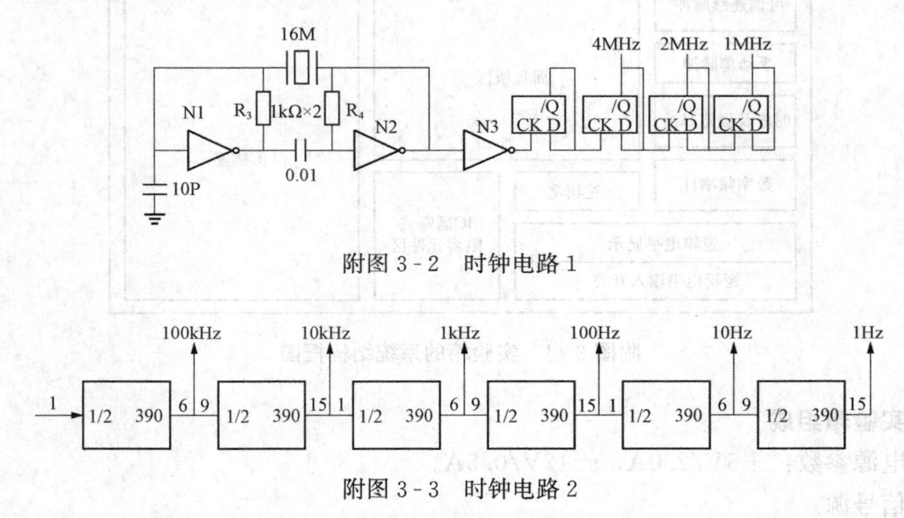

附图 3 - 2 时钟电路 1

附图 3 - 3 时钟电路 2

（10）实验区组成。实验区主要由 IC（锁紧）插座、面包板两部分组成，（锁紧）插座的引脚间由印刷线路板连通至旋紧式插孔。验证性实验可利用（锁紧）插座完成，综合实验及设计实验可利用（锁紧）插座、面包板共同完成。实验板上有（锁紧）插座 10 个，IC 插座的电源端、地线端均未连接。

（11）保护箱：铝合金外箱一只。

三、使用注意事项

（1）使用前应先检查各电源是否正常，检查步骤为：

1）先关闭实验箱的所有电源开关，然后用随箱的三芯电源线接通实验箱的 220V 交流电源。

2）开启实验箱的电源总开关（置开端），电源指示灯亮。

3）开启两组直流电源开关 DC（置开端），与±5V 和±15V 相对应的四只 LDE 灯点亮。

4）打开±15V 电源，此时与连续脉冲信号输出口相接的 LED 发光二极管点亮，并输出连续脉冲信号单次脉冲源部分的“绿”发光二极管应点亮，按下按键，则“绿”灭，“红”亮。至此表明实验箱的电源及信号输出均属正常，可以进入实验。

（2）接线前务必熟悉实验板上的各组件、元器件的功能及其接线位置，特别要熟知各集成块插脚引线的排列方式及接线位置。

（3）实验接线前必须断开总电源与各分电源开关，严禁带电接线。

（4）实验时，应根据导线的长度合理使用，不要用太长的导线，同时尽量多用几种颜色。连接时，导线插入锁紧式插孔时，应顺时针转 20°～30°，不要太用力，不然插得太紧，不容易拆除。实验板上的 IC 插座大部分电源线、地线均未连接，使用时应根据具体情况连接。

（5）接线完毕，检查无误后，方可通电；只有断电后方可拔下集成芯片，严禁带电插拔集成芯片。实验结束时，需拆除导线，应逆时针旋转导线 20°～30°，然后拔出，不能直接拉导线，否则会使导线断路。

（6）实验板上始终保持整洁，不可随意放置杂物，特别是导电的工具和导线等，以免发生短路等故障。

（7）本实验箱上的各挡直流电源及脉冲信号源设计时仅供实验使用，一般不外接其他负载或电路。如作它用，则需要注意使用的负载不能超出本电源的使用范围。

（8）实验完毕，及时关闭各电源开关，并及时清理实验板面，整理好连接导线并放置规定的位置。

（9）实验时需用到外部交流供电的仪器，如示波器等，这些仪器的外壳应妥为接地。

附录四　00IC-EPM240 实验平台介绍

1. 00IC-EPM240 简介

00IC-EPM240 是基于 EPM240T100C5N 的 FPGA/CPLD 学习开发平台。ALTERA MAXII 系列的 EPM240T100C5N 相当于 8650 门 CPLD，容量是以前的 EPM7128 的两倍，并且可以烧写至少 10 万次。MAX Ⅱ器件采用了全新的 CPLD 体系结构，在所有 CPLD 系列中单位 I/O 成本最低，功耗最低。MAX Ⅱ运用了低功耗的工艺技术，和前一代 MAX 器件相比，成本降低了一半，功率降至 1/10，容量增加了 4 倍，性能增加了 2 倍。实验平台如附图 4-1 所示。

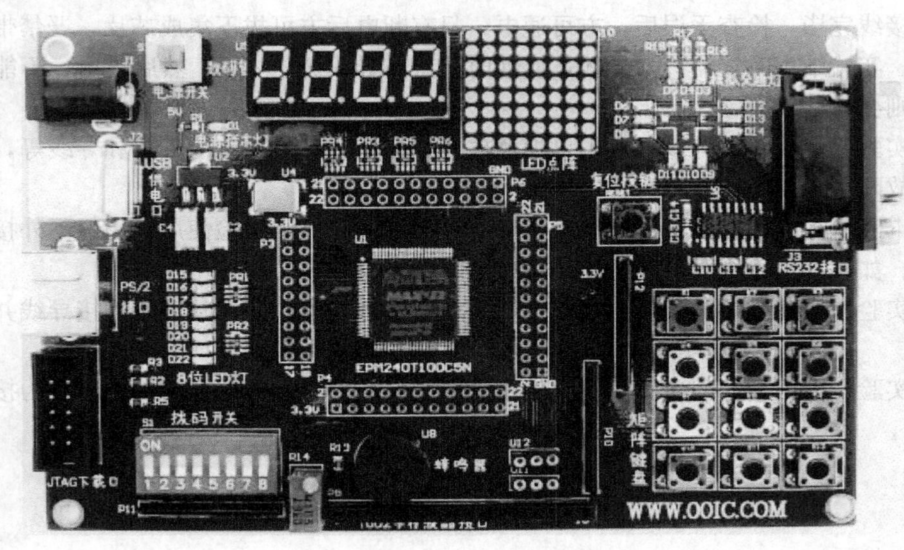

附图 4-1　00IC-EPM240 实验平台

该开发板提供了标准 JTAG 下载口，采用防反插设计。可接 ByteBlaster Ⅱ 和 USB-Blaster 下载电缆。开发板上提供的有源晶振频率为 50MHz。电源部分采用外接电源和 USB 供电两种形式，并有电源控制开关。开发板配有 8 个贴片 LED 灯，可显示一个字节的数据状态。此外还提供 4 位一体七段数码显示器、8 位拨码开关、1602 字符液晶接口、8×8LED 点阵、蜂鸣器、3×4 矩阵键盘、一组模拟交通灯、复位按键、PS/2 接口、RS232 串口、两组预留接口（U11/U12）、I/O 引出扩展口（提供给用户自定义各类功能）。

2. EPM240 引脚配置

（1）数码显示器与 EPM240 引脚 I/O 对应关系见附表 4-1。

附表 4-1　　数码显示器与 EPM240 引脚 I/O 对应关系

位选	SEG1	SEG2	SEG3	SEG4				
I/O	1	2	3	4				
段选	a	b	c	d	e	f	g	dp
I/O	91	92	95	96	97	98	99	100

（2）8×8LED 点阵与 EPM240 引脚 I/O 对应关系见附表 4-2。

附表 4-2　　8×8LED 点阵与 EPM240 引脚 I/O 对应关系

行位	H1	H2	H3	H4	H5	H6	H7	H8
I/O	90	89	88	87	86	85	84	83
列位	L1	L2	L3	L4	L5	L6	L7	L8
I/O	82	81	78	77	76	75	74	73

（3）模拟交通灯与 EPM240 引脚 I/O 对应关系见附表 4-3。

附表 4-3　　模拟交通灯与 EPM240 引脚 I/O 对应关系

交通灯	EAST	SOUTH	WEST	NORTH	GREEN	YELLOW	RED
I/O	66	67	68	69	70	71	72

（4）拨码开关与 EPM240 引脚 I/O 对应关系见附表 4-4。

附表 4-4　　拨码开关与 EPM240 引脚 I/O 对应关系

拨码开关	SW1	SW2	SW3	SW4	SW5	SW6	SW7	SW8
I/O	39	38	37	36	35	34	33	30

（5）矩阵键盘与 EPM240 引脚 I/O 对应关系见附表 4-5。

附表 4-5　　矩阵键盘与 EPM240 引脚 I/O 对应关系

按键	K1	K2	K3	K4	K5	K6	K7	K8	K9	K10	K11	K12
I/O	62	53	52	14	28	64	57	58	61	54	55	56

（6）LCD1602 液晶接口与 EPM240 引脚 I/O 对应关系见附表 4-6。

附表 4-6　　LCD1602 液晶接口与 EPM240 引脚 I/O 对应关系

LCD1602	LCDWR	LCDEN	D0	D1	D2	D3	D4	D5	D6	D7
I/O	50	51	40	41	42	43	44	47	48	49

（7）8 位 LED 灯与 EPM240 引脚 I/O 对应关系见附表 4-7。

附表 4-7　　8 位 LED 灯与 EPM240 引脚 I/O 对应关系

LED	LED15	LED16	LED17	LED18	LED19	LED20	LED21	LED22
I/O	15	16	17	18	19	20	21	26

（8）晶振输入、蜂鸣器、复位按键与 EPM240 引脚 I/O 对应关系见附表 4-8。

附表 4-8 晶振输入、蜂鸣器、复位按键与 EPM240 引脚 I/O 对应关系

外接资源	对应 I/O
晶振输入 CLK	12
蜂鸣器 BELL	7
复位按键 RESET	8

(9) RS232 串口和 PS/2 接口与 EPM240 引脚 I/O 对应关系见附表 4-9。

附表 4-9 RS232 串口和 PS/2 接口与 EPM240 引脚 I/O 对应关系

外接资源		对应 I/O
RS232 串口	TX	5
	RX	6
PS/2 接口	PS/DATA	27
	PS/CLK	29

附录五　DE2 实验平台介绍

1. DE2 实验平台简介

DE2 实验平台是 Altera 公司针对大学和研究机构推出的 FPGA 开发平台，它为用户提供了丰富的外设，涵盖了常用的各类硬件和接口，如各类存储器、USB、以太网、视频、音频、SD 卡、液晶显示等，除此之外，DE2 实验平台还提供扩展接口供用户定制使用，可用于多媒体开发、SOPC 嵌入式系统和 DSP 等各类应用的实验和开发。

DE2 实验平台布局如附图 5-1 所示。

附图 5-1　DE2 实验平台布局图

DE2 实验平台提供的主要资源有：

（1）AlteraCyclone Ⅱ系列 FPGA 芯片 EP2C35F672C6（U16）。

（2）主动串行配置器件 EPCS16（U30）。

（3）编程调试接口 USB Blaster，支持 JTAG 模式和 AS 模式，其中 U25 是实现 USB Blaster 的 USB 接口芯片 FT245B；U26 为 CPLD 芯片 EPM3128，用以实现 JTAG 模式和 AS 模式配置，可以用 SW19 选择配置模式；USB Blaster 的 USB 口为 J9 。

（4）512K 字节 SRAM（U18）。

（5）8M 字节 SDRAM（U17）。

（6）1M 字节闪存（U20）。

（7）SD 卡接口（U19）。

（8）4 个手动按钮（KEY0-KEY3）和 18 个拨动开关（SW0-SW17）。

（9）9 个绿色 LED（LEDG0-LEDG8）和 18 个红色 LED（LEDR0-LEDR17）。

（10）板上时钟源（50MHz 晶振 Y1 和 27MHz 晶振 Y3），外部时钟接口（J5）。

（11）音频编解码芯片 WM8371（U1），麦克风输入（J1）、线路输入（J2）、线路输出（J3）。

（12）VGA 数模转换芯片 ADV7123（U34），VGA 输出接口（J13）。

（13）TV 解码器 ADV7178B（U33），TV 接口（J12）。

（14）10/100M 以太网控制器 DM9000AE（U35），网络接口（J4）。

（15）USB 主从控制器 ISP1362（U31），USB 主机接口（J10），设备接口（J11）。

（16）RS232 收发器（U15），DB9 连接器（J6）。

（17）PS/2 鼠标/键盘连接器（J7）。

（18）IRDA 红外收发器（U14）。

（19）带二极管保护的 40 针扩展口（JP1、JP2）。

（20）2×16 字符 LCD 模块（U2）。

（21）总电源开关（SW18），直流 9V 供电（J8）。

2. DE2 实验平台结构

DE2 实验平台上包含了丰富的硬件接口，组成结构如附图 5 - 2 所示。

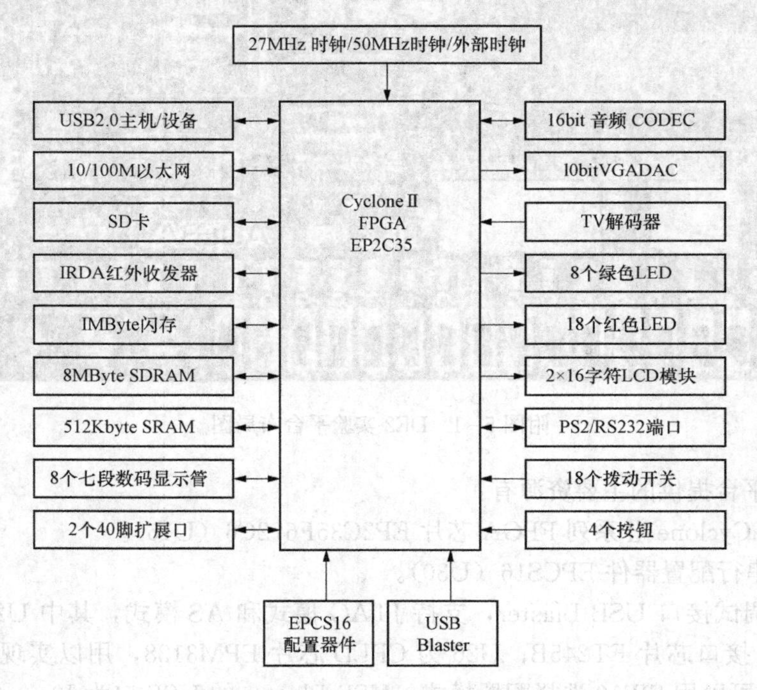

附图 5 - 2　DE2 实验平台组成结构图

DE2 实验平台的核心是 Altera 公司的 FPGA 芯片 EP2C35F672，该芯片是 Altera 公司 Cyclone Ⅱ系列产品之一。EP2C35F672 采用 FinelineBGA672 脚的封装，可以提供多达 475 个 I/O 引脚供使用者使用。附图 5 - 2 中各个模块的具体功能见附表 5 - 1。

附表 5 - 1　　模块功能表

名称	功能
Cyclone II2C35 FPGA	33 216 逻辑单元、105×M4K RAM， 35 个乘法器、4 个同步逻辑器， 475 个 I/O 口、672 脚 BGA 封装， 串行配置设备和 USB Blaster 电路， Altera EPCS16 串行配置设备， 支持 JTAG 和 AS 配置模式
SRAM	512Kbyte SRAM 存储芯片， 256K×16bits 架构， 可作为 Nios Ⅱ 处理器与 DE2 控制面板的存储器
SDRAM	8-Mbyte 单数据传输率同步动态随机存储芯片， 1M×16bits×4banks 构架， 可作为 Nios Ⅱ处理器与 DE2 控制面板的存储器
Flash memory	4-Mbyte 或非门闪存、8 位数据总线， 可作为 Nios Ⅱ处理器与 DE2 控制面板的存储器
SD 卡插槽 (SD card socket)	提供 SPI 模式对 SD 卡的访问， 可作为 Nios Ⅱ处理器与 DE2 控制面板的存储器
按钮开关 (Pushbutton switches)	施密特触发电路反跳， 通常高电平，按下时产生低电平脉冲
拨动开关 (Toggle switch)	18 个拨动开关作为用户输入 由按下转为弹起时产生逻辑 0，由弹起转为按下时产生逻辑 1
晶振输入 (Clock inputs)	50 MHz、27 MHz 晶振， SMS 外部时钟输入
音频编码转换器 (Audio CODEC)	Wolfson WM87312　24 位音频编码转换器， 串行输入、串行输出、麦克风输入插孔， 采样频率 8～96kHz， 适用于 MP3 播放器、录音机、个人数字助理（PDA）、智能电话（Smart Phone）等
视频输出 (VGA output)	采用 3 路 10 位高速视频数/模转换器 ADV7123（240MHz）， 带有 15 脚高密度 D 形接口， 支持 100Hz 刷新率时的高达 1600×1200 分辨率， 可与 Cyclone Ⅱ FPGA 联合使用实现高性能 TV 编码器
NTFC/PAL TV 解码电路 (NTFC/PAL TV decoder circuit)	采用 ADV7181B 多格式 SDTV 视频解码器， 支持 NTFC、PAL、SECAM 制式， 集成三个 54MHz　9 位模/数转换器（ADC）， 27MHz 晶体振荡器输入作为时钟源， 支持复合视频（CVBS）RCA 接口输入， 适用 DVD 录像机（DVD recorders）、液晶电视（LCD TV）、机顶盒（Set-top-boxes）、数字电视（Digital TV）、带接口的数字设备

续表

名称	功能
10/100Mb/s 以太网控制器（Ethernet controller）	集成带有一个总处理器接口的 MAC 和 PHY，支持 100Base-T 和 10Base-T，支持带 10Mb/s 和 100Mb/s 自动 MDIX 的全双工操作，支持 IP/TCP/UDP 校验求和操作与校验，支持半双工流控制的后压方式
USB 主/从控制器	完全遵从 USB2.0 规范、支持高速数据传输，支持 USB 主机和设备，并行接口、支持 NiosII
串行口（Serial ports）	一个 RS-232 口、一个 PS/2 口，DB-9 作为 RS-232 串口连接器，PS/2 连接器连接 PS2 鼠标或键盘
红外端口收发器（IrDA transceiver）	拥有一个 115.2Kb/s 的红外收发器，32mA LED 驱动电流、集成电磁干扰屏蔽，IEC825-11 级眼保护、边沿侦测输入
两个 40 针扩展跳线	72 个 Cyclone Ⅱ I/O 口和 8 只电源和地线端连接到两个 40 针扩展跳线，按照可接插标准 40 针 IDE 硬驱动排线标准设计

3. DE2 实验平台上的引脚连接

DE2 实验平台上 FPGA 芯片 EP2C35F672 与外围各接口的引脚连接是固定不变的，其连接关系见附表 5-2～附表 5-13。

附表 5-2 开关与 FPGA 芯片的引脚连接表

开关引脚	芯片引脚	开关引脚	芯片引脚	开关引脚	芯片引脚
SW [0]	PIN_N25	SW [8]	PIN_B13	SW [16]	PIN_V1
SW [1]	PIN_N26	SW [9]	PIN_A13	SW [17]	PIN_V2
SW [2]	PIN_P25	SW [10]	PIN_N1	KEY [0]	PIN_G26
SW [3]	PIN_AE14	SW [11]	PIN_P1	KEY [1]	PIN_N23
SW [4]	PIN_AF14	SW [12]	PIN_P2	KEY [2]	PIN_P23
SW [5]	PIN_AD13	SW [13]	PIN_T7	KEY [3]	PIN_W26
SW [6]	PIN_AC13	SW [14]	PIN_U3		
SW [7]	PIN_C13	SW [15]	PIN_U4		

附表 5-3 LED 与 FPGA 芯片的引脚连接表

LED 引脚	芯片引脚	LED 引脚	芯片引脚	LED 引脚	芯片引脚
LEDR [0]	PIN_AE23	LEDR [9]	PIN_Y13	LEDG [0]	PIN_AE22
LEDR [1]	PIN_AF23	LEDR [10]	PIN_AA13	LEDG [1]	PIN_AF22
LEDR [2]	PIN_AB21	LEDR [11]	PIN_AC14	LEDG [2]	PIN_W19
LEDR [3]	PIN_AC22	LEDR [12]	PIN_AD15	LEDG [3]	PIN_V18

续表

LED 引脚	芯片引脚	LED 引脚	芯片引脚	LED 引脚	芯片引脚
LEDR [4]	PIN_AD22	LEDR [13]	PIN_AE15	LEDG [4]	PIN_U18
LEDR [5]	PIN_AD23	LEDR [14]	PIN_AF13	LEDG [5]	PIN_U17
LEDR [6]	PIN_AD21	LEDR [15]	PIN_AE13	LEDG [6]	PIN_AA20
LEDR [7]	PIN_AC21	LEDR [16]	PIN_AE12	LEDG [7]	PIN_Y18
LEDR [8]	PIN_AA14	LEDR [17]	PIN_AD12	LEDG [8]	PIN_Y12

附表 5-4　七段数码显示器 HEX 与 FPGA 芯片的引脚连接表

HEX 引脚	芯片引脚	HEX 引脚	芯片引脚	HEX 引脚	芯片引脚
HEX0 [0]	PIN_AF10	HEX2 [5]	PIN_AB25	HEX5 [3]	PIN_T9
HEX0 [1]	PIN_AB12	HEX2 [6]	PIN_Y24	HEX5 [4]	PIN_R5
HEX0 [2]	PIN_AC12	HEX3 [0]	PIN_Y23	HEX5 [5]	PIN_R4
HEX0 [3]	PIN_AD11	HEX3 [1]	PIN_AA25	HEX5 [6]	PIN_R3
HEX0 [4]	PIN_AE11	HEX3 [2]	PIN_AA26	HEX6 [0]	PIN_R2
HEX0 [5]	PIN_V14	HEX3 [3]	PIN_Y26	HEX6 [1]	PIN_P4
HEX0 [6]	PIN_V13	HEX3 [4]	PIN_Y25	HEX6 [2]	PIN_P3
HEX1 [0]	PIN_V20	HEX3 [5]	PIN_U22	HEX6 [3]	PIN_M2
HEX1 [1]	PIN_V21	HEX3 [6]	PIN_W24	HEX6 [4]	PIN_M3
HEX1 [2]	PIN_W21	HEX4 [0]	PIN_U9	HEX6 [5]	PIN_M5
HEX1 [3]	PIN_Y22	HEX4 [1]	PIN_U1	HEX6 [6]	PIN_M4
HEX1 [4]	PIN_AA24	HEX4 [2]	PIN_U2	HEX7 [0]	PIN_L3
HEX1 [5]	PIN_AA23	HEX4 [3]	PIN_T4	HEX7 [1]	PIN_L2
HEX1 [6]	PIN_AB24	HEX4 [4]	PIN_R7	HEX7 [2]	PIN_L9
HEX2 [0]	PIN_AB23	HEX4 [5]	PIN_R6	HEX7 [3]	PIN_L6
HEX2 [1]	PIN_V22	HEX4 [6]	PIN_T3	HEX7 [4]	PIN_L7
HEX2 [2]	PIN_AC25	HEX5 [0]	PIN_T2	HEX7 [5]	PIN_P9
HEX2 [3]	PIN_AC26	HEX5 [1]	PIN_P6	HEX7 [6]	PIN_N9
HEX2 [4]	PIN_AB26	HEX5 [2]	PIN_P7		

附表 5-5　SRAM 与 FPGA 芯片的引脚连接表

SRAM 引脚	芯片引脚	SRAM 引脚	芯片引脚	SRAM 引脚	芯片引脚
SRAM_ADDR [0]	PIN_AE4	SRAM_ADDR [13]	PIN_W8	SRAM_DQ [8]	PIN_AE7
SRAM_ADDR [1]	PIN_AF4	SRAM_ADDR [14]	PIN_W10	SRAM_DQ [9]	PIN_AF7
SRAM_ADDR [2]	PIN_AC5	SRAM_ADDR [15]	PIN_Y10	SRAM_DQ [10]	PIN_AE8
SRAM_ADDR [3]	PIN_AC6	SRAM_ADDR [16]	PIN_AB8	SRAM_DQ [11]	PIN_AF8
SRAM_ADDR [4]	PIN_AD4	SRAM_ADDR [17]	PIN_AC8	SRAM_DQ [12]	PIN_W11
SRAM_ADDR [5]	PIN_AD5	SRAM_DQ [0]	PIN_AD8	SRAM_DQ [13]	PIN_W12

续表

SRAM引脚	芯片引脚	SRAM引脚	芯片引脚	SRAM引脚	芯片引脚
SRAM_ADDR [6]	PIN_AE5	SRAM_DQ [1]	PIN_AE6	SRAM_DQ [14]	PIN_AC9
SRAM_ADDR [7]	PIN_AF5	SRAM_DQ [2]	PIN_AF6	SRAM_DQ [15]	PIN_AC10
SRAM_ADDR [8]	PIN_AD6	SRAM_DQ [3]	PIN_AA9	SRAM_WE_N	PIN_AE10
SRAM_ADDR [9]	PIN_AD7	SRAM_DQ [4]	PIN_AA10	SRAM_OE_N	PIN_AD10
SRAM_ADDR [10]	PIN_V10	SRAM_DQ [5]	PIN_AB10	SRAM_UB_N	PIN_AF9
SRAM_ADDR [11]	PIN_V9	SRAM_DQ [6]	PIN_AA11	SRAM_LB_N	PIN_AE9
SRAM_ADDR [12]	PIN_AC7	SRAM_DQ [7]	PIN_Y11	SRAM_CE_N	PIN_AC11

附表 5-6　SDRAM 与 FPGA 芯片的引脚连接表

SDRAM引脚	芯片引脚	SDRAM引脚	芯片引脚	SDRAM引脚	芯片引脚
DRAM_ADDR [0]	PIN_T6	DRAM_BA_1	PIN_AE3	DRAM_DQ [8]	PIN_W6
DRAM_ADDR [1]	PIN_V4	DRAM_CAS_N	PIN_AB3	DRAM_DQ [9]	PIN_AB2
DRAM_ADDR [2]	PIN_V3	DRAM_CKE	PIN_AA6	DRAM_DQ [10]	PIN_AB1
DRAM_ADDR [3]	PIN_W2	DRAM_CLK	PIN_AA7	DRAM_DQ [11]	PIN_AA4
DRAM_ADDR [4]	PIN_W1	DRAM_CS_N	PIN_AC3	DRAM_DQ [12]	PIN_AA3
DRAM_ADDR [5]	PIN_U6	DRAM_DQ [0]	PIN_V6	DRAM_DQ [13]	PIN_AC2
DRAM_ADDR [6]	PIN_U7	DRAM_DQ [1]	PIN_AA2	DRAM_DQ [14]	PIN_AC1
DRAM_ADDR [7]	PIN_U5	DRAM_DQ [2]	PIN_AA1	DRAM_DQ [15]	PIN_AA5
DRAM_ADDR [8]	PIN_W4	DRAM_DQ [3]	PIN_Y3	DRAM_LDQM	PIN_AD2
DRAM_ADDR [9]	PIN_W3	DRAM_DQ [4]	PIN_Y4	DRAM_UDQM	PIN_Y5
DRAM_ADDR [10]	PIN_Y1	DRAM_DQ [5]	PIN_R8	DRAM_RAS_N	PIN_AB4
DRAM_ADDR [11]	PIN_V5	DRAM_DQ [6]	PIN_T8	DRAM_WE_N	PIN_AD3
DRAM_BA_0	PIN_AE2	DRAM_DQ [7]	PIN_V7		

附表 5-7　Flash 与 FPGA 芯片的引脚连接表

Flash引脚	芯片引脚	Flash引脚	芯片引脚	Flash引脚	芯片引脚
FL_ADDR [0]	PIN_AC18	FL_ADDR [12]	PIN_W16	FL_DQ [0]	PIN_AD19
FL_ADDR [1]	PIN_AB18	FL_ADDR [13]	PIN_W15	FL_DQ [1]	PIN_AC19
FL_ADDR [2]	PIN_AE19	FL_ADDR [14]	PIN_AC16	FL_DQ [2]	PIN_AF20
FL_ADDR [3]	PIN_AF19	FL_ADDR [15]	PIN_AD16	FL_DQ [3]	PIN_AE20
FL_ADDR [4]	PIN_AE18	FL_ADDR [16]	PIN_AE16	FL_DQ [4]	PIN_AB20
FL_ADDR [5]	PIN_AF18	FL_ADDR [17]	PIN_AC15	FL_DQ [5]	PIN_AC20
FL_ADDR [6]	PIN_Y16	FL_ADDR [18]	PIN_AB15	FL_DQ [6]	PIN_AF21
FL_ADDR [7]	PIN_AA16	FL_ADDR [19]	PIN_AA15	FL_DQ [7]	PIN_AE21
FL_ADDR [8]	PIN_AD17	FL_ADDR [20]	PIN_Y15	FL_RST_N	PIN_AA18
FL_ADDR [9]	PIN_AC17	FL_ADDR [21]	PIN_Y14	FL_WE_N	PIN_AA17
FL_ADDR [10]	PIN_AE17	FL_CE_N	PIN_V17		
FL_ADDR [11]	PIN_AF17	FL_OE_N	PIN_W17		

附表 5 - 8 **LCD 与 FPGA 芯片的引脚连接表**

LCD 引脚	芯片引脚	LCD 引脚	芯片引脚	LCD 引脚	芯片引脚
LCD_RW	PIN_K4	LCD_DATA [2]	PIN_H1	LCD_DATA [7]	PIN_H3
LCD_EN	PIN_K3	LCD_DATA [3]	PIN_H2	LCD_ON	PIN_L4
LCD_RS	PIN_K1	LCD_DATA [4]	PIN_J4	LCD_BLON	PIN_K2
LCD_DATA [0]	PIN_J1	LCD_DATA [5]	PIN_J3		
LCD_DATA [1]	PIN_J2	LCD_DATA [6]	PIN_H4		

附表 5 - 9 **VGA 与 FPGA 芯片的引脚连接表**

VGA 引脚	芯片引脚	VGA 引脚	芯片引脚	VGA 引脚	芯片引脚
VGA_R [0]	PIN_C8	VGA_G [2]	PIN_C10	VGA_B [4]	PIN_J10
VGA_R [1]	PIN_F10	VGA_G [3]	PIN_D10	VGA_B [5]	PIN_J11
VGA_R [2]	PIN_G10	VGA_G [4]	PIN_B10	VGA_B [6]	PIN_C11
VGA_R [3]	PIN_D9	VGA_G [5]	PIN_A10	VGA_B [7]	PIN_B11
VGA_R [4]	PIN_C9	VGA_G [6]	PIN_G11	VGA_B [8]	PIN_C12
VGA_R [5]	PIN_A8	VGA_G [7]	PIN_D11	VGA_B [9]	PIN_B12
VGA_R [6]	PIN_H11	VGA_G [8]	PIN_E12	VGA_CLK	PIN_B8
VGA_R [7]	PIN_H12	VGA_G [9]	PIN_D12	VGA_BLANK	PIN_D6
VGA_R [8]	PIN_F11	VGA_B [0]	PIN_J13	VGA_HS	PIN_A7
VGA_R [9]	PIN_E10	VGA_B [1]	PIN_J14	VGA_VS	PIN_D8
VGA_G [0]	PIN_B9	VGA_B [2]	PIN_F12	VGA_SYNC	PIN_B7
VGA_G [1]	PIN_A9	VGA_B [3]	PIN_G12		

附表 5 - 10 **时钟、各接口与 FPGA 芯片的引脚连接表**

接口引脚	芯片引脚	接口引脚	芯片引脚	接口引脚	芯片引脚
CLOCK_27	PIN_D13	TD_DATA [4]	PIN_G9	SD_DAT	PIN_AD24
CLOCK_50	PIN_N2	TD_DATA [5]	PIN_F9	SD_DAT3	PIN_AC23
EXT_CLOCK	PIN_P26	TD_DATA [6]	PIN_D7	SD_CMD	PIN_Y21
PS2_CLK	PIN_D26	TD_DATA [7]	PIN_C7	SD_CLK	PIN_AD25
PS2_DAT	PIN_C24	TD_HS	PIN_D5	AUD_ADCLRCK	PIN_C5
UART_RXD	PIN_C25	TD_VS	PIN_K9	AUD_ADCDAT	PIN_B5
UART_TXD	PIN_B25	TD_RESET	PIN_C4	AUD_DACLRCK	PIN_C6
TD_DATA [0]	PIN_J9	I2C_SCLK	PIN_A6	AUD_DACDAT	PIN_A4
TD_DATA [1]	PIN_E8	I2C_SDAT	PIN_B6	AUD_XCK	PIN_A5
TD_DATA [2]	PIN_H8	IRDA_TXD	PIN_AE24	AUD_BCLK	PIN_B4
TD_DATA [3]	PIN_H10	IRDA_RXD	PIN_AE25		

附表 5-11 USB控制器与FPGA芯片的引脚连接表

USB引脚	芯片引脚	USB引脚	芯片引脚	USB引脚	芯片引脚
OTG_ADDR [0]	PIN_K7	OTG_DATA [0]	PIN_F4	OTG_DATA [10]	PIN_K6
OTG_ADDR [1]	PIN_F2	OTG_DATA [1]	PIN_D2	OTG_DATA [11]	PIN_K5
OTG_INT0	PIN_B3	OTG_DATA [2]	PIN_D1	OTG_DATA [12]	PIN_G4
OTG_INT1	PIN_C3	OTG_DATA [3]	PIN_F7	OTG_DATA [13]	PIN_G3
OTG_DACK0_N	PIN_C2	OTG_DATA [4]	PIN_J5	OTG_DATA [14]	PIN_J6
OTG_DACK1_N	PIN_B2	OTG_DATA [5]	PIN_J8	OTG_DATA [15]	PIN_K8
OTG_DREQ0	PIN_F6	OTG_DATA [6]	PIN_J7	OTG_CS_N	PIN_F1
OTG_DREQ1	PIN_E5	OTG_DATA [7]	PIN_H6	OTG_RD_N	PIN_G2
OTG_FSPEED	PIN_F3	OTG_DATA [8]	PIN_E2	OTG_WR_N	PIN_G1
OTG_LSPEED	PIN_G6	OTG_DATA [9]	PIN_E1	OTG_RST_N	PIN_G5

附表 5-12 网络接口与FPGA芯片的引脚连接表

网络接口引脚	芯片引脚	网络接口引脚	芯片引脚	网络接口引脚	芯片引脚
ENET_DATA [0]	PIN_D17	ENET_DATA [8]	PIN_B20	ENET_CLK	PIN_B24
ENET_DATA [1]	PIN_C17	ENET_DATA [9]	PIN_A20	ENET_CMD	PIN_A21
ENET_DATA [2]	PIN_B18	ENET_DATA [10]	PIN_C19	ENET_CS_N	PIN_A23
ENET_DATA [3]	PIN_A18	ENET_DATA [11]	PIN_D19	ENET_INT	PIN_B21
ENET_DATA [4]	PIN_B17	ENET_DATA [12]	PIN_B19	ENET_RD_N	PIN_A22
ENET_DATA [5]	PIN_A17	ENET_DATA [13]	PIN_A19	ENET_WR_N	PIN_B22
ENET_DATA [6]	PIN_B16	ENET_DATA [14]	PIN_E18	ENET_RST_N	PIN_B23
ENET_DATA [7]	PIN_B15	ENET_DATA [15]	PIN_D18		

附表 5-13 扩展IO与FPGA芯片的引脚连接表

扩展IO引脚	芯片引脚	扩展IO引脚	芯片引脚	扩展IO引脚	芯片引脚
GPIO_0 [0]	PIN_D25	GPIO_0 [24]	PIN_K19	GPIO_1 [12]	PIN_R25
GPIO_0 [1]	PIN_J22	GPIO_0 [25]	PIN_K21	GPIO_1 [13]	PIN_R24
GPIO_0 [2]	PIN_E26	GPIO_0 [26]	PIN_K23	GPIO_1 [14]	PIN_R20
GPIO_0 [3]	PIN_E25	GPIO_0 [27]	PIN_K24	GPIO_1 [15]	PIN_T22
GPIO_0 [4]	PIN_F24	GPIO_0 [28]	PIN_L21	GPIO_1 [16]	PIN_T23
GPIO_0 [5]	PIN_F23	GPIO_0 [29]	PIN_L20	GPIO_1 [17]	PIN_T24
GPIO_0 [6]	PIN_J21	GPIO_0 [30]	PIN_J25	GPIO_1 [18]	PIN_T25
GPIO_0 [7]	PIN_J20	GPIO_0 [31]	PIN_J26	GPIO_1 [19]	PIN_T18
GPIO_0 [8]	PIN_F25	GPIO_0 [32]	PIN_L23	GPIO_1 [20]	PIN_T21
GPIO_0 [9]	PIN_F26	GPIO_0 [33]	PIN_L24	GPIO_1 [21]	PIN_T20
GPIO_0 [10]	PIN_N18	GPIO_0 [34]	PIN_L25	GPIO_1 [22]	PIN_U26
GPIO_0 [11]	PIN_P18	GPIO_0 [35]	PIN_L19	GPIO_1 [23]	PIN_U25

续表

扩展 IO 引脚	芯片引脚	扩展 IO 引脚	芯片引脚	扩展 IO 引脚	芯片引脚
GPIO_0 [12]	PIN_G23	GPIO_1 [0]	PIN_K25	GPIO_1 [24]	PIN_U23
GPIO_0 [13]	PIN_G24	GPIO_1 [1]	PIN_K26	GPIO_1 [25]	PIN_U24
GPIO_0 [14]	PIN_K22	GPIO_1 [2]	PIN_M22	GPIO_1 [26]	PIN_R19
GPIO_0 [15]	PIN_G25	GPIO_1 [3]	PIN_M23	GPIO_1 [27]	PIN_T19
GPIO_0 [16]	PIN_H23	GPIO_1 [4]	PIN_M19	GPIO_1 [28]	PIN_U20
GPIO_0 [17]	PIN_H24	GPIO_1 [5]	PIN_M20	GPIO_1 [29]	PIN_U21
GPIO_0 [18]	PIN_J23	GPIO_1 [6]	PIN_N20	GPIO_1 [30]	PIN_V26
GPIO_0 [19]	PIN_J24	GPIO_1 [7]	PIN_M21	GPIO_1 [31]	PIN_V25
GPIO_0 [20]	PIN_H25	GPIO_1 [8]	PIN_M24	GPIO_1 [32]	PIN_V24
GPIO_0 [21]	PIN_H26	GPIO_1 [9]	PIN_M25	GPIO_1 [33]	PIN_V23
GPIO_0 [22]	PIN_H19	GPIO_1 [10]	PIN_N24	GPIO_1 [34]	PIN_W25
GPIO_0 [23]	PIN_K18	GPIO_1 [11]	PIN_P24	GPIO_1 [35]	PIN_W23

附录六　XTKHDL-1电路综合实验箱使用说明

XTKHDL-1电路综合实验箱是根据高等院校“电工学”“电路分析”等课程实验教学的要求而专门设计的，能完成该类课程中直流电路和部分有关交流电路的相关实验。它集实验模块、直流数字毫安表、稳压源、恒流源于一体，结构紧凑，性能稳定可靠，实验灵活方便，有利于培养学生的动手能力。实验箱的外观如附图6-1所示。

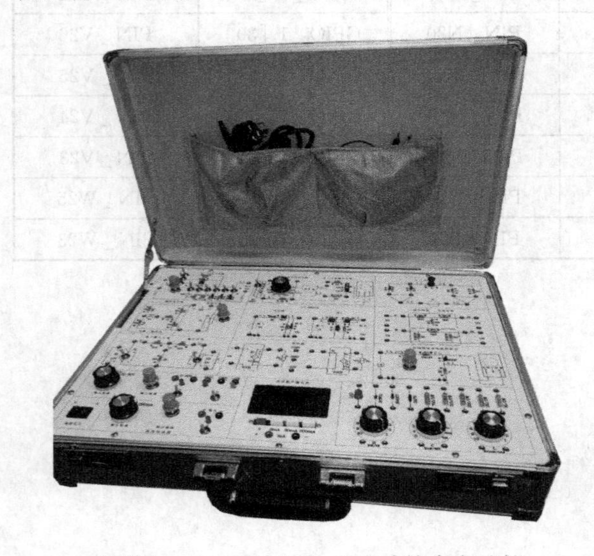

附图6-1　XTKHDL-1电路综合实验箱

本实验箱主体由一整块单面敷铜印刷线路板构成，其正面（非敷铜面）印有清晰的图形线条、字符，使其功能一目了然。板上提供实验必需的直流稳压电源、恒流源、直流数字毫安表等。所以，本实验箱具有实验功能强、资源丰富、使用灵活、接线可靠、操作快捷、维护简单等优点。

一、实验箱的主要配置

1. 实验箱的供电

实验箱的后方设有带保险丝管（1A）的220V单相交流电源三芯插座，另配有三芯插头电源线一根。箱内设有多个降压整流电路，供三路直流稳压电源及为实验提供多组低压交流电源。

2. 实验板

实验板是一整块大型单面敷铜印刷线路板，正面印有清晰的各部件及元器件的图形、线条和字符，并焊有实验所需的元器件。

该实验板包含以下内容：

（1）正面左下方装有电源总开关一只，控制总电源。

（2）具有高可靠的自锁紧式、防转、叠插式插座。它们与固定器件、线路的连接已设计在印刷线路板上。

锁紧式插件，其插头与插座之间的导电接触面很大，接触电阻极其微小，在插头插入时略加旋转后，即可获得极大的轴向锁紧力，拔出时，只要沿反方向略加旋转即可轻松地拔出，无需任何工具便可快捷插拔，同时插头与插头之间可以叠插，从而可形成一个立体布线空间，使用起来极为方便。

（3）2根镀银长紫铜管（15mm）插座，用于磁滞回线的观测实验。

（4）直流稳压电源。提供±12V两路直流稳压电源及0～30V可调直流稳压电源一路，有相应的电源输出插座及相应的LED指示灯。在电源总开关打开的前提下，开启各部分的电源开关，就会有相应的电压输出。

（5）直流恒流源。提供2、20、200mA三挡直流恒流源，每挡均连续可调。

（6）直流数字毫安表。测量范围0～200mA，量程分2、20、200mA三挡，精度1.0

级，直键开关切换。

（7）本实验箱附有充足的长短不一的实验专用连接导线一套。

二、可实现实验项目

（1）基尔霍夫定律的验证。

（2）叠加定理的验证。

（3）戴维宁定理的验证。

（4）诺顿定理的验证。

（5）*RC* 一阶电路的响应测试。

（6）*RLC* 元件阻抗特性的测量。

（7）交流电路等效参数测量。

（8）正弦稳态交流电路相量的研究。

（9）用三表法测量交流电路的等效参数。

（10）*RLC* 串联谐振电路的研究。

（11）三相交流电路电压电流的测量。

（12）二端口网络测试。

（13）互易定理的验证。

（14）磁滞回线的观测。

（15）铁芯互感耦合电路。

（16）*RC* 选频电路。

（17）二阶网络动态轨迹的显示。

（18）受控源。

三、使用注意事项

（1）使用前应先检查各电源是否正常，检查步骤为：

1）先关闭实验箱的所有电源开关，然后用随箱的三芯电源线接通实验箱的220V交流电源。

2）开启实验箱上的电源总开关，指示总电源的LED被点亮。

3）开启直流电源和恒流源的四组开关，与±12V及恒流源相对应的四只LED灯被点亮，0～30V可调电源的LED随输出电压的增高而逐渐被点亮。

4）磁滞回线部分的开关单独控制，不受电源总开关影响。

（2）接线前务必熟悉实验线路的原理及实验方法。

（3）实验接线前必须先断开总电源与各分电源开关，严禁带电接线。接线完毕，检查无误后，才可进行实验。

（4）整个实验过程中，实验板上要保持整洁，不可随意放置杂物，特别是导电的工具和多余的导线等，以免发生短路等故障。

（5）实验完毕，应及时关闭各电源开关，并及时清理实验板面，整理好连接导线并放置到规定的位置。

（6）实验时需用到外部交流供电的仪器，如示波器等，这些仪器的外壳应接地。

（7）实验箱上的仪表均已经调试完整，请勿触及SET键。

（8）注意爱护实验器材，不要暴力插拔。

附录七 XTYHA - JDZ1 交流电路实验箱使用说明

XTYHA - JDZ1 交流电路实验箱是根据高等院校“电工学”“电路分析”等课程实验教学的要求而专门设计的，能完成该类课程中有关交流电路的相关实验。它集实验模块、智能功率表、交流数字电压表、交流数字电流表于一体，结构紧凑，性能稳定可靠，实验灵活方便，有利于培养学生的动手能力。实验箱的外观如附图 7 - 1 所示。

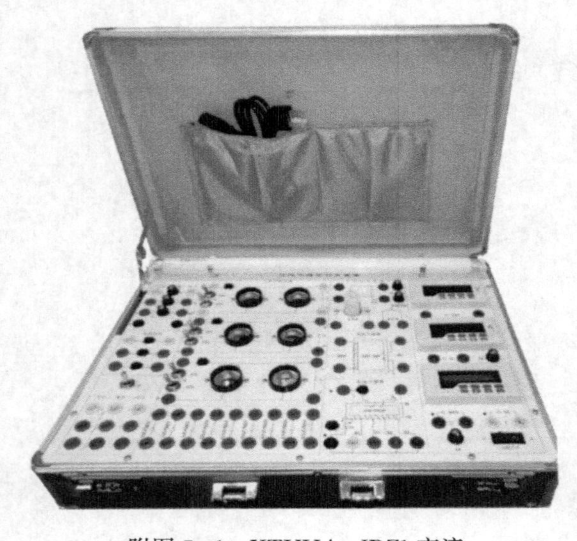

附图 7 - 1 XTYHA - JDZ1 交流电路实验箱

一、实验箱的主要配置

（1）灯组负载三组：三组各自独立，每个灯组均设有两个并联的白炽灯螺口灯座（由开关控制各支路的通断）和电流插座便于电流的测试。它既可独立做单相负载实验，也可连接成 Y 或△两种三相负载线路形式。

（2）日光灯器件组：设有 15W 镇流器、日光灯管、启辉器以及用于改善功率因数的高压电容（1μF/500V、2.2μF/500V、4.7μF/500V）。

（3）变压器：50VA、36V/220V 铁芯变压器 1 只，一、二次侧均设有电流插座便于电流的测试，可测量一、二次电流，通过实验可掌握变压器参数测试的方法，并了解电压、电流和阻抗的变换关系。

（4）双绕组变压器：220V/8.3V/8.3V 变压器 1 只，通过实验可掌握变压器一、二次侧同名端，二次侧双绕组同名端的判断方法，进一步理解同名端在变压器应用中的意义。

（5）电流互感器：电流互感器 1 只，其一、二次电流比 $I_1:I_2$ 分别为 2∶1、3∶1、4∶1、5∶1，一次侧最大电流为 5A，通过实验可进一步理解电流互感器的原理。

（6）R、L、C 元件特性组：设有 1kΩ/25W 功率电阻、1H/0.5A 电感及 1μF/500V 高压电容各一只，通过实验可测试各元件的参数。

（7）智能交流电压表、电流表：由单片机主控测试电路构成全数字显示和全测程交流电流表、电压表各一只，通过键控、数字显示窗口实现人机对话的控制模式。能对交流信号（20～20kHz）进行真有效值测量，电流表测量范围 0～5A，电压表测量范围 0～500V，量程自动判断、自动切换，精度 0.5 级，四位数码显示。同时能对数据进行存储、查询、修改（共 15 组，掉电保存）。

（8）多功能功率表：由一套微电脑，高速、高精度 A/D 转换芯片和全数字显示电路构成。通过键控、数字显示窗口实现人机对话的智能控制模式。为了提高测量范围和测试精度，将被测电压、电流瞬时值的取样信号经 A/D 变换，采用专用 DSP 计算有功功率、无功功率。功率的测量精度 0.5 级，电压、电流量程分别为 450V、5A，可测量负载的有功功率、无功功率、功率因数、电压、电流、频率及负载的性质；还可以储存、记录 15 组功率和功率因数的测试结果数据，并可逐组查询。

另外，还提供三相四线电源的接线端子、三只电流插座便于电流的测试、三刀双掷开关一只及高可靠实验连接线等。

二、可实现实验项目

（1）用三表法测量交流电路的等效参数。

（2）正弦稳态交流电路相量的研究——日光灯功率因数提高实验。

（3）单相铁芯变压器特性的测试。

（4）电流互感器实验。

（5）变压器同名端判别及应用——设计性实验。

（6）三相交流电路电压、电流的测量。

（7）三相电路功率的测量。

（8）功率因数及相序的测量。

三、使用注意事项

（1）使用前应先检查各智能表是否正常，检查步骤为：

1）先关闭实验箱的所有电源开关，然后用随箱的三芯电源线接通实验箱的 220V 交流电源。

2）开启实验箱上的电源开关，指示总电源的 LED 被点亮，智能表显示屏点亮。

（2）接线前务必熟悉实验线路的原理及实验方法。

（3）实验接线前必须先断开总电源与各分电源开关，严禁带电接线。接线完毕，检查无误后，才可接通电源进行实验。

（4）整个实验过程中，实验板上要保持整洁，不可随意放置杂物，特别是导电的工具和多余的导线等，以免发生短路等故障。

（5）实验完毕，应及时关闭各电源开关，并及时清理实验板面，整理好连接导线并放置到规定的位置。

（6）实验时需用到外部交流供电的仪器，如示波器等，这些仪器的外壳应接地。

（7）实验箱上的仪表均已经调试完整，请勿触及 SET 键。

（8）注意爱护实验器材，不要暴力插拔。

参 考 文 献

[1] 王鲁杨．电子技术实验指导书．2版．北京：中国电力出版社，2013.
[2] 上海咏绎仪器仪表有限公司．模电实验指导书，2020.
[3] 王久和，李春云．电工电子实验教程．2版．北京：电子工业出版社，2013.
[4] 胡体玲，张显飞，胡仲邦．线性电子电路实验．2版．北京：电子工业出版社，2014.
[5] 杨素行．模拟电子技术基础简明教程．3版．北京：高教出版社，2006.
[6] 优利德科技有限公司．UTD2000L使用手册．
[7] DJ-SD系列数字逻辑实验仪使用手册．
[8] 浙江天煌科技实业有限公司，DGJ-1型高性能电工综合实验装置电工实验指导书，2009.
[9] 睿毅行通技术有限公司，电工实验指导书，2020.